普通高等教育"十一五"国家级规划教材

普通高等教育机械类国家级特色专业系列规划教材

机械基础实验教程

（第三版）

何 军 刘新育 主 编

科学出版社

北 京

内 容 简 介

本书为普通高等教育"十一五"国家级规划教材，也是国家级机械基础实验教学示范中心规划教材。

本书内容包括实验基础知识(包括实验常用仪器、设备和实验数据处理)、基本实验内容(包括机械组成的认识实验、机械零件几何量的精密测量、机械运动和动力参数测试、力学性能及工作能力测定实验等)和拓展实验内容(包括创新实验和方案设计)等。各校可根据实际情况选择教材中所介绍的实验项目。

本书嵌入二维码链接，为读者提供重点难点知识讲解的数字化资源。

本书可作为机械工程类的实验教材，也可供教师、一般工程技术人员参考。

图书在版编目(CIP)数据

机械基础实验教程/何军，刘新育主编. —3 版. —北京：科学出版社，2017.6

普通高等教育"十一五"国家级规划教材　普通高等教育机械类国家级特色专业系列规划教材

ISBN 978-7-03-052971-8

Ⅰ.①机… Ⅱ.①何… ②刘… Ⅲ.①机械学-实验-高等学校-教材 Ⅳ.①TH11-33

中国版本图书馆 CIP 数据核字（2017）第 118332 号

责任编辑：邓　静　毛　莹／责任校对：桂伟利
责任印制：徐晓晨／封面设计：迷底书装

科　学　出　版　社 出版
北京东黄城根北街 16 号
邮政编码：100717
http://www.sciencep.com

北京虎彩文化传播有限公司 印刷
科学出版社发行　各地新华书店经销
*
2005 年 4 月第　一　版　　开本：787×1092　1/16
2017 年 6 月第　三　版　　印张：15
2023 年 12 月第十一次印刷　字数：390 000

定价：59.00 元
（如有印装质量问题，我社负责调换）

第三版前言

《机械基础实验教程》（第一版）自 2005 年 4 月出版发行，2007 年 8 月修正第一版内容之后发行第二版，之后多次印刷，长久以来满足教学需要。经过多年的使用，实践证明作为较早将机械原理、机械设计、互换性及测量技术三门课程实验内容整合为一门课的机械基础实验教程，在提高实验教学效率、增强学生动手能力和创新能力方面起到了积极的作用，取得了较好的教学效果。

经过多年的发展，实验仪器和实验技术取得了发展，实验教学的要求也有所提高，实验教材亦有必要进行改版以适应这些变化。教材编写组所在的华南理工大学机械基础教学团队多年来积累了较多的机械基础实验教学视频及动画素材，我们一直思考应如何结合视频动画资源及纸质教材。适逢科学出版社毛莹编辑建议我们结合视频资源与教材，出版嵌入二维码链接数字化资源的新版教材，于是便有了本次第三版教材的产生。

本次改版，基本保留了第二版的架构，改动的内容有：增加了 7.7 节螺栓连接实验内容；删除了第二版中 8.4 节内容，新增机械方案创意设计模拟实验；删除了第 9 章的内容；并对第二版存在的一些错漏进行了修正。

参与本版修订工作的同志有：赵可昕（4.4 节、7.2 节），刘新育（4.6 节），冯梅（5.1 节~5.4 节、8.4 节），何亚农（5.7 节、6.1 节、6.2 节、7.3 节），吴广峰（8.5 节~8.9 节）。全书由何军、刘新育担任主编，统稿审稿。

由于作者水平有限，书中疏漏和不足之处恳请读者批评指正。

编　者
2017 年 2 月

第二版前言

科学发展的历史表明，许多伟大的发现、发明都是来自于科学实验。从人类使用的原始工具到今天的载人宇宙飞船等各种现代机械，都是经过许多科学实验进行探索和验证的结果。科学实验是理论的源泉、科学的基础、发明的沃土、创造性人才的园地，通过实验可帮助人类认识和掌握自然界各种事物的本质和规律。随着科学技术的不断发展，科学实验的范围和深度得到不断拓展和升华，科学实验具有越来越重要的作用。

实验教学是高等理工科教育教学中的重要组成部分，它不但是学生获取知识和经验的重要途径，而且对培养学生严谨的科学态度、科学研究能力、实践工作能力和创新思维起着相当重要的作用。机械基础系列课程是机械类专业重要的技术基础课，但目前该系列课程的实验大都是附属于相关的课程，因而实验缺乏系统性，而且也容易出现重理论学习、轻实验操作的问题，这与新世纪高素质创新人才的培养要求差距很大。为了配合机械设计系列课程的改革，编者探讨改变把实验附属于相关课程的做法，通过对实验自身系统的优化整合，并按学科体系安排实验教学，设置机械基础实验课程。

本书作为普通高等教育"十一五"国家级规划教材，重在培养学生掌握现代机械工程基础实验的基本原理和知识、基本技能与方法。教材内容注意处理现代与传统、创新与继承、集中与分散、基本与拓展的辩证关系，采用模块式结构分层次安排实验教学，便于在不同学校、不同层次和不同要求的实验教学中按具体实际情况选用。

参加本书编写工作的有：李孟仁（第 1 章）、何军（第 2 章、第 4 章、6.4 节～6.6 节、7.2节～7.6 节、8.7 节、8.9 节）、黄镇昌（第 3 章、第 5 章）、朱文坚（6.1 节、7.1 节、8.4 节、8.5 节）、张铁（8.6 节）、莫海军（6.2 节、6.3 节）、张木青（第 9 章）、翟敬梅（8.1 节～8.3节）、徐晓（8.8 节）。全书由朱文坚、何军、李孟仁担任主编。

本书另配有实验报告书，如有需要，请与科学出版社联系，邮件：gk@mail.sciencep.com。由于作者水平有限，书中疏漏和不当之处恳请读者批评指正。

编　者

2007 年 5 月

目　录

第1章 绪 论

1.1 机械基础实验课程的重要性及任务

1. 机械基础实验课程的重要性

科学实验是根据一定的目的(或要求),运用必要的手段和方法,在人为控制的条件下,模拟自然现象来进行研究、分析,从而认识各种事物的本质和规律的方法。实验是将各种新思想、新设想、新信息转化为新技术、新产品的必要环节。科学发展的历史表明,许多伟大的发现、发明和重大的研究成果都产生于科学实验。例如,居里夫人就是在实验室里夜以继日工作了10多年才发现和提炼了铀。回顾机械的发展历史,人类从使用原始工具到创造发明原始机械、古代机械、近代机械乃至今天的汽车、数控机床、智能机器人、载人宇宙飞船、航天飞机等现代机械,都是经过艰辛的科学实验的结果。由于科学的迅速发展,高新技术产品不断问世,高等学校绝大多数的科研成果和高新技术产品都是在实验室里通过实验研究而成功的。资料表明,诺贝尔物理学奖自1900年以来的100多个奖项中,可以认为70%以上是授予实验项目的。由此可见实验对理论和科学研究的重要性。随着科学技术的发展,科学实验的范围和深度不断拓展与深入,科学实验具有越来越重要的作用,成为自然科学理论和工程技术的直接基础。

科学实验是探索未知、推动科学发展的强大武器,对经济持续发展、提高综合国力也具有十分重大的深远和现实意义。

机械工业与机械工程历来是国家经济建设的支柱产业和支柱学科之一,而且是基础产业与基础学科之一。随着科学技术的不断发展,社会对机械学科和机械类专业人才也提出了更高的要求。高等学校工科学生,尤其是机械类专业的学生,必须具有良好的实践能力、创新能力和综合设计能力。实验正是培养学生具有这些能力的极好的教学环节。实验教学是理工科专业教学中重要的组成部分,它不仅是学生获得知识和经验的重要途径,还对培养学生的自学能力、工作态度、实际工作能力、科学研究能力和创新思维具有十分重要的作用,对实现培养学生成为适合国家和社会需要的高素质人才的目标起着关键的作用。

2. 机械基础实验课程的任务

机械基础系列课程包括机械制造基础、互换性与技术测量、机械原理、机械设计、机械设计基础等课程。这些课程是重要的技术基础课,是连接基础课与专业课的重要环节,都有一系列的实验来支撑。为了适应知识经济和技术创新的时代要求,使实验教学的内容和水平符合培养高素质技术人才的要求,我们尝试对机械基础系列课程的实验进行整合、优化,形成系列课程互相衔接、互相配合、互相支撑的实验教学体系。注意反映当代机械工程实验技术,并引入相关学科如激光测量、图像处理、智能控制、虚拟实验等新技术、新成果,丰富实验教学内容,提高实验的质量和水平,开创独立的机械基础综合实验课程。

本实验课程的任务是培养学生以下方面的技能与素质。

(1)了解机械工程领域基础实验的常用工具、仪器、设备系统和实验方法,具有熟练使用相关工具,操作实验仪器、设备系统的基本技能。

(2)具有利用测试设备、仪器进行采集、分析和处理实验数据与实验误差的综合分析能力。

(3)具有理解、构思、改进机械基础实验方案的基本能力。

(4)养成严格按科学规律从事实验工作，遵守实验操作规程的基本素质以及不怕困难、勇于探索创新和实事求是的科学态度。

(5)养成良好学风，养成观察、分析事物和现象的习惯，训练善于综合思考的创新思维，提高科学实验能力。

(6)培养和提高自学能力、科学研究能力、分析思维能力、实际动手能力、撰写实验报告的表达能力、独立工作能力和团队合作精神。

1.2　机械基础实验课程的主要内容

1. 机械基础实验课程的指导思想

机械基础实验课程以机械基础实验方法自身的系统为主线设置实验课，成绩单独考核和计分。实验课的教学内容注意培养学生的创新能力和综合设计能力。重视实验内容由"验证性"转为"开发性"，"单一性"转为"综合性"，注意实验内容的创新性，增加实验内容和选题的自主性，改进实验指导方法，尽量发挥教师指导、学生自主的作用。

机械基础实验课程分为基本实验和实验设计研究两个层次。机械基础基本实验包括必修和选修两个部分。选修实验含有一定的实验设计和研究实践，供学有余力的学生使用。本实验教程增加实验内容和选题的柔性与开放性，以发挥学生的个性和创造能力，鼓励学生充分自主，发挥想象力，敢于打破"思维定势"的约束，提出新方案、新方法，应用新技术。实验设计属研究型综合实验，要求学生根据实验题目或专题(如机械加工工艺设计实验、机器人性能设计实验等)进行实验设计。在老师指导下，学生根据任务自主查阅资料、确定实验方案、选用实验设备和测试仪器完成实验设计，进行实验获取和处理实验数据，并撰写有分析的实验设计研究报告。

机械基础实验课程的实验内容应反映机械学科的发展方向，改革陈旧的实验内容和实验装置是必需的。因此，我们要充分考虑现有的工作条件，处理好传统实验与综合性实验、创新性实验之间的关系，在发挥传统实验作用的基础上，采取开发更新实验装置、增加实验设计、引进先进的数据采集和数据处理等手段，实现计算机技术在机械基础实验中的应用等方式，引入控制技术和机电一体化技术等先进的实验设备、实验内容、实验手段，达到培养学生的创新能力、综合设计能力和掌握新的科学技术的目的。

机械基础实验课程应有较多的创新设计实验内容，允许学生实现自己构思的原理方案，为了节省经费又不约束学生的新构思，实验装置可采用在一定条件下的组装式实验模块。此外，在机械基础部分实验中采用计算机仿真技术和虚拟实验，以增加实验的柔性，让学生在实验中能充分体现自主性。

2. 机械基础实验课程的主要内容

机械基础实验课程的主要内容有以下三部分。

(1)实验的基本知识，包括概论、机械基础实验常用仪器设备、实验数据采集和误差分析及处理。

(2)基本实验，包括机械组成的认识实验、机械零件几何精度的测量、机械运动和动力参数测试、力学性能及工作能力测试。

(3)拓展实验，包括机械创新设计实验、实验设计及虚拟实验。

本实验课程的各个实验之间有相对独立性，便于不同学校、不同层次的师生根据学校的实际情况选择使用。

1.3　机械基础实验课程的要求与实验方法

1. 机械基础实验课程的要求

机械基础实验课程是机械工程实验教学的重要组成部分，是机械基础系列课程的重要教学内容和课程体系改革的主要内容之一。学生通过本课程的学习和实验实践，要求掌握以下基本内容：

(1) 科学实验的作用及其重要意义；

(2) 了解和熟悉机械基础实验常用的仪器和装置；

(3) 能熟练使用机械基础实验常用的仪器、工具、量具；

(4) 机械基础实验的原理、方法、测试技术、数据采集、误差分析与处理等基本理论和基本技能；

(5) 了解并进行机电一体化系统的测控实验；

(6) 了解及研究机械基础实验设计；

(7) 了解虚拟实验的基本原理。

2. 机械基础实验课程的实验方法

实验包括实验者、实验手段和实验对象三要素。机械基础实验的实验者为学生，实验对象是被测试的物体(目标)，实验手段包括实验方法和实验工具、仪器与设备系统等。实验者在充分理解实验要求和原理的基础上，采用相应的实验手段取得各种实验数据，并对数据进行处理和分析。

工程实验的基本程序如图 1-1 所示。

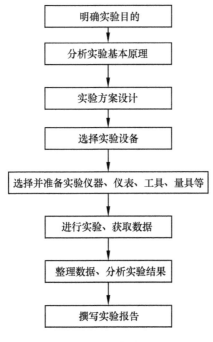

图 1-1　实验基本程序

对于同一实验对象、同一实验要求,可以采用不同的实验原理、实验方法和测试手段。例如,测量构件的运动速度,可以通过测量其线速度、转速或加速度等方法实现。测量构件加速度,可采用测量构件的位移或速度,然后通过微分电路获得加速度值的方法;也可以直接用加速度传感器把运动构件的加速度转换成电量,然后再进行检测。又如,测量转速有计数式(机械式、光电式、电磁式)、模拟式(机械式、发电机式、电容式)、同步式(机械式、闪光式)等方法。选择实验方法时既要考虑能满足实验对象的要求,也要考虑实验条件和环境,如仪器设备的配备、测量范围、精度、成本等问题,争取用最简单的方法和手段得到最好的实验结果。

实验完成后,必须严谨规范地撰写实验报告。实验报告是显示并保存实验数据和成果的载体,是分析、解决问题的依据。实验报告包括实验名称、实验目的、实验原理、实验装置、实验步骤、数据处理、实验结果、分析与结论、附录等内容。通过撰写实验报告可培养学生分析综合、抽象概括、判断推理等思维能力,也可训练学生对语言、文字、曲线、图表、数理计算等方面的表达能力,因此实验报告是实验教学的重要组成部分。

第2章　机械基础实验常用的仪器设备

机械基础课程通常的实验有带传动实验、链传动实验、滑动轴承性能实验、螺栓连接特性测定实验、回转件动平衡实验、凸轮轮廓曲线测定实验、机械零件几何精度的测量、机构运动简图测绘、机械拆装与测试实验等。本章只介绍一些国产基本实验设备，尤其是近年我国教育、科技工作者共同研究开发的综合型机械设计实验台。

2.1　带传动实验设备

带传动实验的目的是：①观察带传动的弹性滑动和打滑现象；②测出带传动的弹性滑动系数、效率和负载的关系，并绘制弹性滑动曲线和效率曲线等。图2-1是早期使用的FX-1型带传动实验台的结构和原理图。它主要由动力及传动系统、负载调节系统、转矩测量和弹性滑动显示装置等部分组成。

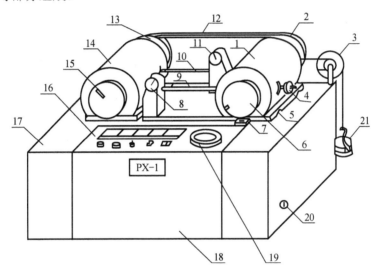

1-电动机支承罩；2-主动轮；3-滑轮；4-配重；5-滚珠导轨；6-镶有磁钢的圆盘；7-舌簧管；8-1号拉力计；
9-电动机测力杆；10-发电机测力杆；11-2号拉力计；12-V型带；13-从动轮；14-发电机支承罩；
15-装有光轴的测转差盘；16-面板；17-机身；18-电器箱；19-调压器；20-电源入口；21-砝码

图2-1　PX-1型带传动实验台的结构和原理图

图2-2为PC-A型带传动实验台的实物外形图；图2-3是在PC-A型基础上改进设计的计算机测绘新型皮带实验台PC-B型，它能利用计算机强大的数据处理分析功能、良好的人机互动功能和虚拟仪表功能将传感器采集的数据进行分析、处理。图2-4是PDJ-4型国产皮带传动实验机，它的优点是体积小、重量轻、噪声低、可靠性高。这种实验台不仅能测量数据，还能直接观察到带传动从弹性滑动到完全打滑现象的全过程。

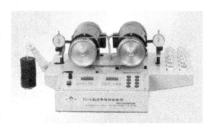

图2-2　PC-A型带传动实验台

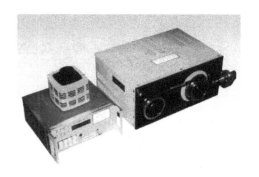

图 2-3　PC-B 型新型皮带实验台　　　　　　图 2-4　PDJ-4 型皮带传动实验机

2.2　滑动轴承性能实验设备

滑动轴承实验台主要测量轴承的径向和轴向油膜压力分布曲线，计算轴承的轴向端泄影响系数；测定轴承的特性系数曲线；让学生掌握滑动轴承有关参数的测量方法和基本实验技能。图 2-5 是滑动轴承实验台的基本工作原理图。图 2-6 是 HZS-1 型滑动轴承实验台的结构图。图 2-7 是 HS-A 型液体动压轴承实验台的实物照片。图 2-8 是 HS-B 型液体动压轴承实验台实物图。HS-B 型液体动压轴承实验台的优点是结构简洁、重量轻、体积小、测量直观、精度与稳定性较好。它利用计算机人机交互功能，使学生在软件界面的指导下，独立进行实验，完成径向、轴向油膜压力分布和摩擦特性曲线的仿真与实测，将理论与实验结合起来。图 2-9 为 ZHS-20 型液体动压滑动轴承实验台，该实验台集机、电、液、控于一身，机械部分、液压部分、电控部分采用了新型结构，数据采集、测试及处理系统采用先进的、高精度的系统，保证了实验台的先进性、实验数据的精确性，具有良好的可操作性，为目前国内先进的滑动轴承实验台。

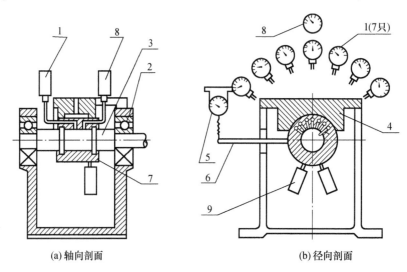

(a) 轴向剖面　　　　　　　　　　　　(b) 径向剖面

1-径向油压表(7 只)；2-滚动轴承；3-试验轴；4-加载盖板；5-测力计；6-加载杆；7-试验轴承；8-轴向油压表；9-平衡重

图 2-5　滑动轴承实验台的基本工作原理图

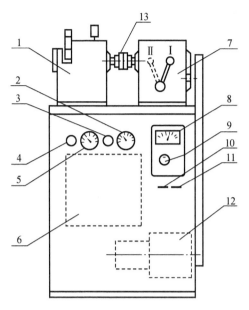

1-试验轴承箱；2-供油压力表；3-供油旋钮；4-加载旋钮；
5-加载压力表；6-液压箱；7-变速器；8-转速表；9-调速旋钮；
10-油泵开关；11-电机开关；12-调速电机；13-联轴器

图 2-6 HZS-1 型滑动轴承实验台的结构图

图 2-7 HS-A 型液体动压轴承实验台

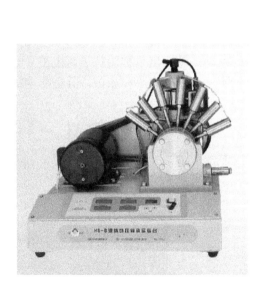

图 2-8 HS-B 型液体动压轴承实验台

图 2-9 ZHS-20 型液体动压滑动轴承实验台

2.3 螺栓连接实验台

螺栓连接实验台主要用于测量螺栓的工作载荷、螺栓的应变值、被连接件的应变值等。这里简单介绍两种国产的螺栓连接实验台。

图 2-10 是一种 LZS 型螺栓连接综合实验台，它是利用计算机对螺栓连接静动态参数进行

数据采集、处理、实测和仿真。在此实验台上可以进行螺栓的静动态受力、变形、刚度、轴向载荷、预紧力等实验。图 2-11 是国产的 LLJ-4 型螺栓连接实验机。这种实验机具有体积小、重量轻的优点，它是一种全数字化的即插即用的实验设备。

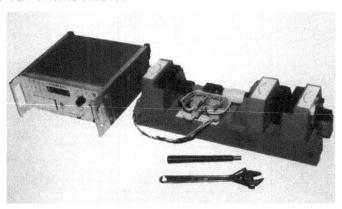

图 2-10　LZS 型螺栓连接综合实验台　　　　　图 2-11　LLJ-4 型螺栓连接实验机

2.4　动平衡实验台

动平衡实验是机械原理实验的一个内容，它对于加深对刚性转子平衡概念的理解，掌握刚性转子动平衡的原理是有益的。图 2-12 是国产的 JHP-A 型动平衡实验台，其特点是测试工件的转速可调，便于观察不同转速下试件的平衡状态。图 2-13 为国产的 CYYQ5TN 型硬支承计算机显示动平衡机。该动平衡机的工作原理为通过振动传感器测量被测转子两校正平面的周期性振动，可以在被测转子的两个校正平面上显示不平衡量的大小和相位，具有测量精度高、速度快、数据可靠的优点。

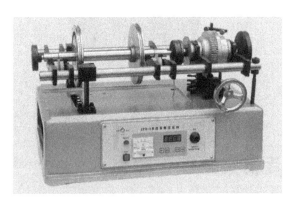

图 2-12　JHP-A 型动平衡实验台　　　　　图 2-13　CYYQ5TN 型动平衡实验台

2.5　机械运动创新方案拼接实验台

机械运动创新方案拼接实验是为了培养学生创新方案设计能力、创新设计能力、创新意识和实践动手能力而研制的一种新型实验台。

这类实验台有以下功能：基于机构组成原理的拼接设计实验、基于创新设计原理的机构拼接设计实验、课程设计中机械系统方案的拼接实验、课外活动中的机构拼接实验等。

图 2-14 是国产 JCP-5 型机械运动创新方案拼接实验台。这种实验台具有通用性好、可操作性强、安全可靠等优点。

图 2-15 为 ZNH-B 型平面机构创意组合测试分析实验台。它是为培养学生的综合设计能力、创新能力、运动测试分析能力和实践动手能力而研制的一种新型的综合实验台。ZNH-B 型实验台主要用于平面机构组成原理的拼装设计实验和平面机构运动测试分析实验。

图 2-14　JCP-5 型机械运动创新方案拼接实验台

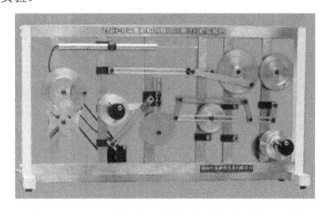

图 2-15　ZNH-B 型平面机构创意组合测试分析实验台

图 2-16 为 ZBS-C 型机构运动创新设计方案实验台。该实验台参照机构组成原理和杆组叠加原理设计而成，学生通过该实验可以加深对机构组成原理的理解，熟悉杆组概念，为今后进行机构运动方案创新设计奠定坚实的基础。

图 2-16　ZBS-C 型机构运动创新设计方案实验台

　　图 2-17 为机械方案创意设计模拟实施实验仪，能够组装低副多杆机构、凸轮机构、齿轮齿条机构和蜗杆蜗轮机构这三类高副机构；还能够组装高、低副组合机构；为减小机构运动的摩擦阻力，转动副的铰链和移动副的滑块内部采用了滚动轴承；采用薄板型导轨和夹板定位减轻了自重；采用了具有误差补偿功能的软轴联轴器，使电机容易安装；可以用手动、电动和气动三种方式来驱动，因而可以组装、演示和调整多自由度转动型和移动型原动件的组合机构。这些机构运动创新设计方案实验台可用于平面机构组成原理的拼装设计实验、平面机构创新设计的拼装设计实验、课程设计、毕业设计中进行机械系统方案设计的拼装实验、学生课外进行机构运动创新设计方案的拼装实验。

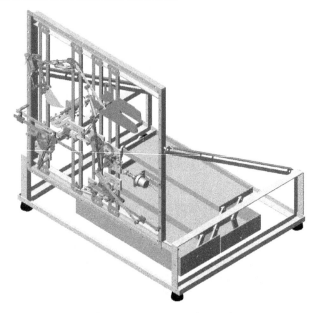

图 2-17　机械方案创意设计模拟实施实验仪

2.6　综合设计型机械设计基础实验台

　　本节重点介绍两种近年来国内教学与科研工作者研制的综合型机械设计基础实验台。综合实验台是一种开放的新型机械设计综合实验装置，可进行有关典型机械传动如"带传动"、"链传动"、"齿轮传动"、"蜗轮蜗杆传动"及其组合等基本实验，实验台可用同一底座及各种配套组件组装成多种测试机械系统性能的综合实验台，如传动系统的最优方案设计等。

　　实验台采用模块化结构，学生可根据自己设计的实验方案和内容，自己动手进行设计连接、装配和调试。被测传动机械配置齐全，组件具有较好的互换性；实验台采用自动控制测试技术与虚拟仪器理论进行设计，可用于教学和科研的自动控制和测试、数据采集及处理。机械部分采用了国内外新型机械传动结构，保证了实验台组装的快捷性及安装精度。

　　JCY 机械设计创意组合测试实验台基本构成为机械传动装置、动力输出装置、加载装置和控制与测试软件、工控机等。图 2-18 是国产 JCY 机械设计创意组合测试实验台的组成框图。

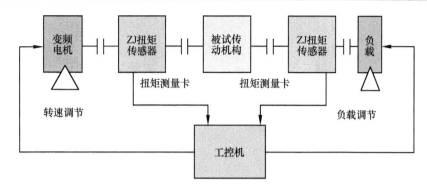

图 2-18 JCY 机械设计创意组合测试实验台的组成框图

图 2-19 为 JCY 机械设计创意组合测试实验台的几种不同组合实验。这几种基本实验都可在一个实验台上组合完成。

图 2-19 JCY 机械设计创意组合测试实验台实物图

此外还有其他类型的综合实验台，如国产的 ZJS50 型系列综合实验台。

该实验台的结构由 7 个部分组成：动力库、传动库、支承连接及调节库、加载库、测试库、工具库、软件系统库。

实验台可以进行单级传动实验：带传动实验、链传动实验、齿轮传动实验、蜗杆传动实验。又可进行双级和多级传动实验。例如，齿轮→带传动实验、带→齿轮传动实验、齿轮→链传动实验、链→齿轮传动实验、齿轮→带→链组合传动实验、齿轮→链→带组合传动实验、带→齿轮→链组合传动实验等近 20 种机械设计实验。图 2-20～图 2-22 是部分综合试验项目。

图 2-20　ZJS50 系列综合设计型实验台——
齿轮传动实验

图 2-21　ZJS50 系列综合设计型实验台——
链传动实验

　　ZJS50 系列综合设计型实验台采用的模块化结构柔性好，变型功能及综合性强，实现了一机多用，能同时满足不同层次机械设计课程实验的需要。图 2-23 为 ZJS50 系列综合设计实验机的控制台。

图 2-22　ZJS50 系列综合设计型实验台——
带→齿轮→链传动实验

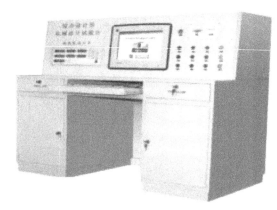

图 2-23　ZJS50 系列综合设计型实验机控制台

第 3 章　实验数据采集与数据处理

3.1　实验与测量

任何实验都离不开对参数的测量、观察与分析,本实验课程中将有不少测量方面的实验。如机械动力参数和运动参数的测量、零件几何参数的测量等。自动控制过程也离不开"测量",在实际工业生产中也是如此,为了保证产品的质量,在产品的制造过程中必须对相关的参数实时进行检测。例如,为了控制机器运动部件能准确地到达某一位置,必须对还未到达预定位置的偏离进行实时的检测,以便作出是否继续前进的决策,对驱动部分作出正确的控制。

随着科学技术的发展,机械工程领域的科技人员,不仅面临传统的静态几何量的测量,还越来越多地面临着许多动态物理量(如力、位移、振动、噪声、温度和流量等)的测量。因为,只有通过对这些动态物理量的测量,才能更全面深入地了解各种机械设备的运行状况,或是某些产品生产过程中的物质变化情况等。这些静态、动态物理量的测量,需要采用相应的测量仪器。仪器的结构形式可以是纯机械的,或是光学的、电子的。现在很多仪器是基于光、电、机相结合的测量原理设计的。

对于动态变化的物理量,若有相应的传感器把它转变成按比例变化的电量,然后通过测量这一电量求得该物理量,将使连续测量变得容易、方便。此方法称为非电量电测法,机械制造业的工程技术人员,应当掌握这些常见动态物理量的电测法。

要完成一项具体的测试任务,必须懂得如何组成一个性能优良的测试系统,并能运用它有效地达到预定的测试目的。这就要求进行测试工作的人员,必须熟悉与测试系统有关的基础知识和技能,如测量基础知识、误差概念、传感器结构、原理和特性;典型的测量电路;信号的显示、记录方法和信号的分析处理技术等。

当今,计算机的应用已非常广泛和普及,使人们的工作、生活方式起了翻天覆地的变化,测量仪器产品也有很大的变革。以通用计算机为平台的通用化、智能化和网络化的测量仪器及测试系统也得到了迅速发展,它充分利用计算机运算速度快、数据传输储存能力强的优势,把计算机扩展为所需要的仪器设备,其功能更胜于以往的传统仪器,这种仪器是通过软件设计灵活定义测试功能,通常称为虚拟仪器。

3.2　测量基本知识

3.2.1　测量的定义和作用

测量的定义:以确定量值为目的的一组操作,其实质是根据相关理论,用专门的仪器或设备,通过实验和必要的数据处理,求得被测量量值的过程。这个实验过程可能是极为复杂的物理实验,如地球至月球距离的测定,也可能是一个很简单的操作,如物体称重或测量轴的直径等。

对于一般的量(如几何量)的测量，其实质往往仅是作同类量的比较，因此，常用下述的测量定义：将被测量与标准量相比较的过程。此过程可用数学表达式描述：

$$Q = x \cdot S$$

式中，Q 为被测量；x 为被测量与标准量的比值；S 为标准量。

测量工作对于机器在设计、制造、使用阶段都具有非常重要的意义：①在制造过程中，通过对相关机械参数的监测，可及时进行工艺分析，以便确定合理的加工参数。自动化生产中，误差测量是自动控制系统中的关键环节，离此即失掉了控制的根据。②在设计过程中的试验测试，可获得设计所需的参数。③零件或产品完工验收时，通过测量进行合格性、优劣性判断，以保证产品的质量。④机器运行中对机器设备进行工况检测，可监控机器作故障诊断预报。

测量是一个严格的过程，为了获得可靠的测量结果，必须根据实际情况选择适当的测量方法和测量仪器，必须保证良好的测量环境以提高测量的精度。同时，一个完整的测量过程，还必然涉及测量误差的分析、讨论，或是进行不确定度的评定。

3.2.2　有关测量的术语

1. 被测量

作为测量对象的特定量称为被测量。在机械工程中，经常遇到的测量对象有：位移、速度、加速度、旋转机械的转速、构件的应力、机器的效率、功率、振动及噪声等机械运动参数和动力参数，常常需要对这些物理量的大小进行检测。按被测量在测试过程中的状态，被测量可分为静态量和动态量两种。

1) 静态量

所测量的物理量在整个测量过程中其数值始终保持不变，即被测量不随时间的变化而变化，这种量称为静态量。例如，稳定状态下物体所受的压力、温度；机械零件的几何量，包括尺寸(长度、角度)、形状和位置误差、表面粗糙度等。

2) 动态量

所测量的物理量在测量过程中随时间的不同而不断改变其数值，这种量称为动态量。例如，机器运动过程中的位移、速度、加速度、功率等；非稳定状态下的压力、温度。

2. 测量过程

要知道被测量的大小，就要用相应的测量器具、仪器来检测它的数值，而测量过程就是把被测量的信号，通过一定形式的转换和传递，最后与相应的测量单位进行比较。有时为了使微细的被测量得到直观的显示，通过杠杆传动机构的传递和放大以及齿轮机构的传动，使被测量变成指示表指针的偏转，最后以仪器刻度标尺上的单位进行比较而显示出被测量的数值。例如，几何量测量用的测微表、弹簧管压力计等。有的被测量则需要变成模拟电量便于检测、控制。例如，温度的测量，可以利用热电偶的热电效应，把被测温度转换成热电势信号，然后再把热电势信号转换成毫伏表上的指针偏转，并与温度标尺相比较而显示出被测温度的数值。现在，为了使测量得到的数据更方便地作后续的处理，常把被测量转变为数字电量，提供给计算机进行复杂的数据处理。例如，位移参数通过微分运算得到速度、加速度值，振动噪声测量中，时域信号通过傅里叶变换成频域信号。

3. 测量系统

组装起来以进行特定测量的全套测量仪器和其他设备称测量系统。有些量的测量只需要用简单仪表就能完成测量任务，但有些则需要多种仪器仪表及辅助设备共同工作才能完成测量任务。

简单测量系统有的简单到如水银温度计，它中心的毛细管内有水银，体积随温度变化，可测量温度的变化。有些需要由传感部分、变换放大部分和数值显示部分等多个部分组成，但都集成在一个仪表上，测量时同样很简单方便。例如，机械式转速表、数字式量具等都是简单测量系统。

复杂测量系统往往是在测得数据(信号)的处理过程需要做更多的工作。如机械振动、噪声的测量分析，除了通过测量获得振动量(如加速度)、噪声量(如声级)外，还要进行频谱分析；若要测量机械阻抗、固有频率、声强等，则测量系统将更为复杂。

4. 测量元件

从上述可知，任何一个测量系统，都要有三个主要作用元件：敏感元件、传递元件及显示元件。它们有各自的功能，应用时对它们的要求也不同。

1) 敏感元件

敏感元件是测量仪器或测量链中直接受被测量作用的元件。它与被测对象有直接的联系，它的作用是感受被测量的变化，使自身参数产生变化而向外输出一个相应的信号。如水银温度计的感温泡感受被测介质的温度变化时，温度计的水银柱高度会按温度高低发生变化，它是温度变化相应的信号，感温泡就是一种敏感元件。

作为测量系统的敏感元件，应满足下列条件。

(1) 只能感受被测参数的变化、输出相应信号。如果被测参数是压力，敏感元件只能在压力变化时发出信号，在其他量变化时就不应发出同样信号。

(2) 敏感元件发出的信号与被测量之间呈单值函数关系，最好是线性关系。

事实上有些仪表不能完全满足上述两个条件，经常遇到敏感元件在非被测量变化时也会产生内部变化，在这种情况下，只好限制这类无用信号的量级，使它远远小于有用信号。例如，非金属热电阻测温时，要忽略压力变化对电阻的影响。有时用理论计算的方法(如引入修正系数)或用试验手段(如在线路上加补偿装置)来消除其他因素的影响。

2) 传递元件

传递元件的作用是将敏感元件输出的信号，经过加工处理或转换传送给显示元件。例如，电阻应变片在工作时发出的信号是电阻变化值，它通过电桥变成电压信号，再由直流电压表来显示。当敏感元件发出的信号过小(或过大)时，传递元件应将信号进行放大(或衰减)，使之成为能被显示元件所接受的信号。

用测压探针和 U 形管测量压力时，连接它们之间的橡皮管就是传递元件，这种简单的传递元件，一般只有在敏感元件发出的信号较强和敏感元件与显示元件之间的距离不大时才能应用。当敏感元件发出的信号较弱或敏感元件与显示元件距离较远时，往往要将敏感元件发出的信号加以放大，甚至改变信号性质，才能进行远距离传送。

传递元件中的放大方式有两类：一类是将感受的信号利用机械式的机构(杠杆、齿轮等)放大。如弹簧管压力表测压时，压力信号使弹簧管发生角变形，此变形量很小，需由杠杆和齿轮机构加以放大。另一类是将感受的信号利用电子电路加以放大。例如，用热电偶和电位差计测温时，电位差计中的晶体管电路就能将热电偶产生的温差电动势放大。

3) 显示(指示)元件

显示元件是测量仪器显示测量值的部件。它直接与测量人员相联系，它的作用是根据传递元件传来的信号向观测人员显示出被测参数在数量上的变化。通常的显示方式有：指示式、图示式和数字式。

模拟式指示仪器是以指针、液面和浮标的相对位置来显示被测量数值的。例如，弹簧式压力计、几何量测微表都以指针偏转角度来显示数值大小的，气动量仪则是用浮标的高度显示数值的。

指示式仪表只能指出被测量当时的瞬时值，如要知道被测量随时间的变化情况，就需要用显示屏直接显示信号波形，或用记录式仪表将测量值在随时间变化而连续移动(或转动)的纸上描绘出图形(或图示)，如示波器、X-Y 记录仪等。

数字式指示仪器是将模拟量，通过模数编码转换器转换成二进制码的数字量，再由译码器将二进制数字量译成十进制数字量，并通过数码屏直接向观测人员显示被测量的数值和单位。数字万用表、数字频率计等是最常见的数字式仪表。

除上述显示方式以外，还有一种指示被测量状态的形式，称为信号式，它不显示被测量的量值，而只用指示灯显示被测量是否合格、被检产品是否通过。

5. 测量仪器的主要性能指标

为了正确地选择和使用仪器(仪表)，应当对测量仪器的主要性能和指标有所了解，下面对测量仪表中常用的性能指标作简要介绍。

1) 量程

仪表的量程是指仪表能测量的最大输入量与最小输入量之间的范围，量程也可称为测量范围。如对从 $-10\sim+10\text{V}$ 的测量范围，其量程为 20V。选用仪表时，首先要对被测量有一个大致估计，务使测量值落在仪表量程之内，且最好落在 2/3 量程附近，否则会损坏仪表或使测量误差较大。

2) 精度

仪表的精度(精确度)是指测量某物理量时，测量值与真值的符合程度。仪表精度常用满量程时仪表所允许的最大相对误差来表示。采用百分数形式，即

$$\delta = (\Delta_{max}/A_0) \times 100\%$$

式中，Δ_{max} 为仪表所允许的最大误差；A_0 为仪表的量程。

例如，某压力表的量程是 10MPa，测量值的误差不允许超过 0.02MPa，则仪表的精度为

$$\delta = (0.02/10) \times 100\% = 0.2\%$$

即该仪表的精度等级为 0.2 级。

仪表的精度等级有如下三种。

Ⅰ级标准表：0.01、0.02、0.05 级。

Ⅱ级标准表：0.1、0.2、0.5 级。

工业用仪表：1、1.5、2.5、4 级。

仪表的精度越高，其测量误差越小，但仪表的造价越昂贵，因此，在满足使用条件下，应尽可能选用精度等级低的仪表。

3) 灵敏度

灵敏度是指测量仪器在作测量时，测量仪器输出端的信号增量 Δy 与输入端信号增量 Δx 之比，即

$$K = \Delta y / \Delta x$$

显然，K 值越大，仪表灵敏度越高。

仪表的用途不同，其灵敏度的量纲也不同，对于电量压力传感器，灵敏度的量纲常用 mV/Pa 表示，加速度计的灵敏度用 mV/ms^{-2} 表示。

4) 分辨率

分辨率是指仪器仪表能够检测出被测量最小变化的能力。在准确度较高的指示仪表上，为了提高分辨率，刻度盘的刻度又密又细，或是数字表的位数越多。数字表的分辨率一般为最后一位所显示的单位值，若为 1mV，则该仪表能分辨被测量 1mV 的变化。

5) 稳定性

仪器的稳定性是指在规定的工作条件下和规定的时间内，仪器性能的稳定程度。它用观测时间内的误差来表示。例如，用毫伏计测量热电偶的温差电动势时，在测点温度和环境温度不变的条件下，24h 内示值变化 1.5mV，则该仪表的稳定度为 $(1.5/24)\,mV/h$。

6) 重复性

重复性通常表示为在相同测量条件(包括仪器、人员、方法等相同)下，对同一被测量进行连续多次测量时，测量结果的一致程度。重复性误差反映的是数据的离散程度，属于随机误差，用 R_N 表示，即

$$R_N = (\Delta R_{max}/Y_{max}) \times 100\%$$

式中，ΔR_{max} 为全量程中被测量的极限误差值；Y_{max} 为满量程输出值。

7) 动态特性

在对随时间变化而变化的物理量进行测量时，仪表在动态下的读数和它在同一瞬间相应量值的静态读数之间的差值，称仪表的动态误差或称动态特性。它是衡量仪表动态响应的性能指标，表明仪表指示值是否能及时、准确地跟随被测量的变化而变化。由于仪表通常都有惯性，指示值存在滞后失真，必然存在动态测量误差。

8) 频率响应特性

测量系统对正弦信号的稳态响应称为频率响应。仪表和传感器在正弦信号的作用下，其稳态的输出仍为正弦信号，但其幅值与相角通常已与输入量不同。在不同频率的正弦信号作用下，测量系统的稳态输出与输入间的幅值比、相角与角频率之间的关系称为频率响应特性，简称频率特性。它是一个复数量，表示仪表与传感器在不同频率下的传递正弦信号的性能。

3.2.3　测量方法的分类

对同一被测量，可能有多种不同的测量方法，需要作出选择，选择正确与否直接关系到测量工作是否能正常进行，以及能否符合规定的技术要求。因此，必须根据不同的测量任务要求，找出切实可行的测量方法，然后根据测量方法选择合适的测量工具，组成测量系统，进行实际测量。如果测量方法不合理，即使有高级精密的测量仪器或设备，也不能得到理想的测量结果。

1. 根据是否直接测量出所要求测量的量进行分类

1) 直接测量

用按已知标准标定好的测量仪器，对某一未知量直接进行测量，得出未知量的数值，这类测量称直接测量。例如，用压力表测量压力；用电表测量电压或电流；用工具显微镜测量轴的直径尺寸等。直接测量又可以分为直读法测量和比较法测量两种。

直读法：被测参数可以直接从测量仪器上读出，如千分尺、压力表等可以直接读出参数，这种方法的优点是使用方便，但测量准确度直接受测量仪器准确度的影响。

比较法：用标准量与被测量作比较，仪器只测量出他们的数值差别，把差值与标准量相加可得到被测量的值。它是一种相对测量，虽然测量过程较麻烦，但测量精确度可以提高。

2) 间接测量

间接测量指欲测量的数值由实测的量的数值按一定的函数关系式运算后获得。

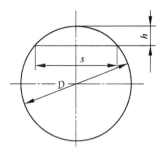

图 3-1 直径间接测量

例如，测量一个大圆柱的直径，往往因为缺少大量程的卡尺或仪器而无法直接测量，但是，可以采用卷尺测量周长，求得直径，或是采用如图 3-1 中所示方法，精密测量其弓高 h、弦长 s，通过函数关系求出直径。其关系式如下：

$$D = \frac{s^2}{4h} + h$$

2. 根据测量时是否与标准件进行比较作分类

1) 绝对测量

指测量时被测量的绝对数值由计量器具的显示系统直接读出。如用测长仪测量轴径，其尺寸由仪器标尺直接读出。

2) 相对测量

亦即比较测量法，测量时先用标准件调整计量器具零位，再由标尺读出被测几何量相对于标准件的偏差，被测量的数值等于此偏差与标准件量值之和。一般来说，相对测量法比绝对测量法准确度高。

3. 根据测量时工件被测表面与测量器具是否有机械接触进行分类

1) 接触测量

指测量器具的测头与工件被测表面有机械接触。如千分尺测量轴径。

2) 非接触测量

指测量器具的测头与工件被测表面无机械接触。例如，用工具显微镜测量零件几何尺寸、用电容测微仪测量跳动等。

接触测量对被测表面上的油污、灰尘等不敏感，但由于测量力的存在，会引起被测表面和测量器具的变形，因而影响测量准确度。非接触测量则与其相反。

此外，根据测量时被测工件所处的不同状态，测量方法还可以分为静态测量和动态测量；根据测量对工艺过程所起的不同作用，测量方法可以分为被动测量和主动测量。在自动化生产中，还常常论及在线测量和实时测量等方法。

4. 组合测量

在测量中，使各个未知量以不同的组合形式出现(或改变测量条件来获得这种不同的组合)，根据直接测量或间接测量所得到的数据，通过解一组联立方程而求出未知量的数值，这类测量称组合测量。组合测量中，未知量与被测量存在已知的函数关系(表现为方程组)。

例如，为了测量三个串联电阻各自的电阻值，可以用不同的组合方式测量串联的电阻值，可利用电阻值线性相加的函数关系列出方程组求解各独立的电阻值。

组合测量的测量过程比较复杂，耗时较多，但易达到较高准确度，因此被认为是一种特殊的精密测量方法，一般适用于科学实验或特殊场合。

3.3　测量误差与测量不确定度

3.3.1　测量误差基本概念

测量的目的是求出被测量的真实值，然而在任何一次试验中，不管使用多么精密的仪器、测量方法多么完善，操作多么细心，由于受到计量器具本身误差和测量条件等因素的影响，都不可避免地会产生误差，使测量的结果并非真值而是近似值。因此，对于每次测量，需知道测量误差是否在允许范围内。分析研究测量误差的目的在于：找出测量误差产生的原因，并设法避免或减少产生误差的因素，提高测量的准确度；其次是通过对测量误差的分析和研究，求出测量误差的大小或其变化规律，修正测量结果并判断测量的可靠性。

1. 测量误差

任何测量过程，都不可避免地会出现误差。因此每一个实际测得值，往往只是在一定程度上近似于被测量的真值，这种近似程度在数值上则表现为测量误差。测量误差 Δ 是被测量的实际测量结果 X 与被测量的真值 Q 之差，即

$$\Delta = X - Q$$

上式表达的误差也叫绝对误差，而绝对误差与真值之比的百分数称为相对误差 σ，即

$$\sigma = \frac{\Delta}{Q} \times 100\%$$

相对误差是无量纲量，当被测量值不同且相差较大时，用它更能清楚地比较或反映两测量值的准确性。

以上计算式要有真值才能求出结果，而真值具有不能确定的本性，故实际中常用对被测量多次重复测量所得的平均值作为约定真值。

2. 测量误差分类

按误差的性质，测量误差分为随机误差、系统误差和粗大误差。

1) 随机误差

在相同条件下对同一量的多次重复测量过程中，以不可预知方式变化的一种误差称为随机误差，它是整个测量误差中的一个分量。这一分量的大小和符号不可预定，它的分散程度，称为"精密度"。随机误差按其本质被定义为：测得值与对同一被测量进行大量重复测量所得结果的平均值之差。在测量过程中测量仪的不稳定造成的误差，环境条件中温度的微小变动和地基振动等所造成的误差，均属于随机误差。

2) 系统误差

在相同条件下对同一被测量的多次测量过程中，保持恒定或以可预知方式变化的测量误差的分量称为系统误差，即误差的绝对值和符号固定不变。按其本质被定义为：对同一被测量进行大量重复测量所得的平均值，与被测量真值之差。它的大小表示测量结果对真值的偏离程度，反映测量的"正确度"，对测量仪器而言，可称为偏移误差。如量块检定后的实际偏差，在按"级"使用此量块的测量过程中，它便是定值系统误差。

3) 粗大误差

粗大误差是指明显超出规定条件下预期值的误差。粗大误差也称疏忽误差或粗差。引起粗大误差的原因有错误读取示值；使用有缺陷的测量器具；量仪受外界振动、电磁等干扰而

发生的指示突跳等。

　　人们在测量时常会提到"精度"一词，它是指测量结果与被测量真值之间的一致程度，应称为准确度。显然，若无粗大误差，且随机误差和系统误差小(即精密、正确)，则测量"准确度"高，但这只是一种定性概念，难以应用于测量结果的评定，若要定量表示测量结果 "准确度"的高低，宜用不确定度描述。

3.3.2　测量不确定度

　　测量数据是测量的产物，有的测量数据是作为定量用的，有的则是供定性使用的，它们都与不确定度密切相关。为明确定量用数据的水平与准确性，其最后结果的表示必须给出其不确定度，否则，所述结果的准确性和可靠性不明确，数据便没有使用价值和意义。有了不确定度说明，便可知测量结果的水平：不确定度越小，测量的水平越高，数据的质量越高，其使用价值也越高；不确定度越大，测量的水平越低，数据质量越低，其使用价值也越低。

　　不确定度与计量科学技术密切相关，它用于说明基准标定、测试检定的水平，在 ISO/IEC 导则 25"校准实验室与测试实验室能力的通用要求"中指明，实验室的每个证书或报告，均必须包含有关评定校准或测试结果不确定度的说明。在质量管理与质量保证中，对不确定度极为重视，ISO 9001 规定：检验、计量和试验设备使用时应保证所用设备的测量不确定度已知且测量能力满足要求。

　　1. 有关的术语定义

　　1) 测量不确定度

　　表征合理地赋予被测量之值的分散性，与测量结果相联系的参数。

　　测量不确定度与测量误差紧密相连但却有区别：在实际工作中，由于不知道被测量值的真值才去进行测量，误差的影响必然使测量结果出现一定程度上的不真实，故必须在得出测量结果数值的同时表达出结果的准确程度，按现行的标准要求要用测量不确定度来描述。不确定度是对测得值的分散性的估计，是用以表示测量结果分散区间的量值，而不是指具体的、确切的误差值，它虽可以通过统计分析方法进行估计却不能用于修正、补偿测量值。过去我们通过对随机误差的统计分析求出描述分散性的标准偏差后，以特定的概率用极限误差值来描述，实际上也是今天所要描述的测量不确定度的一部分分量。

　　2) 标准不确定度

　　用标准差表示的测量不确定度称为标准不确定度。测量结果的不确定度由许多原因引起，一般是一些随机性的因素，使测量误差值服从某种分布。测量结果的不确定度往往含有多个标准不确定度分量，可以用不同方法获得。标准不确定度的评定方法有两种：A 类评定和 B 类评定。由测得值用统计分析方法进行的不确定度评定，称为不确定度的 A 类评定，相应的标准不确定度称为统计不确定度分量或"A 类不确定度分量"；采用非统计分析方法所作的不确定度评定，称为不确定度的 B 类评定，相应的标准不确定度称为非统计不确定度分量或"B 类不确定度分量"。将标准不确定度区分为 A 类和 B 类的目的，是使标准不确定度可通过直接或间接的方法获得，两种方法只是计算方法的不同，并非本质上存在差异，两种方法均基于概率分布。

　　3) 合成标准不确定度

　　当测量结果是由若干个其他量的值求得时，按其他各量的方差或(和)协方差算得的标准不确定度。例如，被测量 Y 和其他量 X_i 有关系 $Y=f(X_i)$，测量结果 y 的合成标准不确定度记为 $u_c(y)$，也可简写为 u_c 或 $u(y)$，它等于各项分量标准不确定度（即 $u(X_i)$）的平方之和的正平方根。

4）扩展不确定度

上述合成标准不确定度可以用来表示测量结果的不确定度，但它相当于对应一倍的标准差，由其表达的测量结果含被测量真值的概率仅为 **68%**。然而，在实际工作中要求数据的可靠性要高，即要求测量结果所描述的区间包含真值的概率要大。扩展不确定度便是确定测量结果区间的量，合理给出被测量值一个分布区间，可望实际值绝大部分（以某一概率）位于该区间。它也称为扩展不确定度。扩展不确定度记为 U，是该区间的半宽，并且为合成标准不确定度的若干倍。测量结果的不确定度通常都用扩展不确定度来表示。

5）包含因子

包含因子是指为获得扩展不确定度，对合成标准不确定度所乘的数值。因此，它是扩展不确定度与合成标准不确定度的比值。包含因子记为 k。

6）自由度

根据概率论与数理统计所定义的自由度，如果 n 个变量之间存在 k 个独立的线性约束条件，即其中独立变量的个数仅为 $n-k$ 个，则当计算这 n 个变量的平方和时，称平方和的自由度为 $n-k$。系列测量值所得标准差的可信赖程度与自由度有密切关系，自由度越大标准差越可信赖。由于不确定度是由标准差表征的，故也要用到自由度，不确定度的自由度是指求不确定度总和中的项数与总和的限制条件之差。自由度记为 v。

7）置信水准

置信水准是指扩展不确定度确定的测量结果区间包含合理赋予被测量值的分布的概率，也称包含概率。置信水准记为 p。

2. 测量不确定度的来源

为了正确地给出测量结果的不确定度，应全面分析影响测量结果的各种因素，并仔细列出测量结果的所有不确定度来源，做到不遗漏、不重复，否则将会影响不确定度的评定质量。

测量不确定度的来源可能有：①对被测量的定义不完善；②被测量定义复现的不理想；③被测量的样本不能代表定义的被测量；④环境条件对测量过程的影响考虑不周、或环境条件的测量不完善；⑤模拟仪表读数时人为的偏差；⑥仪器分辨力或鉴别阈不够；⑦赋予测量标准或标准物质的值不准；⑧从外部来源获得并用以数据计算的常数及其他参数不准；⑨测量方法和测量过程中引入的近似值及假设；⑩在相同条件下被测量重复观测值的变化等。

3.4　实验数据处理

3.4.1　直接测量实验数据的误差分析处理

测量误差的存在，使测量结果带有不可信性，为提高其可信程度和准确程度，常对同一量进行相同条件下重复多次的测量，取得一系列包含有误差的数据，按统计方法处理，获知各类误差的存在和分布，再分别给以恰当的处理，最终得到较为可靠的测量值，并给出可信程度的结论。

数据处理包括下列内容。

1. 系统误差的消除

测量过程中的系统误差可分为恒定系统误差和变值系统误差，具有不同的特性。恒定系统误差是对每一测量值的影响均为相同常量，对误差分布范围的大小没有影响，但使算术平均值产生偏移，通过对测量数据的观察分析，或用更高准确度的测量鉴别，可较容易地把这一误差分量分离出来并作修正；变值系统误差的大小和方向则随测试时刻或测量值的不同等因素按确定的函数规律而变化。如果确切掌握了其规律性，则可以在测量结果中加以修正。消除和减少系统误差的方法常见有：补偿修正法、抵消法、对称法、半周期法等。

2. 随机误差的处理

在测量过程的数据中，排除系统误差和粗大误差后余下的便是随机误差。随机误差的处理是从它的统计规律出发，按其为正态分布，求测得值的算术平均值以及用于描述误差分布的标准偏差。随机误差是不可消除的一个误差分量，进行分析处理的目的是得知测得值的精确程度。通过对求得的标准偏差作进一步的处理，可获得测量结果的不确定度。

1) 算术平均值以及任一测量值的标准偏差

消除系统误差和粗大误差后的一系列测量数据(n 个分量相互独立)$x_1, x_2, \cdots, x_n$，其算术平均值为

$$\overline{x} = \frac{\sum\limits_{i=1}^{n} x_i}{n} \tag{3-1}$$

设 Q 为被测量的真值，σ_i 为测量列中测得值的随机误差，则 $x_i = Q + \sigma_i$。等精密度多次测量中，随着测量次数 n 的增加，$\overline{x}$ 必然越接近真值，这时取算术平均值为测量结果，将是真值的最佳估计值。

测量列中单次测量值(任一测量值)的标准偏差定义为

$$\sigma = \sqrt{\frac{\sum\limits_{i=1}^{n} \delta_i^2}{n}} \tag{3-2}$$

由于真差 σ_i 未知，所以不能直接按定义求得 σ 值，故实际测量时常用残余误差 $v_i = x_i - \overline{x}$ 代替真差 σ_i，按贝塞尔(Bessel)公式求得 σ 的估计值

$$S = \sqrt{\frac{\sum\limits_{i=1}^{n} v_i^2}{n-1}} \tag{3-3}$$

2) 随机误差的分布

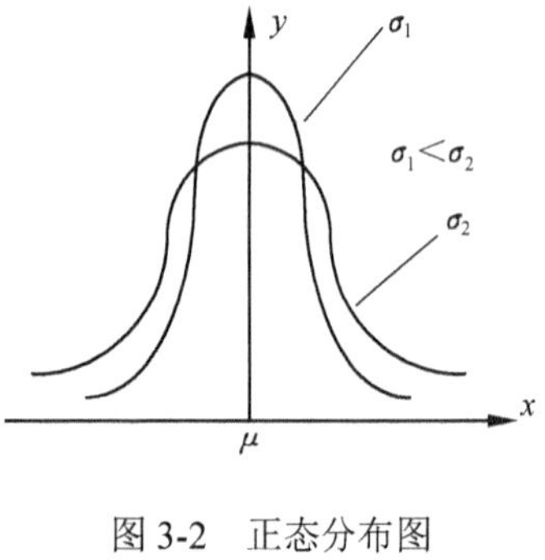

图 3-2　正态分布图

大量的测量实践表明，随机误差通常服从正态分布规律，所以，其概率密度函数为

$$y = \frac{1}{\sigma\sqrt{2\pi}} \exp\left\{ -\frac{1}{2}\left(\frac{x-\mu}{\sigma}\right)^2 \right\} \tag{3-4}$$

函数曲线如图 3-2 所示，σ 越大，表示测量的数据越分散。

3) 测量列算术平均值的标准偏差

如果在相同条件下，对某一被测量重复进行 m 组的"n 次测量"，则 m 个"n 个数的算术平均值"的算术平均值将更接近真值。m 个平均值的分散程度要比单次测量值的分散程度小得多。

描述它们的分散程度，可用测量列算术平均值的标准偏差 $\sigma_{\bar{x}}$ 作为评定指标，其值按下式计算。

$$\sigma_{\bar{x}} = \frac{\sigma}{\sqrt{n}} \tag{3-5}$$

其估计量 $S_{\bar{x}} = \dfrac{S}{\sqrt{n}}$。此值将是不确定度表达的根据，以上过程和方法也是现代不确定度评定方法中所要应用的方法。

3. 测量数据中粗大误差的处理

在一列重复测量所得数据中，经系统误差修正后如有个别数据有明显差异，则这些数值很可能含有粗大误差，称为可疑数据，记为 x_d。根据随机误差理论，出现粗大误差的概率虽小，但不为零。因此，必须找出这些异常值，给予剔除。然而，在判别某个测得值是否含有粗大误差时，要特别慎重，需要作充分的分析研究，并根据选择的判别准则予以确定，因此要对数据按相应的方法作预处理。

预处理并判别粗大误差有多种方法和准则，有 3σ 准则、罗曼诺夫斯基准则、狄克松准则、格罗布斯准则等，其中 3σ 准则是常用的统计判断准则，罗曼诺夫斯基准则适用于测量次数较少的场合。

1) 3σ 准则

此准则先假设数据只含随机误差进行处理，计算得到标准偏差，按一定概率确定一个区间，便可以认为：凡超过这个区间的误差，就不属于随机误差而是粗大误差，含有该误差的数据应予以剔除。这种判别处理原理及方法仅局限于对正态或近似正态分布的样本数据处理。

3σ 准则又称拉依达准则，作判别计算时，先以测得值 x_i 的平均值 $\bar{x}$ 代替真值，求得残差 $v_i = x_i - \bar{x}$。再以贝塞尔公式算得的标准偏差 S 代替 σ，以 $3S$ 值与各残差 v_i 作比较，对某个可疑数据 x_d，若其残差 v_d 满足下式则为粗大误差，应剔除数据 x_d。

$$|v_d| = |x_d - \bar{x}| > 3S \tag{3-6}$$

每经一次粗大误差的剔除后，剩下的数据要重新计算 S 值，再次以数值已变小了的新的 S 值为依据，进一步判别是否还存在粗大误差，直至无粗大误差。应该指出：3σ 准则是以测量次数充分大为前提的，当 $n \leqslant 10$ 时，用 3σ 准则剔除粗大误差是不够可靠的。因此，在测量次数较少的情况下，最好不要选用 3σ 准则，而用其他准则。

2) 罗曼诺夫斯基准则

当测量次数较少时，用罗曼诺夫斯基准则较为合理，这一准则又称 t 分布检验准则，它是按 t 分布的实际误差分布范围来判别粗大误差。其特点是首先剔除一个可疑的测量值，然后按 t 分布检验被剔除的测量值是否含有粗大误差。

设对某量作多次等精度独立测量，得 $x_1, x_2, \cdots, x_n$。若认为测得值 x_d 为可疑数据，将其预剔除后计算平均值(计算时不包括 x_d)，即

$$\bar{x} = \frac{1}{n-1} \sum_{i=1, i \neq d}^{n} x_i \tag{3-7}$$

并求得测量列的标准差估计量(计算时不包括 $v_d = x_d - \bar{x}$)，即

$$S = \sqrt{\frac{\sum_{i=1}^{n-1} v_i^2}{n-2}} \tag{3-8}$$

根据测量次数 n 和选取的显著度 α，即可由表 3-1 查得 t 检验系数 $K(n, \alpha)$。若有

$$|x_d - \bar{x}| \geqslant K(n, \alpha)S \tag{3-9}$$

则数据 x_d 含有粗大误差，应予剔除。否则，予以保留。

表 3-1 t 检验系数 $K(n, \alpha)$ 表

n	$\alpha=0.05$	$\alpha=0.01$	n	$\alpha=0.05$	$\alpha=0.01$	n	$\alpha=0.05$	$\alpha=0.01$
4	4.97	11.46	13	2.29	3.23	22	2.14	2.91
5	3.56	6.53	14	2.26	3.17	23	2.13	2.90
6	3.04	5.04	15	2.24	3.12	24	2.12	2.88
7	2.78	4.36	16	2.22	3.08	25	2.11	2.86
8	2.62	3.96	17	2.20	3.04	26	2.10	2.85
9	2.51	3.71	18	2.18	3.01	27	2.10	2.84
10	2.43	3.54	19	2.17	3.00	28	2.09	2.83
11	2.37	3.41	20	2.16	2.95	29	2.09	2.82
12	2.33	3.31	21	2.15	2.93	30	2.08	2.81

3.4.2 间接测量实验数据的误差分析处理

间接测量方法是通过测量别的量，然后利用相关的函数关系计算出需要得到的量。如大直径的测量，很难直接测得直径，可以通过测量周长后除以圆周率来求得，也可以用测量弓高和弦长，通过函数式计算求得。当测量周长、弓高和弦长时，测得值都是含有误差的，那么，求得的直径误差(或不确定度)该是多少？这一问题要用到函数误差的计算知识才能解决。函数误差的处理实质是间接测量的误差处理，也是误差的合成方法。

间接测量中，测量结果的函数一般为多元函数，表达为

$$y = f(x_1, x_2, \cdots, x_n) \tag{3-10}$$

式中，$x_1, x_2, \cdots, x_n$ 为各变量的直接测量值；y 为间接测量得到的值。

1. 函数系统误差计算

由高等数学可知，多元函数的增量可用函数的全微分表示，故上式的函数增量 dy 为

$$dy = \frac{\partial f}{\partial x_1}dx_1 + \frac{\partial f}{\partial x_2}dx_2 + \cdots + \frac{\partial f}{\partial x_n}dx_n \tag{3-11}$$

若已知各直接测量值的系统误差为 $\Delta x_1, \Delta x_2, \cdots, \Delta x_n$，由于这些误差都很小，可以近似等于微分量，从而，可近似求得函数的系统误差 Δy

$$\Delta y = \frac{\partial f}{\partial x_1}\Delta x_1 + \frac{\partial f}{\partial x_2}\Delta x_2 + \cdots + \frac{\partial f}{\partial x_n}\Delta x_n \tag{3-12}$$

式中，$\frac{\partial f}{\partial x_i}$ $(i=1, 2, \cdots, n)$ 为各直接测量值的误差传递系数。

若函数形式为线性公式

$$y = a_1x_1 + a_2x_2 + \cdots + a_nx_n$$

则函数系统误差的公式为

$$\Delta y = a_1\Delta x_1 + a_2\Delta x_2 + \cdots + a_n\Delta x_n$$

式中，各误差传递系数 a_i 为不等于 1 的常数。

若 $a_i = 1$，则有

$$\Delta y=\Delta x_1+\Delta x_2+\cdots+\Delta x_n$$

此情形正如把多个长度组合成一个尺寸时一样，各长度在测量时都有其系统误差，在组合后的总尺寸中，其系统误差可以用各长度的系统误差相加得到。

但是，大多数实际情况并不是这样的简单函数，往往需要用到微分知识求得其传递系数 a_i。

2. 函数随机误差计算

随机误差是多次测量结果中讨论的问题。间接测量过程中要对相关量(函数的各个变量)进行直接测量，为提高测量准确度，这些量可进行等精度的多次重复测量，求得其随机误差的分布范围(用标准差的某一倍数表示)，此时，若要得知间接测量值(多元函数的值)的随机误差分布，便要进行函数随机误差的计算。最终求得测量结果(函数值)的标准差或极限误差。

对 n 个变量各测量 N 次，其函数的随机误差与各变量的随机误差关系，经推导得知

$$
\begin{aligned}
\sum_{i=1}^{N}\mathrm{d}y_i^2=&\left(\frac{\partial f}{\partial x_1}\right)^2\left(\delta x_{11}^2+\delta x_{12}^2+\cdots+\delta x_{1N}^2\right)\\
&+\left(\frac{\partial f}{\partial x_2}\right)^2\left(\delta x_{21}^2+\delta x_{22}^2+\cdots+\delta x_{2N}^2\right)\\
&+\cdots+\left(\frac{\partial f}{\partial x_n}\right)^2\left(\delta x_{n1}^2+\delta x_{n2}^2+\cdots+\delta x_{nN}^2\right)\\
&+2\sum_{1\leqslant i<j}^{n}\sum_{m=1}^{N}\left(\frac{\partial f}{\partial x_i}\frac{\partial f}{\partial x_j}\delta x_{im}\delta x_{jm}\right)^2
\end{aligned}
\tag{3-13}
$$

两边除以 N 得到标准差方差的表达式

$$
\sigma_y^2=\left(\frac{\partial f}{\partial x_1}\right)^2\delta_{x1}^2+\left(\frac{\partial f}{\partial x_2}\right)^2\delta_{x2}^2+\cdots+\left(\frac{\partial f}{\partial x_n}\right)^2\delta_{xn}^2+2\sum_{1\leqslant i<j}^{n}\left(\frac{\partial f}{\partial x_i}\frac{\partial f}{\partial x_j}\frac{\sum_{m=1}^{N}\delta x_{im}\delta x_{jm}}{N}\right)
$$

若定义

$$K_{ij}=\frac{\sum_{m=1}^{N}\delta x_{im}\delta x_{jm}}{N}$$

$$\rho_{ij}=\frac{K_{ij}}{\sigma_{xi}\sigma_{xj}}$$

即

$$K_{ij}=\rho_{ij}\sigma_{xi}\sigma_{xj}$$

则函数随机误差的计算公式为

$$
\sigma_y^2=\left(\frac{\partial f}{\partial x_1}\right)^2\delta_{x1}^2+\left(\frac{\partial f}{\partial x_2}\right)^2\delta_{x2}^2+\cdots+\left(\frac{\partial f}{\partial x_n}\right)^2\delta_{xn}^2+2\sum_{1\leqslant i<j}^{n}\left(\frac{\partial f}{\partial x_i}\frac{\partial f}{\partial x_j}\rho_{ij}\sigma_{xi}\sigma_{xj}\right)
\tag{3-14}
$$

式中，ρ_{ij} 为第 i 个测得值和第 j 个测得值之间的误差相关系数；$\dfrac{\partial f}{\partial x_1}$ 为 $i=1,2,\cdots,n$ 的误差传递系数。

若各直接测得值的随机误差是相互独立的，且 N 适当大时，相关系数为零。便有

$$\sigma_y^2=\left(\frac{\partial f}{\partial x_1}\right)^2\delta_{x1}^2+\left(\frac{\partial f}{\partial x_2}\right)^2\delta_{x2}^2+\cdots+\left(\frac{\partial f}{\partial x_n}\right)^2\delta_{xn}^2$$

即

$$\sigma_y=\sqrt{\left(\frac{\partial f}{\partial x_1}\right)^2\sigma_{x1}^2+\left(\frac{\partial f}{\partial x_2}\right)^2\sigma_{x2}^2+\cdots+\left(\frac{\partial f}{\partial x_n}\right)^2\sigma_{xn}^2} \tag{3-15}$$

令

$$\frac{\partial f}{\partial x_i}=a_i$$

则

$$\sigma_y=\sqrt{a_1^2\sigma_{x1}^2+a_2^2\sigma_{x2}^2+\cdots+a_n^2\sigma_{xn}^2} \tag{3-16}$$

同理，当各测得值随机误差为正态分布时，其极限误差的关系则为

$$\delta y_{\lim}=\pm\sqrt{a_1^2\delta x_{1\lim}^2+a_2^2\delta x_{2\lim}^2+\cdots+a_n^2\delta x_{n\lim}^2} \tag{3-17}$$

若所讨论的函数是系数为 1 的简单函数

$$y=x_1+x_2+\cdots+x_n$$

便有

$$\sigma_y=\sqrt{\sigma_{x1}^2+\sigma_{x2}^2+\cdots+\sigma_{xn}^2} \tag{3-18}$$

$$\delta y_{\lim}=\pm\sqrt{\delta x_{1\lim}^2+\delta x_{2\lim}^2+\cdots+\delta x_{n\lim}^2} \tag{3-19}$$

3. 误差间的相关关系和相关系数

当函数各变量的随机误差相互有关时，相关系数 ρ_{ij} 不为零。此时

$$\sigma_y=\sqrt{a_1^2\sigma_{x1}^2+a_2^2\sigma_{x2}^2+\cdots+a_n^2\sigma_{xn}^2+2\sum_{1\leqslant i<j}^{n}a_ia_j\rho_{ij}\sigma_i\sigma_j}$$

若完全正相关，则 $\rho_{ij}=1$。此时

$$\sigma_y=\sqrt{a_1^2\sigma_{x1}^2+a_2^2\sigma_{x2}^2+\cdots+a_n^2\sigma_{xn}^2+2\sum_{1\leqslant i<j}^{n}a_ia_j\sigma_i\sigma_j}$$

$$=a_1\sigma_{x1}+a_2\sigma_{x2}+\cdots+a_n\sigma_{xn}$$

即函数具有线性的传递关系。

虽然通常遇见的测量实践多属于误差间线性无关，或关系很小近似线性无关，但线性相关的情形也会碰到，此时，相关性不能忽略，必须先求出误差间的相关系数，然后才能进行误差的合成。

1)误差间的线性相关关系

误差间的线性相关关系是指误差间的线性依赖关系，这种关系有强弱之分：一个误差的值完全取决于另一误差值，此情形依赖性最强，相关系数为 1。反之是互不影响，依赖性最弱，相关系数为零。通常两误差的关系处于上述两个极端之间，既有联系又不完全，且具有一定的随机性。

2)相关系数

两误差间有线性关系时，其相关性的强弱由相关系数来表达，在误差合成时应求得相应的相关系数，才能计算出相关项的数值大小。

两误差 a、b 之间的相关系数为 ρ，根据定义

$$\rho=\frac{K_{ab}}{\sigma_a\sigma_b}=\frac{D_{ab}}{\sigma_a\sigma_b}$$

式中，D_{ab} 为误差 a 与 b 之间的协方差；σ_a、σ_b 分别为误差 a 和 b 的标准差。

按误差理论，相关系数的数值范围是：$-1\leqslant\rho\leqslant+1$。

当 $0<\rho<1$ 时，误差 a、b 正相关，即一误差增大时，另一误差值平均地增大；

当 $-1<\rho<0$ 时，误差 a、b 负相关，即一误差增大时，另一误差值平均地减小；

当 $\rho=+1$ 时，误差 a、b 完全正相关，即两误差具有确定的线性函数关系；

当 $\rho=-1$ 时，误差 a、b 完全负相关，即两误差具有确定的线性函数关系；

当 $\rho=0$ 时，误差 a、b 无相关关系，或称不相关，即一误差增大时，另一误差值可能增大，也可能减小。

确定两误差间的相关系数是比较困难的，通常采用以下方法：直接判断法；试验观察法；简略计算法；按相关系数定义直接计算；用概率论、最小二乘法理论计算等。

4. 随机误差参数的合成

实际测量检定中，在随机误差的处理或不确定度评定时，常有多个分量要进行合成，此情形就如同上述函数误差处理一样，通常是采用"方和根"的方法合成，同时考虑传递系数和相关性。

若有 q 个单项随机误差，它们的标准差为 $\sigma_1, \sigma_2, \cdots,$ σ_q，它们的误差传递系数分别为 $a_1, a_2, \cdots, a_q$，则合成后的标准差为

$$\sigma=\sqrt{\sum_{i=1}^{q}a_i^2\sigma_i^2+2\sum_{1\leqslant i<j}^{n}\rho_{ij}a_ia_j\sigma_i\sigma_j}$$

若各项随机误差互不相关，相关系数 ρ_{ij} 为零，则总标准差为

$$\sigma=\sqrt{\sum_{i=1}^{q}a_i^2\sigma_i^2}$$

3.4.3 测量不确定度评定方法

ISO 发布的"测量不确定度表示指南"是测量数据处理和测量结果不确定度表达的规范，由于在评定不确定度之前，要求测得值为最佳值，故必须作系统误差的修正和粗大误差(异常值)的剔除。最终评定出来的测量不确定度是测量结果中无法修正的部分。

测量不确定度评定的过程如图 3-3 所示。具体的方法还要有各个环节的计算。

1. 标准不确定度的 A 类评定

此法是通过对等精度多次重复测量所得数据进行统计分析评定的，正如前面介绍的随机误差的处理过程，标准不确定度 $u(x_i)=s(x_i)$，$s(x_i)$ 用单次测量结果

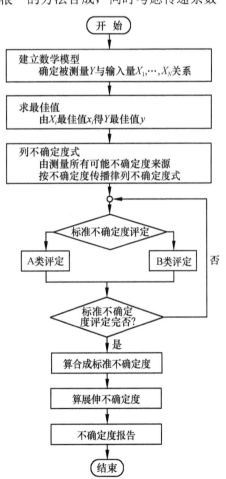

图 3-3　测量不确定度评定流程图

的标准不确定度 $s(x_{ik})$ 算出

$$s(x_i) = \frac{s(x_{ik})}{\sqrt{n_i}} \tag{3-20}$$

其单次测量结果的标准不确定度 $s(x_{ik})$ 可用贝塞尔法求得，即

$$s(x_{ik}) = \sqrt{\frac{1}{n_i-1}\sum_{k-i}^{n}(x_{ik}-\overline{x}_i)^2} \tag{3-21}$$

其实，单次测量结果的标准不确定度 $s(x_{ik})$ 还有如下求法。

1) 最大残差法

$s(x_{ik}) = c_{n_i}\max\limits_{k}\left|x_{ik}-\overline{x}_i\right|$，系数 c_n 如表 3-2 所示。

表 3-2　最大残差法系数 c_n

n	2	3	4	5	6	7	8	9	10	15	20
c_n	1.77	1.02	0.83	0.74	0.68	0.64	0.61	0.59	0.57	0.51	0.48

2) 极差法

居于服从正态分布的测量数据，其中，最大值与最小值之差称为极差。$s(x_{ik}) = \frac{1}{d_{n_i}}\left(\max\limits_{k}x_{ik}-\min\limits_{k}x_{ik}\right)$，系数 d_n 如表 3-3 所示。

表 3-3　极差法系数 d_n

n	2	3	4	5	6	7	8	9	10	15	20
d_n	1.13	1.69	2.06	2.33	2.53	2.70	2.85	2.97	3.08	3.47	3.74

2. 标准不确定度的 B 类评定

B 类评定是一种非统计方法，当不能用统计方法获得标准不确定度，或已有现成的相关数据时采用。此时，测量结果的标准不确定度通过其他途径获得，如信息、资料。来源有以下几方面，例如，此前已做测量分析；仪器制造厂的说明书；校准或其他报告提供的数据；手册提供的参考数据等。具体计算标准不确定度方法如下：

$$u(x_j) = U(x_j)/k_j$$

式中，$U(x_j)$ 为已知的扩展不确定度，或是已知的测量值按某一概率的分布区间的半值；k_j 为包含因子，它的选取与分布有关；正态分布时则与所取的置信概率有关。

(1) 当得知不确定度 $U(x_j)$ 为估计标准差的 2 或 3 倍时，k_j 则为 2 或 3；

(2) 若得知不确定度 $U(x_j)$ 以及对应的置信水准，则可视其为服从正态分布。若置信水准为 0.68、0.95、0.99 或 0.997 时，k_j 则对应为 1、1.96、2.58、3；

(3) 若得知 $U(x_j)$ 是 x_j 变化范围的半区间，即 X_j 在 $[x_j-U(x_j)，x_j+U(x_j)]$ 内，且知道其分布规律，k_j 由表 3-4 选取。

表 3-4　集中非正态分布的置信因子

分布	三角分布	梯形分布	均匀分布	反正弦分布
k_j	$\sqrt{6}$	$\sqrt{6}/\sqrt{1+\beta^2}$	$\sqrt{3}$	$\sqrt{2}$

3. 求合成标准不确定度

测量结果 y 的标准不确定度 $u_c(y)$ 或 $u(y)$ 为合成标准不确定度，它是测量中各个不确定度分量共同影响下的结果，故取决于 x_i 标准不确定度 $u(x_i)$，可按不确定度传播规律合成。计算方法与前面介绍的随机误差的合成方法相同。

4. 求扩展不确定度

扩展不确定度是为使不确定度置信水准（包含概率）更高而提出的，需将标准不确定度 $u_c(y)$ 乘以包含因子 k 以得到扩展不确定度：$U=ku_c(y)$。扩展不确定度计算见图 3-4 所示流程，有两种处理方法，一种是自由度不明或无，按"否"处理。另一种是知道自由度，按"是"处理，此时包含因子 k 与自由度有关。

5. 测量不确定度报告

上述根据测量原理，使用测量装置进行测量，求得测量结果以及测量结果的扩展不确定度，最后给出测量结果报告，同时应有测量不确定度报告。测量不确定度报告用扩展不确定度表示，其形式如下：

（1）有自由度 v 时表达为：测量结果的扩展不确定度 $U=\times\times\times$。并加附注：U 由合成标准不确定度 $u_c=\times\times\times$ 求得，其基于自由度 $v=\times\times\times$，置信水准 $p=\times\times\times$ 的 t 分布临界值所得包含因子 $k=\times\times\times$。

（2）自由度 v 无法获得时表达为：测量结果的扩展不确定度 $U=\times\times\times$。并加附注：U 由合成标准不确定度 $u_c=\times\times\times$ 和包含因子 $k=\times\times\times$ 而得。

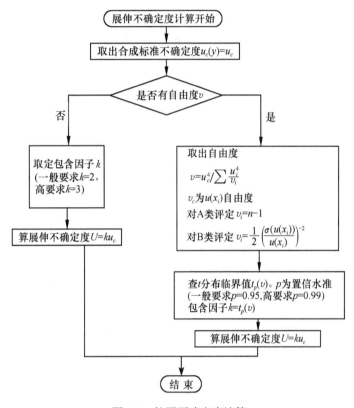

图 3-4　扩展不确定度计算

6. 应用举例

例 3-1　等精度测量某一尺寸 15 次，各次的测得值如下（单位是 mm）：30.742，30.743，30.740，30.741，30.755，30.739，30.740，30.739，30.741，30.742，30.743，30.739，30.740，30.743，30.743。求测量结果平均值的标准偏差。若测得值已包含所有的误差因素，给出测量结果及不确定度报告。

解　（1）求算术平均值为

$$\bar{x}=\frac{\sum\limits_{i=1}^{n}x_i}{n}=461.130/15=30.742$$

（2）求残差 $v_i=x_i-\bar{x}$ 得（单位是 μm）：0，+1，−2，−1，+13，−3，−2，−3，−1，0，+1，−3，−2，+1，+1。

(3)求残差标准偏差估计值 S，即

$$S=\sqrt{\dfrac{\sum\limits_{i=1}^{n}v_i^2}{n-1}}=\sqrt{\dfrac{214}{14}}=3.9(\mu m)$$

(4)按 3σ 准则判别粗大误差，剔除不可靠数据：因 $|+13|>3\sigma(3S=11.7)$，故 30.755 应剔除。

(5)剩余 14 个数字再进行同样处理。

求得平均值：430.375/14＝30.741。

求得残差(μm)：$+1$，$+2$，-1，0，-2，-1，-2，0，$+1$，$+2$，-2，-1，$+2$，$+2$。

求残差标准偏差估计值(μm)：$S=\sqrt{\dfrac{33}{13}}=1.6$，$3\sigma=3S=4.8$，再无发现粗大误差。

(6)求测量结果平均值的标准偏差(μm)，即

$$S_{\bar x}=\dfrac{S}{\sqrt{n}}=\dfrac{1.6}{\sqrt{14}}=0.4$$

(7)测量结果：(属于 A 类，按贝塞尔法评定)测得值为 30.741mm。测量结果的扩展不确定度为

$$U=0.0009mm$$

U 由合成标准不确定度 $u_c=0.0004$ 求得，基于自由度 $v=13$，置信水准 $p=0.95$ 的 t 分布临界值所得包含因子 $k=2.16$。

3.4.4 组合测量的数据处理

组合测量是常要用到的一种测量方法，通过直接测量待测参数的各种不同组合量(一般为等精度测量)，间接求得各待测参数，这需要用到线性参数的最小二乘法处理的知识。以下讨论都是基于等精度的多次测量，测得值无系统误差、不存在粗大误差。

例 3-2 精密测量三个电容值 x_1、x_2、x_3，采用多种方案(等权)测得独立值和组合值 x_1、x_2、x_1+x_3、x_2+x_3。列出待解的数学模型

解

$$\begin{aligned} x_1 &= 0.3\\ x_2 &= -0.4\\ x_1+x_3 &= 0.5\\ x_2+x_3 &= -0.3 \end{aligned}$$

这是一个超定方程组，即方程的个数多于待求量的个数，不存在唯一的确定解。由于测量有误差，以 v_1、v_2、v_3、v_4 表示它们的残差，按残余误差的平方和函数式对 x_1、x_2、x_3 求偏导求极值，并令其等于零，得到如下的确定性方程组：

$$(x_1-0.3)+(x_1+x_3-0.5)=0$$
$$(x_2+0.4)+(x_2+x_3+0.3)=0$$
$$(x_1+x_3-0.5)+(x_2+x_3+0.3)=0$$

可求出唯一解 $x_1=0.325$，$x_2=-0.425$，$x_3=0.150$。这组解称为原超定方程组的最小二乘解。

1. 最小二乘原理

基于最小二乘原理的数据处理方法是解决如上述实际问题的有效方法，在各学科领域中得到广泛应用，它可用于解决参数的最可信赖值的估计、组合测量的数据处理、实验数据的线性回归等问题。处理过程可用两种不同的形式表达：代数式或矩阵形式表达。

现有线性测量方程组为

$$y_i = a_{i1}x_1 + a_{i2}x_2 + \cdots + a_{it}x_t \qquad (i=1, 2, \cdots, n) \tag{3-22}$$

式中有 n 个直接测得量 $y_1, y_2, \cdots, y_n$，t 个待求量 $x_1, x_2, \cdots, x_t$，且 $n>t$，各 y_i 等权、无系统误差和无粗大误差。

因 y_i 含有测量的随机误差，每个测量方程都不严格成立，故有相应的测量误差方程组

$$v_i = y_i - \sum_{j=1}^{t} a_{ij}x_j \qquad (i=1, 2, \cdots, n;\ j=1, 2, \cdots, t) \tag{3-23}$$

即为

$$v_1 = y_1 - (a_{11}x_1 + a_{12}x_2 + \cdots + a_{1t}x_t)$$
$$v_2 = y_2 - (a_{21}x_1 + a_{22}x_2 + \cdots + a_{2t}x_t)$$
$$\vdots$$
$$v_n = y_n - (a_{n1}x_1 + a_{n2}x_2 + \cdots + a_{nt}x_t)$$

线性参数的最小二乘法借助矩阵进行讨论将有许多方便之处，下面给出矩阵形式。

设有列向量

$$Y = \begin{bmatrix} y_1 \\ y_2 \\ \vdots \\ y_n \end{bmatrix}, \qquad X = \begin{bmatrix} x_1 \\ x_2 \\ \vdots \\ x_t \end{bmatrix}, \qquad V = \begin{bmatrix} v_1 \\ v_2 \\ \vdots \\ v_n \end{bmatrix}$$

系数的 $n \times t$ 阶矩阵

$$A = \begin{pmatrix} a_{11} & a_{12} & \cdots & a_{1t} \\ a_{21} & a_{22} & \cdots & a_{2t} \\ \vdots & \vdots & & \vdots \\ a_{n1} & a_{n2} & \cdots & a_{nt} \end{pmatrix}$$

式中各矩阵元素 $y_1, y_2, \cdots, y_n$ 为 n 个直接测得量(已获得的测量数据)；$x_1, x_2, \cdots, x_t$ 为 t 个代求量的估计量；$v_1, v_2, \cdots, v_n$ 为 n 个直接测量结果的残余误差；$a_{11}, a_{12}, \cdots, a_{nt}$ 为 n 个误差方程的 $n \times t$ 个系数。

则测量残差方程组可表示为

$$\begin{bmatrix} v_1 \\ v_2 \\ \vdots \\ v_n \end{bmatrix} = \begin{bmatrix} y_1 \\ y_2 \\ \vdots \\ y_n \end{bmatrix} - \begin{pmatrix} a_{11} & a_{12} & \cdots & a_{1t} \\ a_{21} & a_{22} & \cdots & a_{2t} \\ \vdots & \vdots & & \vdots \\ a_{n1} & a_{n2} & \cdots & a_{nt} \end{pmatrix} \begin{bmatrix} x_1 \\ x_2 \\ \vdots \\ x_t \end{bmatrix} \tag{3-24}$$

即为

$$V = Y - AX \tag{3-25}$$

按最小二乘原理即要求

$$(Y-AX)^{\mathrm{T}}(Y-AX) = \text{Min}$$

按条件求解，在中间过程可得到正规方程组

$$[a_i y] - \{[a_i a_1]x_1 + [a_i a_2]x_2 + \cdots + [a_i a_t]x_t\} = 0$$

式中，$i=1,2,\cdots,t$。

经变换可表示为

$$a_{11}v_1 + a_{21}v_2 + \cdots + a_{n1}v_n = 0$$
$$a_{12}v_1 + a_{22}v_2 + \cdots + a_{n2}v_n = 0$$
$$\vdots$$
$$a_{1t}v_1 + a_{2t}v_2 + \cdots + a_{nt}v_n = 0$$

因而它可表示为

$$
\begin{pmatrix}
a_{11} & a_{21} & \cdots & a_{n1} \\
a_{12} & a_{22} & \cdots & a_{n2} \\
\vdots & \vdots & & \vdots \\
a_{1t} & a_{2t} & \cdots & a_{nt}
\end{pmatrix}
\begin{pmatrix}
v_1 \\ v_2 \\ \vdots \\ v_n
\end{pmatrix}
=
\begin{pmatrix}
0 \\ 0 \\ \vdots \\ 0
\end{pmatrix}
\tag{3-26}
$$

即矩阵表示的正规方程为

$$A^T V = 0 \tag{3-27}$$

以 $V = Y - AX$ 代入式(3-27)，则为

$$A^T A X = A^T Y \tag{3-28}$$

若 A 的秩等于 t，则矩阵 $A^T A$ 是满秩的，即其行列式$|A^T A| \neq 0$，方程有解

$$X = (A^T A)^{-1} A^T Y \tag{3-29}$$

式中，X 就是待求量的解。

2. 组合测量的数据处理实例

例3-3　现有一检定，如图3-5所示，要求检定刻线 A、B、C、D 间的三段间距为 x_1、x_2、x_3，用组合测量方法按图3-6测得如下数据：

$$l_1 = 1.015\text{mm}, \quad l_2 = 0.985\text{mm}, \quad l_3 = 1.020\text{mm}$$
$$l_4 = 2.016\text{mm}, \quad l_5 = 1.981\text{mm}, \quad l_6 = 3.032\text{mm}$$

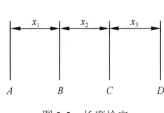

图3-5　长度检定

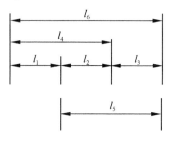

图3-6　组合测量

则有

$$v_1 = l_1 - x_1$$
$$v_2 = l_2 - \quad x_2$$
$$v_3 = l_3 - \quad\quad x_3$$
$$v_4 = l_4 - (x_1 + x_2 \quad)$$
$$v_5 = l_5 - (\quad x_2 + x_3)$$
$$v_6 = l_6 - (x_1 + x_2 + x_3)$$

以公式(3-24)矩阵形式表达为

$$
\begin{bmatrix} v_1 \\ v_2 \\ v_3 \\ v_4 \\ v_5 \\ v_6 \end{bmatrix} = \begin{bmatrix} y_1 \\ y_2 \\ y_3 \\ y_4 \\ y_5 \\ y_6 \end{bmatrix} - \begin{bmatrix} 1 & 0 & 0 \\ 0 & 1 & 0 \\ 0 & 0 & 1 \\ 1 & 1 & 0 \\ 0 & 1 & 1 \\ 1 & 1 & 1 \end{bmatrix} \begin{bmatrix} x_1 \\ x_2 \\ x_3 \end{bmatrix}
$$

方程的解

$$
X = \begin{bmatrix} x_1 \\ x_2 \\ x_3 \end{bmatrix} = (A^{\mathrm{T}}A)^{-1}A^{\mathrm{T}}Y
$$

式中

$$
Y = \begin{bmatrix} 1.015 \\ 0.985 \\ 1.020 \\ 2.016 \\ 1.981 \\ 3.032 \end{bmatrix}
$$

$$
A^{\mathrm{T}}A = \begin{bmatrix} 1 & 0 & 0 & 1 & 0 & 1 \\ 0 & 1 & 0 & 1 & 1 & 1 \\ 0 & 0 & 1 & 0 & 1 & 1 \end{bmatrix} \begin{bmatrix} 1 & 0 & 0 \\ 0 & 1 & 0 \\ 0 & 0 & 1 \\ 1 & 1 & 0 \\ 0 & 1 & 1 \\ 1 & 1 & 1 \end{bmatrix} = \begin{bmatrix} 3 & 2 & 1 \\ 2 & 4 & 2 \\ 1 & 2 & 3 \end{bmatrix}
$$

所以,

$$
(A^{\mathrm{T}}A)^{-1} = \begin{bmatrix} 3 & 2 & 1 \\ 2 & 4 & 2 \\ 1 & 2 & 3 \end{bmatrix}^{-1} = \frac{1}{\begin{vmatrix} 3 & 2 & 1 \\ 2 & 4 & 2 \\ 1 & 2 & 3 \end{vmatrix}} \begin{bmatrix} 8 & -4 & 0 \\ -4 & 8 & -4 \\ 0 & -4 & 8 \end{bmatrix} = \frac{1}{4} \begin{bmatrix} 2 & -1 & 0 \\ -1 & 2 & -1 \\ 0 & -1 & 2 \end{bmatrix}
$$

结果

$$
X = (A^{\mathrm{T}}A)^{-1}A^{\mathrm{T}}Y = \frac{1}{4} \begin{bmatrix} 2 & -1 & 0 \\ -1 & 2 & -1 \\ 0 & -1 & 2 \end{bmatrix} \begin{bmatrix} 1 & 0 & 0 & 1 & 0 & 1 \\ 0 & 1 & 0 & 1 & 1 & 1 \\ 0 & 0 & 1 & 0 & 1 & 1 \end{bmatrix} \begin{bmatrix} 1.015 \\ 0.985 \\ 1.020 \\ 2.016 \\ 1.981 \\ 3.032 \end{bmatrix}
$$

$$= \frac{1}{4} \begin{bmatrix} 2 & -1 & 0 & 1 & -1 & 1 \\ -1 & 2 & -1 & 1 & 1 & 0 \\ 0 & -1 & 2 & -1 & 1 & 1 \end{bmatrix} \begin{bmatrix} 1.015 \\ 0.985 \\ 1.020 \\ 2.016 \\ 1.981 \\ 3.032 \end{bmatrix}$$

$$= \frac{1}{4} \begin{bmatrix} 4.112 \\ 3.932 \\ 4.052 \end{bmatrix} = \begin{bmatrix} 1.028 \\ 0.983 \\ 1.013 \end{bmatrix}$$

即得

$$x_1 = 1.028 \text{mm}$$

$$x_2 = 0.983 \text{mm}$$

$$x_3 = 1.013 \text{mm}$$

3.4.5　线性回归处理

1. 经验公式的总结

在科学实验和工程测试中经常得到一系列的测量数据，其数值随着一些因素的改变而变化，我们可以通过在特定的坐标系上描出相应的点，得到反映变量关系的曲线图。如果能找到一个函数关系式，正好反映变量之间如同曲线表示的关系，这就可以把全部测量数据用一个公式来代替，不仅简明扼要，而且便于作进一步的后续运算。通过一系列数据的统计分析、归纳得到函数关系式的方法称为回归方法。得到的公式称为回归方程，通常也称为经验公式，有时也称为数学模型。

建立回归方程所用的方法称为回归分析法。根据变量个数的不同及变量之间关系的不同，可分为一元线性回归(直线拟合)、一元非线性回归(曲线拟合)、多元线性回归和多项式回归等。其中一元线性回归最常见，也是最基本的回归分析方法。而一元非线性回归通常可采用变量代换，将其转化为一元线性方程回归的问题。

回归方程的大致步骤如下。

(1)将输入自变量作为横坐标，输出量即测量值作为纵坐标，描绘出测量曲线。

(2)对所描绘曲线进行分析，确定公式的基本形式。

如果数据点基本上成一直线，则可以用一元线性回归方法确定直线方程。

如果数据点描绘的是曲线，则要根据曲线的特点判断曲线属于何种函数类型。可对比已知的数学函数曲线形状加以对比、区分。

如果测量曲线很难判断属于何种类型，则可以按多项式回归处理。

(3)确定拟合方程(公式)中的常量。直线方程表达式为 $y = a + bx$，可根据一系列测量数据确定方程中的常量(即直线的截距 a 和斜率 b)，其方法一般有图解法、平均法及最小二乘法。确定 a、b 后，对于采用了曲线化直线的方程应变换为原来的函数形式。

(4)检验所确定的方程的稳定性、显著性。用测量数据中的自变量代入拟合方程计算出函数值，看它与实际测量值是否一致，差别的大小通常用标准差来表示，以及进行方差分析、F检验等。如果所确定的公式基本形式有错误，应建立另外形式的公式。

如果两个变量之间存在一定的关系，通过测量获得 x 和 y 的一系列数据，并用数学处理方法得出这两个变量之间的关系式，这就是工程上的拟合问题。若两个变量之间关系是直线性关系，就称为直线拟合或一元线性回归，如果变量之间的关系是非线性关系，则称为曲线拟合或一元非线性回归。有些曲线关系可以通过曲线化直法变换为直线关系，其实质是自变量(横坐标)的值采用原变量的某种函数值(如对数值)，这样就可按一元线性回归方法处理，变为直线拟合的问题。

2. 一元线性方程回归

已知两个变量 x 和 y 之间存在直线关系，在通过试验寻求其关系式时，由于实验、测量等过程存在误差和其他因素的影响，两个变量之间的关系会存在一定的偏离，但试验得到的一系列的数据会基本遵循相应的关系，分析所测得的数据，便可找出反映两者之间关系的经验公式。这是工程和科研中常会遇到的一元线性方程回归问题。

由于因变量测量中存在随机误差，一元线性方程回归同样可用到最小二乘法处理，下面通过具体例子来讨论这个问题的求解。

例 3-4　测量某导线在一定温度 x 下的电阻值 y，得到如表 3-5 所示结果，试找出它们之间的内在关系。

表 3-5　温度和电阻的对应关系

x/℃	19.1	25.0	30.1	36.0	40.0	46.5	50.0
y/Ω	76.30	77.80	79.75	80.80	82.35	83.90	85.10

解　为了先了解电阻 y 与温度 x 之间的大致关系,把数据表示在坐标图上,如图 3-7 所示。
这种图叫散点图，从散点图可以看出，电阻 y 与温度 x 大致呈线性关系。因此，我们假设 x 与 y 之间的内在关系是一条直线，有些点偏离了直线，这是由试验过程中其他随机因素的影响引起的。这样就可以假设这组测量数据有如下结构形式：

$$y_t = \beta_0 + \beta x_t + \varepsilon_t, \quad (t=1, 2, \cdots, N) \tag{3-30}$$

式中，ε_1，ε_2，$\cdots$，ε_N 分别表示其他随机因素对电阻测得值 y_1，y_2，$\cdots$，y_N 的影响，一般假设它们是一组相互独立、并服从同一正态分布的随机变量，式(3-30)就是一元线性回归的数学模型。此例中 $N=7$。

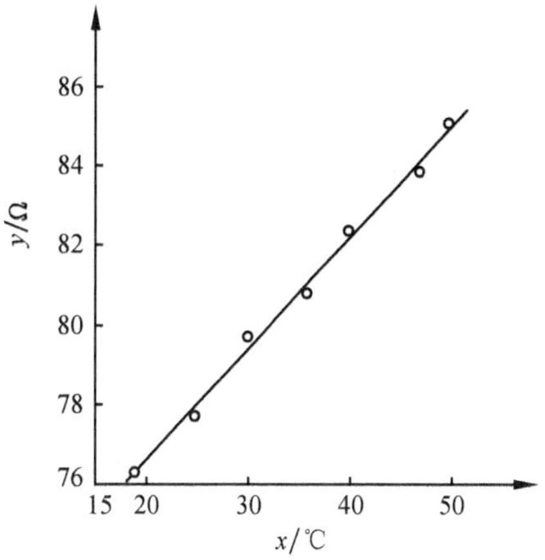

用最小二乘法来估计式(3-30)中的参数 β_0、β。

设 b_0 和 b 分别是参数 β_0 和 β 的最小二乘估计，便可得到一元线性回归的回归方程

图 3-7　数据分布

$$\hat{y} = b_0 + bx \tag{3-31}$$

式中，b_0 和 b 是回归方程的回归系数。对每一个实际测得值 y_t 与这个回归值 $\hat{y}_t$ 之差就是残余误差 v_t

$$v_t = y_t - b_0 - bx, \quad t=1, 2, \cdots, N \tag{3-32}$$

应用最小二乘法求解回归系数，就是在使残余误差平方和为最小的条件下求得回归系数 b_0 和 b 的值。用矩阵形式，令

$$Y=\begin{bmatrix} y_1 \\ y_2 \\ \vdots \\ y_N \end{bmatrix}, \quad X=\begin{bmatrix} 1 & x_1 \\ 1 & x_2 \\ \vdots & \vdots \\ 1 & x_N \end{bmatrix}, \quad B=\begin{bmatrix} b_0 \\ b \end{bmatrix}, \quad V=\begin{bmatrix} v_1 \\ v_2 \\ \vdots \\ v_N \end{bmatrix}$$

则式(3-32)的矩阵形式为

$$V = Y - XB \tag{3-33}$$

假定测得值 y_i 的精度相等，根据最小二乘原理，回归系数的矩阵解为

$$B = (X^{\mathrm{T}}X)^{-1}X^{\mathrm{T}}Y \tag{3-34}$$

代入数据后

$$Y = \begin{bmatrix} 76.30 \\ 77.80 \\ 79.75 \\ 80.80 \\ 82.35 \\ 83.90 \\ 85.10 \end{bmatrix}, \qquad X = \begin{bmatrix} 1 & 19.1 \\ 1 & 25.0 \\ 1 & 30.1 \\ 1 & 36.0 \\ 1 & 40.0 \\ 1 & 46.5 \\ 1 & 50.0 \end{bmatrix}$$

计算下列矩阵：

$$X^{\mathrm{T}}X = \begin{bmatrix} 1 & 1 & 1 & 1 & 1 & 1 & 1 \\ 19.1 & 25.0 & 30.1 & 36.0 & 40.0 & 46.5 & 50.0 \end{bmatrix} \begin{bmatrix} 1 & 19.1 \\ 1 & 25.0 \\ 1 & 30.1 \\ 1 & 36.0 \\ 1 & 40.0 \\ 1 & 46.5 \\ 1 & 50.0 \end{bmatrix}$$

$$= \begin{bmatrix} 7 & 246.7 \\ 246.7 & 9454.07 \end{bmatrix}$$

所以

$$(X^{\mathrm{T}}X)^{-1} = \begin{bmatrix} 7 & 246.7 \\ 246.7 & 9454.07 \end{bmatrix}^{-1} = \frac{1}{\begin{vmatrix} 7 & 246.7 \\ 246.7 & 9454.07 \end{vmatrix}} \begin{bmatrix} 9454.07 & -246.7 \\ -246.7 & 7 \end{bmatrix}$$

$$= \frac{1}{5317.6} \begin{bmatrix} 9454.07 & -246.7 \\ -246.7 & 7 \end{bmatrix} = \begin{bmatrix} 1.77788 & -0.04639 \\ -0.04639 & 0.001316 \end{bmatrix}$$

$$X^{\mathrm{T}}Y = \begin{bmatrix} 1 & 1 & 1 & 1 & 1 & 1 & 1 \\ 19.1 & 25.0 & 30.1 & 36.0 & 40.0 & 46.5 & 50.0 \end{bmatrix} \begin{bmatrix} 76.30 \\ 77.80 \\ 79.75 \\ 80.80 \\ 82.35 \\ 83.90 \\ 85.10 \end{bmatrix} = \begin{bmatrix} 566.00 \\ 20161.955 \end{bmatrix}$$

求解线性方程系数

$$B = (X^{\mathrm{T}}X)^{-1}X^{\mathrm{T}}Y = \begin{bmatrix} 1.77788 & -0.04639 \\ -0.04639 & 0.001316 \end{bmatrix} \begin{bmatrix} 566.00 \\ 20161.955 \end{bmatrix} = \begin{bmatrix} 70.97 \\ 0.2764 \end{bmatrix} = \begin{bmatrix} b_0 \\ b \end{bmatrix}$$

因此

$$b_0 = 70.97\Omega, \qquad b = 0.2764\Omega/℃$$

线性方程为

$$\hat{y} = 70.97 + 0.2764x\,(\Omega)$$

3. 其他线性回归方法

上述按最小二乘法拟合直线，所得直线关系最能代表测量数据的内在关系，因其标准差最小，但它的计算较为复杂。有时在精度要求不很高或实验数据线性较好的情况下，为了减少计算量，可采用如下一些简便的回归方法。

1) 分组法（平均值法）

此方法是将全部 N 个测量点值 (x, y)，按自变量从小到大顺序排列，分成数目大致相同的两组，前半部 K 个测量点（$K = N/2$ 左右）为一组，其余的 $N-K$ 个测量点为另一组，建立相应的两组方程，两组由实际测量值表示的方程分别作相加处理，得到两个方程组成的方程组，解方程组可求得方程的回归系数。

例 3-5　对例 3-4 的数据用分组法求回归方程。

解　七个测得值，可列出七个方程，分成两组如下所示：

$$76.30 = b_0 + 19.1b$$
$$77.80 = b_0 + 25.0b, \quad 82.35 = b_0 + 40.0b$$
$$79.75 = b_0 + 30.1b, \quad 83.90 = b_0 + 46.5b$$
$$80.80 = b_0 + 36.0b, \quad 85.10 = b_0 + 50.0b$$

分别相加得

$$314.65 = 4b_0 + 110.2b, \qquad 251.35 = 3b_0 + 136.5b$$

解方程组

$$314.65 = 4b_0 + 110.2b, \qquad 251.35 = 3b_0 + 136.5b$$

得

$$b_0 = 70.80\Omega, \qquad b = 0.2853\Omega/℃$$

所求的线性方程为

$$\hat{y} = 70.80 + 0.2853x\,(\Omega)$$

此方法简单实用，求得的回归方程与采用最小二乘法求得的回归方程比较接近，实际工程中也经常使用。拟合的直线就是通过第一组重心和第二组重心的一条直线。

2) 作图法

把 N 个测得数据画在坐标纸上，其大致成一直线，画一条直线使多数点位于直线上或接近此线并均匀地分布在直线的两旁。这条直线便是回归直线，找出靠近直线末端的两个点 (x_1, y_1)、(x_2, y_2)，用其坐标值按下列公式求出直线方程的斜率 b 和截距 b_0。

$$b = \frac{y_2 - y_1}{x_2 - x_1}$$
$$b_0 = y_1 - bx_1$$

在以上 3 种方法中，最小二乘法所得拟合方程精确度最高，分组法次之，作图法较差。但最小二乘法计算工作量最大，分组法次之，作图法最为简单。因此，对于精确度要求较高的情况应采用最小二乘法，在精度要求不是很高或实验测得的数据线性较好的情况下，可采用简便计算方法，以减少计算工作量。

必须指出：用最小二乘法求解回归方程是以自变量没有误差为前提的。讨论中不考虑输入量有误差，只认为输出量有误差。另外，所得的回归方程一般只适用于原来的测量数据所涉及的变量变化范围，没有可靠的依据不能任意扩大回归方程的应用范围。也就是说所确定的只是一段回归直线，不能随意延伸。

3.5 非电量电测与数据采集

不论用什么类型的仪器或量具进行测量实验，目的首先是获得数据，对于那些重要的研究试验还需要获取大量的数据，然后对数据作相关的处理，最后还要进行误差的分析。

我们进行机械量的测量，被测量绝大部分为非电量，如压力、温度、湿度、流量、液位、力、应变、位移、速度、加速度、振幅等，虽然对它们的测量可以用机械、气动等方法，但是电测技术具有一系列明显优点，尤其随着微电子技术和计算机技术的飞速发展，更显示出其突出的优势，所以许多非电量的测量广泛采用了电测技术。

3.5.1 非电量电测技术

1. 非电量电测技术的优点

电测技术具有如下许多优点。

(1)测量的准确度和灵敏度高，测量范围广；

(2)电磁仪表和电子装置的惯性小，测量的反应速度快，并具有比较宽的频率范围，不仅适用于静态测量，亦适用于动态测量；

(3)能自动连续地进行测量，便于自动记录，配合调节装置可用于自动调节和控制；

(4)可与微型计算机一起构成测量系统；

(5)可以进行远距离测量，从而能实现集中控制和远程控制；

(6)从被测对象中所损耗的功率很小，甚至完全不损耗功率，并可以进行无接触测量，减少对被测对象的影响，提高测量精度。

2. 非电量电测装置的组成

非电量电测技术的关键是把待测的非电量，通过一种器件或装置，把非电量变换成与它有关的电量(电压、电流、频率等)，然后利用电气测量的方法，对该电量进行测量，从而确定被测非电量的值。

非电量电测仪器或装置通常由传感器、信号调理电路、信号分析与处理电路、显示、记录部件等组成。传感器是将外界信息按一定规律转换成电量的装置，它是实现自动检测和自动控制的首要环节。目前除传统的结构型传感器外，还涌现出许多物性型传感器。结构型传感器是以物体(如金属膜片)的变形或位移来检测被测量的；物性型传感器是利用材料固有特性来实现对外界信息的检测，它有半导体类、陶瓷类、光纤类及其他新型材料等。

信号调理环节是对传感器输出的电信号进行加工，如将信号放大、调制与解调、阻抗变换、线性化、将电阻抗变换为电压或电流等，原始信号经这个环节处理后，就转换成符合要求、便于输送、显示、记录以及可作进一步处理的中间信号。这个环节常用的模拟电路是电桥电路、相敏电路、测量放大器、振荡器等。

对于动态信号的测量，即动态测试，在现代测试中已占了很大的比重。它常常需要对测得的信号进行分析、计算和处理，从原始的测试信号中提取表征被测对象某一方面本质信息的特征量，以利于对动态过程作更深入的了解。这个领域中采用的仪器有频谱分析仪、波形分析仪、实时信号分析仪、快速傅里叶变换仪等。

3.5.2 数据采集概念

随着科学技术的发展，高性能计算机的日益普及，越来越多的测量、试验工作可用计算机来协助完成，形成了现代的数据采集方法。现代数据采集装置是一种以计算机为基础的检测系统，它把从传感器或其他方式得到的各种信号经过处理后变成计算机能接收的数字信号，利用计算机进行存储、传输、显示、处理。数据采集系统是计算机硬件、软件结合的综合技术，是当代传感器技术、电子技术、计算机技术、自动控制技术、微电子技术的综合应用。现在的数据采集系统不仅用来测量，多数情况还用于进行闭环控制，因此，通常都具有控制功能，故常称为测量控制系统，它的应用是很广泛的。

当今的数据采集是在测量过程中，无需人工进行数据记录或使用旧式的纸带、磁带记录仪记录数据，它能自动进行数据采集、分析和处理，并能自动记录和显示结果。现代科学实验和生产过程中的测量，要求测点多、精度高、速度快、结果处理多样化，这是人工无法应付的，只能靠自动测量系统来完成。

在数据采集中我们把被测量看成是信号，随时间而变化的力、压力、温度、流量、位移、速度、加速度等，均属非电信号。而随时间变化的电流、电压、电感、电阻、电容、磁通量等，则属于电信号。这两类不同物理性质的信号可借助一定的转换装置相互变换。在电测过程中，是将被测的非电信号转换为电信号，以便于传输、放大、分析处理和显示记录等。随着计算机应用的普及，计算机技术在信号处理中已被广泛应用，计算机可直接处理的是数字化的电信号，因此，电信号在进入计算机之前还要把模拟信号转换成数字信号，通常称模/数转换（ADC）。

静态量的数据很容易由人工读取，但动态量的测量数据随时间不断在变化，无法用人工方法记录，数据的采集就需要用其他方法进行记录，如声音、振动等以往是用磁带记录方式，几何形貌的测量可用纸带记录仪画曲线作记录。这些记录还是采用模拟量的记录方式。现在计算机运算速度已非常高，储存功能也很强大，动态量的数据采集都可以借助计算机来实现。所以，我们当今所说的实验数据采集通常是指计算机辅助的数据采集，它使瞬变信号的实时记录、分析变得越来越容易了。

3.5.3 现代数据采集系统的构成

数据采集系统种类很多，但其基本构成是相似的。图 3-8 所示为一个典型的数据采集与控制系统。由图可见，计算机通过标准接口与本身的外部设备连接，如打印机、显示器等。再通过测控接口与模拟或数字输入通道、模拟或数字控制通道、智能仪器仪表等连接起来。所以接口和总线是数据采集系统的重要组成部分。图中系统带有 D/A 转换及模拟信号输出，因此具有控制功能。

图 3-8 中，被测信号由传感器转换成相应的电信号，再通过信号调节。不同被测信号所用传感器是不同的。例如，若第 1 路被测信号是温度，其传感器可以是热电偶；第 2 路被测信号是力，其传感器可以是应变式力传感器等。

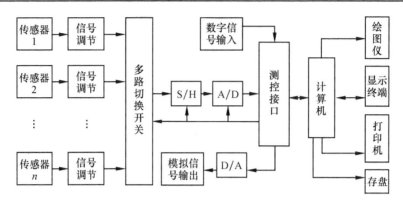

图 3-8　数据采集与控制系统

传感器输出的信号不能直接送到输出设备进行显示或记录，需要进一步处理。信号的处理由两部分完成，即模拟信号处理和数字信号处理，A/D 转换器以前的全部信号都是模拟信号，在此以后的全部信号都是数字信号。数字信号的处理由计算机承担。此外，有些数字信号可以直接送入计算机接口。为了恢复原始信号波形或反馈控制的需要，还可以将数字量再转换为模拟量。

从传感器传输过来的信号除少数为数字量外，多数都是模拟信号，要送入计算机必须经过模/数转换。数据采集系统中的关键部件是模/数转换器，常简写为 A/D 或 ADC。它的作用是将被测量的模拟量转换为数字量，以适应计算机工作。为了把变化的模拟信号转换成数字信号，要对模拟信号采样，得到一系列在数值上是离散的采样值。A/D 转换器把模拟量转换成数字量需要一定的转换时间，在这个转换时间内，被转换的模拟量必须维持基本不变，否则不能保证转换精度，所以大多数情况下需具备采样保持电路，如图 3-8 中的 S/H，通过此电路把采样得到的模拟量保持并转换为数字量。所转化的数字信号不仅在时间上是离散的，在数值上的变化也是不连续的。任何一个数字量的大小，都是以某个最小数量单位的整数倍来表示的，所规定的最小数量单位称为量化单位。把模拟量转换成这个最小数量单位的整数倍的过程，称为量化过程。把量化的数值用代码表示，就称为编码。因此，采样、量化和对数字信号进行编码，是数据转换的基本步骤，现在很多模/数转换芯片都可自动按顺序完成这些工作。

在进行多路数据采集处理时，需要预先计算各路模拟信号的上限频率、采样间隔，并给以一定时间限制，否则就不能正常工作。

多路切换开关是一种实现模拟信号通道接通和断开的器件，称为模拟开关。图 3-8 中有多个输入通道，但只有一个保持电路及模/数转换器，模拟开关的作用是把多个输入通道的模拟信号按预定时序分时地、有顺序地与保持电路接通。模拟开关的"导通"和"断开"两种状态由一个功耗极小的数字控制电路控制，可以把多个信号通道轮换接到同一后续处理电路，每个时刻只有一个通道被接通。这样，在数据采集系统中，可以减少价格最高的模/数转换器数量，模拟多路开关则对多个待转换的模拟信号通道进行时间分隔，顺序地或随机地接入后续保持电路，然后再送入模/数转换器。模拟多路开关包括一列并行的模拟开关和地址译码驱动器，它把输入的地址码翻译成输入通道的代码，并把与输入地址相应的模拟开关接通，同时保证每次只有一个模拟开关是导通的。

图 3-8 所示的典型系统是多个通道共用一个 A/D 转换器的，它可以降低制造成本，但其

精度会相应降低。这是因为模拟多路切换开关并非是理想开关，易受失调电压、开关噪声、非线性和信号之间的串扰影响。因此，各路信号及其干扰都会或多或少地串到 A/D 的输入端。通过采用各通道自备一个 A/D 的方案可以克服这个缺点。此方案的特点是，经 A/D 转换后进入多路切换开关的信号都是数字信号，其电平只有高电平与低电平（即"1"与"0"）之分，任何干扰信号要使高、低电平翻转，必须具有相当强的幅度，这种干扰信号出现的概率是很小的。因此，这种系统抗干扰能力强，但成本较高。

通用标准接口系统的最大优点是其在组装上的灵活、方便，但它们的测量功能比较简单，软件的处理功能也不如专用数据采集系统强大。此外，其准确度、采集速度等都不如目前先进的专用数据采集系统。现在在航天领域的地面测控中都是采用性能优良的大型专用数据采集系统，采用一些专门的多信道采集记录分析仪、数据采集系统，它们一般都可自动采样测量，精度高、采样率高；能实时检测被测量并作记录、回放；可远程通信；软件带有许多高级分析功能；可有较大的增益；能适应大、中、小各种测试场合的要求等。

3.5.4　A/D 转换器

A/D 转换器是把输入模拟量转换为输出数字量的器件，也是数据采集（简称 DAQ）硬件的核心。就工作原理而言，A/D 转换有 3 种方法：逐次逼近法 A/D、双积分法 A/D 和并行比较法 A/D。在 DAQ 产品中应用较多的方法是逐次逼近法，而双积分法转换器主要应用于速度要求不高，但可靠性和抗干扰性要求较高的场合，如数字万用表等。并行比较法 A/D 转换器主要应用于高速采样，如数字示波器、数字采样器等应用场合。衡量 A/D 转换器性能好坏主要有两个指标，一是采样分辨率，即 A/D 转换器位数，二是 A/D 转换速度。这二者都与 A/D 转换器的工作原理有关。

1. 采样率

数据采集是首先把连续的模拟信号 $x(t)$ 经定时采样后，成为时间离散信号 $x(n)$，经量化以后得到取值也离散化的数字信号。模拟量转换为数字量的过程如图 3-9 所示。图中 T_S 为采样周期，它的倒数就是采样率。不同类型信号所需的采样率不相同。

根据信号的特征和测试目的，模拟信号可以分为 3 类。

（1）对于随时间缓慢变化的信号，例如，容器的液位、对象的温度等，通常称为直流信号。对直流信号一般只需要比较低的采样频率。

（2）对于随时间变化较快的信号，如果需要了解它的波形，则把它作为一个时域信号来处理。这时候需要比较高的采样频率。例如，要检测一个快速的脉冲，采样周期必须小于脉冲周期，如果要更

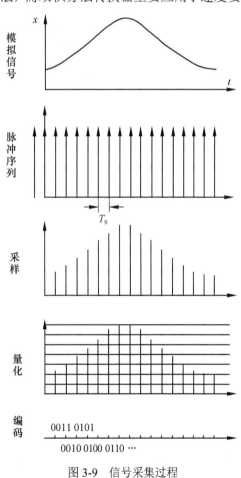

图 3-9　信号采集过程

清晰地表达信号上升曲线，那么就应该用更高的采样率。

(3)对于随时间变化较快的信号，如果需要了解它的频率成分，则把它作为一个频域信号来处理。根据莱彻斯特理论，要得到准确的频率信息，采样率必须大于信号最大频率成分的两倍。采样率的一半叫莱彻斯特频率。这实际上意味着对于最大频率的信号成分每一个周期只采样两个数据点，这对于描述信号的波形是远远不够的。工程实际中一般使用信号最高频率成分 4～10 倍的采样率。

2. 分辨率

分辨率是数据采集设备的精度指标，用模数转换器的数字位数来表示。如果把数据采集设备的分辨率看作尺子上的刻线，尺子上的刻线越多，测量就越精确；同理，数据采集设备模数转换的位数越多，把模拟信号划分得就越细，可以检测到的信号变化量也就越小。在图 3-10 中用一个 3 位的模数转换器检测一个振幅为 5V 的正弦信号时，它把测试范围划分为 $2^3=8$ 段，每一次采样的模拟信号转换为其中一个数字分段，用一个 000 和 111 之间的数字码来表示。它得到的正弦波的数字图像是非常粗糙的。如果改用 16 位的模数转换器，数字分段增加到 $2^{16}=65536$ 段，则模数转换器可以相当精确地表达原始的模拟信号。

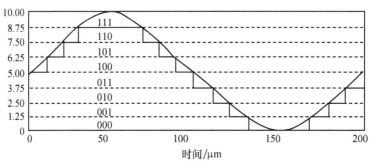

图 3-10　正弦信号的模数转换

3. 数据采集设备的使用

1)设置量程

大多数数据采集设备都带有前置放大器，可以灵活设置测量范围(即量程)，设备测量范围是模数转换器可以数字化的模拟信号电压值范围,给出最大和最小值表示。如±10V、±5V、±1V、±50mV、0～10V、0～1V 等。设置设备的测量范围时，应使它与信号的电压范围相匹配，这样可以更好地利用设备现有的分辨率。例如，对一个 0～10V 的正弦信号，如果设备量程设置为 0～10V，使用 3 位模数转换器时，则它把 10V 电压分 8 个段进行编码，每段代表的电压间隔为 1.25V，如图 3-11(a)所示。如果将设备量程设为−10～+10V，则 8 个分段分布到 20V 电压的范围内，当它把 20V 电压分 8 个段进行编码，每段代表的电压间隔为 2.5V，如图 3-11(a)所示。这就使可检测的最小电压由 1.25V 增大到 2.5V，如图 3-11(b)所示。图中说明了设备测量范围对表示信号的准确程度的影响。

2)信号极限设置

为提高分辨率有些数据采集装置是不能够通过设置总的量程来实现的，特别是当采用多通道同时监测几个信号，而它们的电压范围差别又非常大的时候。例如，用一个液压设备对一个物体加载测量负载-变形曲线时，压力变送器的电压信号范围是 0～5V，而应变片的电压信号范围只有±0.05V。此时有些数据采集设备可通过定制软件作信号的极限设置，也能很好地解决问题。极限设置功能可单独确定每一个信道被检测信号的最大值和最小值。当信号变化范围小于设备测量范围时，就在信道设置时将此信道的极限设置为信号的变化范围，当程序中按信道名访问此信道时，它的测量范围就是这个信道的极限。这一极限设置可以让模数转换器使用更多的分段去表示信号。

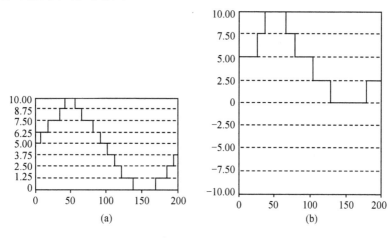

图 3-11　输入范围对分辨率的影响

3.6　数据采集系统的组建

　　作为一般工程技术人员，为了实现本领域所涉及的测试工作，常常会需要自己组建一个测量系统，此时，我们可以利用现成的标准模块产品，组建基于计算机技术的测量系统。在构建过程中一定涉及许多其他知识，需要考虑许多实际问题。例如，测量何种特征参数、采用传感器类型与技术参数要求、信号的调节、抗干扰、信号的分析与处理以及测量系统的性能评价。设计符合使用要求的测量系统，不仅要考虑技术方案的可行性，而且要考虑系统构造的工艺性、经济性。

3.6.1　分析了解被测参数

　　本课程研究和讨论的测量对象主要是机械参数。例如，几何尺寸、位移、速度、加速度、频率、温度、压力等，可用于描述机械特征，可分静态量、动态量。机械振动的强弱可用加速度描述，机械噪声的大小可用声压描述。要想预测机械装置有否故障，可以检测装置的噪声、振动、温度等参数。测量过程中参数量值大小和变化情形是通过信号来反映的，这些信号通过传感器获得，再通过显示装置如示波器重现出来。同一信号可以用时域表示，也可以用频域描述，表示成示波器或图形记录纸上的不同波形形状。

　　在组建测量系统时，首先要对待测信号幅值和频域特性作一个初步的估计。当然，可以根据经验，参考前人对信号的相关研究。通常的机械装置，待测参量的量值和频域特性都可以大致估计。由于机械装置的惯性较大，大多数机械参量的频域都在 10kHz 以下。有了上述的选择和估计，对传感器选型、信号调理模块的选择才有正确的依据。工业现场的有用信号一般都与干扰信号混杂在一起，例如，利用气体流量传感器测量管道的气体体积流量时，测量电路的温度稳定性极易受到环境温度、IC 器件温漂、变送回路的共模干扰等因素的影响，干扰信号的数量级有时往往与有用信号处于同样的数量级。干扰因素会严重地影响信号的质量，影响测量的正确性。为了实现测量，抗干扰问题是一个必须解决的问题。当干扰无法完全消除时，应对待测信号及其环境干扰信号作客观准确的分析与估计。

3.6.2　选择传感器

传感器是把某种参量(如机械参量)转变为电参量的能量转换装置或元件，通过传感器可实现非电参量的电测量。针对不同的物理量可有不同的传感器，有的物理参量可以采用多种不同的传感原理，实现能量形式的转换，如温度的测量，可用热电偶、红外线、热敏材料等作为介质，可有不同的传感器来感受热量，并把热能转换为电能。因此，在测量的对象和被测物理量的种类确定之后，首先要合理地选择传感器的类型。通常，同一类型的传感器还有各种不同规格、特性，必须认真作出选择。

1)灵敏度

选择传感器的灵敏度时，应保证在测量范围内被测参量能有效地转换为电压或电流的输出。灵敏度越高，传感器能感知的物理变化量就越小。由于传感器位于测量系统的第一级，灵敏度对于信号和噪声，都有同样的传感或变换能力，所以灵敏度的选择要以信噪比为基础。

通常传感器的灵敏度指标是在特定的工作条件下测得的，包括温度、湿度、气压等环境条件，或安装方向位置条件，这与传感器本身的工作原理有关。例如，压电式加速度传感器，不同方向的灵敏度是不同的，产品提供的灵敏度参数是对某一特定方向而言的。使用时应注意传感器的正确安装，以及尽可能地满足环境条件的要求。另外，灵敏度指标是在信号处理系统的线性工作区内才能达到的，因此，不应让传感器工作在饱和或非线性区内。

2)测量范围

传感器规格型号的不同则具有不同的工作量程，传感器在工作量程内，输出与输入呈线性关系。应根据被测量的量值大小，选择相应的型号规格，得到合适的测量范围。

3)频率响应特性

传感器是测量系统的第一个环节，直接决定了测量装置的动态响应特性，在选择传感器频响特性时，应注意待测非电量的变化特点(如稳态、瞬变、随机等)，还要考虑测量系统的目的。要求传感器的频率特性能满足对被测量实现不失真测量。实际传感器的频率响应特性只是近似为理想特性，应尽量使其达到最佳效果。

4)可靠性及稳定性

测量数据的可靠性意义不言而喻。对于工作在工业现场的传感器，可靠性包含如下两方面的含义：一方面是在制定的工作条件下传感器能正常工作，能适合环境温度、湿度、介质条件、振动与冲击、电磁场干扰、电源波动等因素。另一方面是传感器的性能能够长期稳定，其特性指标不随时间与环境的变化而改变。每一种传感器都有自己特定的适用范围，应用时要详细了解现场的实际环境条件和工作状况。例如，对于电阻应变式传感器，湿度会影响其绝缘性；温度会影响其零漂；长期使用通常出现蠕变现象；工业尘埃会使电容传感器的电介质发生变化，严重情况下会致使变间隙型传感器无法正常工作。又如，在电场、磁场干扰较大的场合，霍尔效应元件工作时易带来较大的测量误差。所以，在比较恶劣的工作环境中(尘埃、油剂、温度、振动等干扰严重时)，传感器的可靠性应首先引起注意。对于超过使用期限的传感器一定要及时进行标定。

5）线性度

线性度好，线性范围越宽则传感器的工作量程越大。因传感原理性问题，机械物理量向电学参量变换时（可以是 R、L、C 等阻抗性参量变化，也可以是电流、电压、电荷等有源性参量变化），可能存在一定的非线性，如变极距式（电容）位移传感器，输出电容的变化与极距的变化呈非线性关系，而灵敏度随着极距而变化，从而引起非线性误差。为了减小这一误差，一般使极距在较小的范围变化，以保持小范围内的线性度。

对于这类在传感环节就存在非线性的变换，常采用差动式结构，以提高灵敏度，改善非线性。也有些非线性的传感元件，如热电阻温度传感器，需要设计非线性校正环节。校正可以用电路来实现，也可以用计算机软件的方法进行补偿。

6）准确度

传感器的精度是保证测量系统准确度的首要环节，但是准确度越高，价格也就越贵。所以应从实际需要和经济性角度选择合适准确度的传感器。如果测试是用于定性分析，可选用重复性好、准确度一般的传感器；如果是进行定量分析，则必须获得准确的测量值，就需选用准确度等级可满足要求的传感器。

此外，还需要考虑以下问题：传感器的量程；传感器的体积在被测位置是否能放下；传感器的重量是否影响被测信号的变化；传感器的安装方式采用接触测量还是非接触测量；传感器的供应来源及价格等。

3.6.3　选择信号调节与处理模块

从传感器输出的信号，大多数较微弱，通常在毫伏或毫安级，有的是不便于直接记录的电参量，如 R、L、C 等。同时，传感器输出的信号往往混杂有环境噪声。当微弱的信号不能被数据采集系统直接采样，或不能直接驱动记录（显示）仪表时，必须使用信号调理模块，把信号给以放大处理，调节与处理是指将信号进行电学处理，调整至能被数据采样部件接受，或能驱动记录设备的标准信号。信号调节与处理电路的标准输出可以是模拟量，如 $0\sim5V$ 电压或 $4\sim20mA$ 的电流，也可以是开关量，如标准的 TTL 电平或脉宽调制（PWM）输出。

此外，测量系统的动态响应不仅与传感器有关，也与信号调理模块的动态特性有关。要实现动态测量，应综合考虑信号通道上的全部部件的动态特性，以保证测量结果真实地反映对象特征。

对于传感器输出信号最终转变为模拟电压的情况，信号调节的主要作用是使其与 A/D 转换器相适配，例如 A/D 转换的输入电平是 $0\sim5V$，而传感器输出电平仅几毫伏（mV），这时必须采取放大措施以减小量化误差，放大器输出电平越接近 A/D 输入的最大量程，相对误差也就越小，这时的信号调节器是放大器。若传感器输出电平过大、则信号调节器应是衰减器。如果传感器在输出或传输信号过程中，混入了无关成分，就需要进行滤波或压缩频带处理。另外，阻抗变换、屏蔽接地、调制与解调、信号线性化等，皆属信号调理范畴。一般情况下，对弱信号测量、放大与滤波是最基本的环节，并非面面俱到，对不同信号，可有不同的调理环节。

模拟信号调节与处理涉及多方面的内容，调节电路必须是对有用信号起增益作用，对噪声干扰起抑制作用，信噪比是它的一项重要指标，电路中不仅包含线性放大电路，还包含特定要求的滤波电路等。

3.6.4　选择计算机系统硬件和软件

根据测量任务的具体要求及应用的环境，确定计算机系统应有的速度、存储容量和所需外部设备的种类数量等。还需要选配相应的接插件或仪器。如今，通用的计算机已达到很高的运算速度，内、外存储器的容量都很大，足以满足测量要求，当测量要求较高时，可采用工业用控制计算机。

软件系统可以选择专门的测量软件，也可以自行开发。在测量软件开发过程中，既可采用通用的计算机高级编程语言，也可以采用专门的虚拟仪器编程平台。

3.6.5　信号的分析与处理

信号的分析与处理是数据采集系统的最后一个环节。信号分析与处理的目的如下。

1)信噪分离，提高信噪比

从传感器输出的信号，经过传输导线、中间变换电路到达模/数转换器。在一个信号通道中往往会混入各种干扰噪声，如电磁干扰、地回路干扰等。这些噪声的幅值有时比有用信号还大。从频谱上看，噪声功率谱分布有时与有用信号分离，有时与有用信号交叠在一起。

在信号的传输或变换电路里可以设计各种信噪分离电路，但用数字信号处置的方法，完全可以实现低通、高通、积分、微分等各种运算，达到与模拟电路等价的效果。

2)特征提取与信号分析

无论是监测系统设计，还是面向过程的测量任务，要获得能够反映被测对象的状态和特征的信息，通常都要对信号做进一步的分析与处理。具体的方法或技术根据特定的工业对象而定。信号的分析既可以用模拟电路来完成，也可以用数字系统来完成。模拟信号处理系统具有速度快、特定功能电路简单的特点。但其电路器件易于受环境的影响，器件变化也会引起电路参数变化。而数字系统比较稳定，量化后数据存放在存储器中，不会受使用环境的影响。数字系统的信号分析用特定的软件来实现，软件实现的算法相当于特定的单元模拟电路。多任务软件和多 CPU 系统的出现，为数字信号分析提供了软件技术支持和硬件基础，数字信号处理技术应用越来越广泛。

3)修正系统误差

元件的非线性、环境温度等因素，都可能引起系统误差。通过信号分析的方法发现系统误差，并用数据处理的方法消除或减少测量过程中由于手段不完善而出现的系统误差。此外，还要考虑抗干扰问题。

被测信号中包含着多种信息，其中有需要研究的有用信息，也有不需要研究的无用信息，这些叠加在有用信息上的无用信息，称为噪声。有用信息和无用信息对所测信号的贡献之比，称为信噪比。显然，信噪比越高，对测试过程越有利。噪声将干扰测试过程和结果，这种干扰可以来自被测对象或者是测试系统内部，也可能来自周围的环境。噪声往往是不可避免的，它对被测信号所产生的影响，最终将以误差的形式表现出来，导致测试精确度降低，甚至使测试工作无法进行。有用信息和无用信息是一个相对的概念，有些无用信息始终扮演噪声的角色，而另一些无用信息，则可以转化为有用信息。

3.7　虚拟仪器简介

虚拟仪器是 20 世纪 80 年代中期才出现的新的仪器模式，它与传统的仪器设备有很大的区别，它最简单的硬件构成是：一台计算机(PC)＋数据采集卡(DAQ 产品)＋传感器，有些则采用专用的仪器产品，通过不同的接口连接计算机而构成。

这一系统的测量功能是要通过专门设计的计算机软件来实现的，运行不同的软件将成为不同的仪器，因此，它是一种虚实并存的仪器系统，常称为虚拟仪器。

虚拟仪器说到底还是一种仪器，它可以设计成具有传统仪器所具有的各种检测功能，更优越的是：它可以设计成具有用户所需的各种数据处理功能，包括自动进行数据的记录储存，可对数值作各种数学运算，可有不同形式的数值及图形显示，同时可有操作的提示帮助等功能。

传统仪器不论是电量测量还是非电量的测量，都是靠"硬件"来组成的专用设备，功能单一，复杂的仪器体积庞大，少有记录功能，即使有也是非数字化的，不可用以运算。复杂的数据处理，通常要人工进行，数据的储存依靠文字书面保存，所以效率极低。同时，价格也较高，许多实验测量设备少则几万元，多则几十万元，如信号发生器、示波器、频谱分析仪等。当今，虚拟仪器已广泛应用于电量的测量领域，其构成简单，计算机便是其主要部分，若采用笔记本式计算机，则体积可以很小。多种仪器的功能通过软件实现，因此设备成本大幅度降低，而且还可实现自动测量、自动记录、自动数据处理和储存。

概括地说，虚拟仪器具有以下的重要特点：强大的数据处理功能；用户可自定义测量功能；易于扩展组成自动测试系统；大大减少了选择转换开关、处理电路、显示装置和连接电缆等硬件；系统重新组建节省时间；更新换代时可只作软件的升级，其硬件部分不容易被淘汰。

其实，虚拟仪器中的"虚拟"与其他工程中的虚拟技术不同，仪器上相当一部分物理实体是不能"虚拟"的，如传感器、前置调理数据采集电路、测量辅助装置以及测量操作过程都是不能用软件来代替的。因此，虚拟仪器的测量精度和检测效率，与上述的硬件有很大关系，如传感器、前置调理电路的灵敏度、非线性、重复性、可靠性，数据采集部分的分辨率，采样率的性能，都直接影响仪器的测量精度。其中，很大程度取决于对被测量作首次物理量变换的传感器的特性。

第4章 机械组成的认识实验

4.1 机械的组成

机械是机器和机构的总称。

一般机器可分为两大类：动力机和工作机，提供或转换机械能的机器称为动力机，如内燃机、燃气轮机、电动机等；利用机械能实现工作功能的机器称为工作机，如切割机、起重机、空调机等。

用来进行信息传递和变换的机器称为仪器，如温度测量仪、照相机、显示器、压力测量仪、光谱仪等。

传统的机器由动力部分、传动部分、执行部分及机座四个基本部分组成，现代的机器普遍自动化程度较高，则由动力部分、传动部分、执行部分、机座及自动控制部分组成。

在现代生活和生产活动中，广泛使用机器来代替或减轻体力劳动，提高生产质量和效率，如日常生活中所常见的缝纫机，交通运输中的汽车，工业部门中使用的纺织机、起重机及各种机床等。虽然各种不同机器的功能、用途千差万别，但通过分析，可发现常见的机器按功能分类一般由四大部分组成。

1. 动力部分

机器的动力部分是驱动机器运转的动力源。常见的动力设备有电动机和热力机(如内燃机、汽轮机)及其在特殊情况下应用的联合动力装置。其中电动机的使用最广泛，如常见的金属切削机床大都使用 Y 系列三相异步电动机。机器通常依靠这些动力装置来做功。

2. 传动部分

机器的传动部分是位于动力部分和工作部分的中间环节，主要用来传递运动和动力、分配能量、改变速度和运动形式等。机器的传动形式有多种类型，主要有机械传动、流体传动、电气传动以及以上几种方式的联合传动(如机械-电气-液压联合传动)。

机械传动是目前应用最多的传动形式。

流体传动分为液体传动和气压传动。用液体作为工作介质来进行能量传递的传动方式被称为液体传动。按作用原理，液体传动又分为液压传动和液力传动。液压传动主要利用液体压力能来传递能量，如磨床、液压牛头刨床就用这种传动方式；而液力传动则主要利用液体的动能来传递能量。气压传动是利用压缩空气的压力来传递动力或运动的流体传动，其传动系统将压缩空气经管道和控制阀送给气动执行元件(如气缸、气马达等)，把气体压力能转变为机械能而对外做功。其特点是成本低，无污染，使用安全，过载保护性好，但结构尺寸大，噪声较大。

电气传动是利用电动机将电能转换为机械能来驱动机器的传动。电气传动通常由电动机、传递机械能的传动机构、控制电动机运转的电气控制装置和电源组成。

电气传动的特点是便于远距离的自动控制，所需电力易于输送和集中生产、运行可靠、效率高。

3. 工作部分

工作部分是直接完成机器预定功能、直接完成生产任务的部分，是综合体现一台机器的用途及性能的部分，它标志着各种机器的不同特性，是机器设备分类的依据。有不少机器的原动机和传动部分大致相同，但由于工作部分不同，而构成了用途、功能不同的机器。如汽车、拖拉机、推土机、挖掘机等，其原动机均为内燃机，且传动部分大同小异，但由于工作部分不同就形成了不同类型的机器。

4. 控制部分

控制部分是为了提高产品质量、产量，减轻人们的劳动强度，节省人力、物力等而设置的那些控制器的统称。控制系统由控制器和被控对象组成。不同控制器组成的系统不一样，如由手动操纵进行控制的手动控制系统；由机械装置作为控制器的机械控制系统；由气压、液压装置作为控制器的气动、液压控制系统；由电气装置或计算机作为控制器的电气或计算机控制系统等。随着科学技术的发展，计算机控制系统广泛应用于工业生产中。

一般而言，控制器要完成被控参数的调节，应具备四个基本部件：

(1) 给定值发生器。它输出与被控量目标值相对应的信号。

(2) 比较器。把被控参数的实际值与给定值进行比较，产生误差信号送给驱动器。

(3) 驱动部件和执行机构。它把误差信号放大，变成能驱动执行机构的物理量，参与被控量的调节。

(4) 检测及变换元件。对被控参数的实际值进行测量，并把测得的物理量转换成电量。

机器由零件组成，它是机器的基本组成要素和制造单元。为了便于制造、安装、维修和运输，也可以将一台机器分成若干个相互独立，但又相互关联的部件。部件是由一定数量的零件组成的。

4.2　机械拆装与测试实验

机械工程实际中常常需要对各种机械设备进行拆装、测试，正确的拆装方式和步骤，不仅是正确测试的前提，更是拆装后使机器正常运转的保证。

拆装前，首先要熟悉机器的使用说明书，了解机器的操作步骤。然后仔细观察机器的各部分，找出机器的动力部分、传动部分、工作部分和控制部分。对包含电器元件的机器，先断开电源，切断机器的动力，令机器停止工作。准备纸和笔及数码相机，用以记录拆卸的部件名称和拆卸的步骤，必要时绘出各部件的简单连接关系图，各电器元件线路标识不详的，应详细绘出。待机器各部分元件完全停止后(可通过观察机器活动零件或仔细听机器内部噪声来判断)，再将机器的外壳拆开。拆开外壳后，观察机器内部结构，判断机器内部温度状态，是否存在高温、高压区域及化学残余物，如有高温、高压零件，应待机器内温度压力降到正常再进行拆卸。根据测试目的，找出需要进一步拆卸的零部件进行拆卸。用相应的工具拆卸零件，拆卸任何零件都应小心谨慎，不可蛮干，严禁用榔头或其他工具敲击机器和零件。拆卸下来的机械零件应整齐有序摆放，以利于安装复位。

测试、绘制零件的方法和步骤同样需要保证不破坏零件。

测试、绘制零件后，按相应顺序将零件装回机器中。用手转动机器的原动件，应能保证机器可平顺地转动。接上各导线，装上机器的外壳，接通电源，按正确的顺序启动机器，若机器运转正常,则本次拆装实验完成。

减速器是指原动机与工作机之间独立的闭式传动装置,用来降低转速和相应地增大转矩。由于原动机(发动机、电动机等)的转速通常较高,而工作机的工作转速通常较低,因此它们之间常常用减速器来连接。此外,在某些场合,也有用来增速的,可称为增速器。

4.2.1 减速器的种类

减速器的种类很多,这里仅讨论齿轮及蜗杆减速器,按其传动和结构特点,大致可分为三类。

1)齿轮减速器

其中主要有圆柱齿轮减速器、圆锥齿轮减速器和圆锥-圆柱齿轮减速器三种。按传动所采用的齿形分,常用的有渐开线齿形和圆弧齿形两种。

2)蜗杆减速器

主要有圆柱蜗杆减速器、环面蜗杆减速器、锥蜗杆减速器和蜗杆-齿轮减速器。其中以圆柱蜗杆减速器最为常用,有普通圆柱蜗杆和圆弧齿圆柱蜗杆两种。

3)行星减速器

主要有渐开线行星齿轮减速器、摆线针轮减速器和谐波齿轮减速器等。

由于减速器应用很广,为了提高质量,简化构造型式及尺寸,节约生产费用等,在我国的某些机器制造部门(如起重运输机械、冶金设备及矿山机械等)中,已将减速器系列化了。目前,我国常用的标准减速器有:渐开线圆柱齿轮减速器、圆弧圆柱齿轮减速器、圆柱蜗杆减速器、圆弧齿圆柱蜗杆减速器、行星齿轮减速器及摆线针轮减速器等。各类标准减速器常用于冶金、矿山、起重运输、建筑、化工、轻工业等机械传动中。

4.2.2 常用减速器的主要类型、特点和应用

1. 齿轮减速器

齿轮减速器的特点是效率高,寿命长,维护简便,因而应用范围很广。

齿轮减速器按减速齿轮的级数可分为单级、两级、三级和多级的;按轴在空间的相互配置可分为立式和卧式的;按其运动简图的特点可分为展开式、同轴式(又称回归式)和分流式等。具体形式的特点如下。

单级圆柱齿轮减速器的轮齿可用直齿、斜齿或人字齿。直齿用于低速($v \leqslant 8m/s$)或载荷较轻的传动,斜齿或人字齿用于较高速($v=25 \sim 50m/s$)或载荷较重的传动。传动比范围:$i=3 \sim 6$,其中直齿 $i \leqslant 4$,斜齿 $i \leqslant 6$。

两级展开式圆柱齿轮减速器的高速级常用斜齿,低速级可用直齿或斜齿。展开式圆柱齿轮减速器由于齿轮相对于轴承不对称,要求轴具有较大的刚度。高速级齿轮应安排在远离转矩输入端,以减少因弯曲变形所引起的载荷沿齿宽分布不均的现象。这种类型的减速器常用于载荷较平稳的场合,应用广泛。传动比范围:$i=8 \sim 40$。

两级同轴式圆柱齿轮减速器的箱体长度较短,轴向尺寸及重量较大,中间轴较长,刚度较差,其轴承润滑困难。当两个大齿轮浸油深度大致相同时,高速级齿轮的承载能力难以充分利用。这种减速器仅有一个输入轴和输出轴,传动布置受到限制。传动比范围:$i=8 \sim 40$。

单级圆锥齿轮减速器用于输入轴和输出轴的轴线垂直相交的传动,圆锥齿轮可用直齿、斜齿或曲齿。传动比范围:$i=2 \sim 5$,其中直齿 $i \leqslant 3$,斜齿 $i \leqslant 5$。

两级圆锥-圆柱齿轮减速器用于输入轴和输出轴的轴线垂直相交且传动比较大的传动。圆锥齿轮宜布置在高速级，以减少圆锥齿轮的尺寸，便于加工。传动比范围：$i=8\sim25$。

2. 蜗杆减速器

蜗杆减速器的特点是在外廓尺寸不大的情况下获得大的传动比，工作平稳，噪声较小，但效率较低。其中应用最广的单级蜗杆减速器，常用于中小功率、输入轴和输出轴交错的传动。蜗杆下置式的润滑条件较好，应优先选用。当蜗杆圆周速度 $v>4\sim5m/s$ 时，应采用上置式，此时蜗杆轴承润滑条件较差，传动比 $i=10\sim40$。两级蜗杆减速器则应用较少。

3. 蜗杆-齿轮减速器

这类减速器在绝大多数情况下都是把蜗杆传动作为高速级，称为蜗杆-齿轮减速器，因为在高速时，蜗杆传动的效率较高，它所适用的传动比一般在 50～130 的范围内，最大可达 250。而把圆柱齿轮传动作为高速级，即齿轮-蜗杆减速器则应用较少，它的传动比可达 150 左右。

4.2.3　减速器的结构

减速器拆装实验的主要目的是熟悉减速器的结构特点。减速器的主要部分如下。

1）箱体

减速器箱体的作用是支撑轴系零件，固定轴系的位置，保证轴系运转精度；箱体内装有润滑轴系的润滑油，因此箱体必须是密封防尘的，但又要使箱体内外的大气压平衡。因此减速器箱体的重要质量指标是整体刚度和稳定性、密封性。大批量生产的减速器箱体常常采用铸造方法制作，铸造的材料通常是价廉的普通灰铸铁、球墨铸铁等，在有较高强度和刚度要求时使用铸钢。在某些场合为了使机器的重量尽可能轻，也有使用铝合金制作箱体的。如果生产的批量较小，则多数采用焊接的方式来制作箱体。

减速器箱体的受力情况较复杂，常常会受到较大的弯曲和扭转应力作用，因此如何在不大幅度增加重量的情况下提高箱体的刚度就显得很关键，在箱体外设计肋板就是很有效的办法。但采用肋板使箱体的加工工艺变得复杂。

铸造工艺方面的要求是箱体形状力求简单，易于造型和拔模，壁厚均匀，过渡平缓，金属不要局部积聚等。机械加工工艺方面应尽量减少加工面积，以提高生产率和减少刀具的磨损；应尽量减少工件和刀具的调整次数，以提高加工精度和节省加工时间，如同一轴上的两个轴承座孔直径应尽量相同。

当轴承采用箱体内的油润滑时，须在箱座剖分面的凸缘上开设输油沟，使飞溅到箱盖内壁上的油经油沟流入轴承。输油沟有铣制和铸造两种形式，设计时应使箱盖斜口处的油能顺利流入油沟，并经轴承盖的缺口流入轴承。

2）窥视孔和视孔盖

窥视孔应开在箱盖顶部，窥视孔应足够大，以便于观察传动零件啮合的情况，并可由窥视孔注入润滑油。窥视孔应设凸台以便于加工。视孔盖可用铸铁、钢板或有机玻璃制成。孔与盖之间有密封垫片。

3）油标

油标用来指示油面高度，一般安置在低速级处。油标形式有油标尺、管状油标、圆形油标等。常用的是带有螺纹部分的油标尺。油标尺的安装位置不能太低，以防油从该处溢出。油标座孔的倾斜位置要保证油标尺便于插入和取出。

4) 放油孔和油孔螺塞

工作一段时间后，减速器内的润滑油需要进行更换。为使减速器中的污油能顺利排放，放油孔应开在油池的最低处，油池底面有一定斜度，放油孔座应设凸台，螺塞与凸台之间应有油圈密封。

5) 通气器

减速器工作时由于轮齿啮合摩擦会产生热量，热量使箱内的空气受热膨胀，通气器能使箱内受热膨胀的气体排出，使箱内外气压平衡，避免密封处渗漏。通气器一般安放在箱盖顶部或视孔盖上，要求不高时，可用简易的通气器。

6) 起吊装置

起吊装置用于拆卸和搬运减速器，包括吊环螺钉、吊耳和吊钩。吊环螺钉或吊耳用于起吊箱盖，设计在箱盖两端的对称面上，吊环螺钉是标准件，设计时应有加工凸台，便于机械加工。吊耳可在箱盖上直接铸出。

吊钩用于吊运整台减速器，在箱座两端的凸缘下面铸出。

7) 定位销

定位销用来保证箱盖与箱座连接以及轴承座孔的加工和装配精度。一般用两个圆锥销安置在连接凸缘上，距离较远且不对称布置，以提高定位精度。定位销长度要大于连接凸缘的总厚度，定位销孔应为通孔，以便于装拆。

8) 起盖螺钉

在拆卸箱体时，起盖螺钉用于顶起箱盖。它安置在箱盖凸缘上，其长度应大于箱盖连接凸缘的厚度，下端部做成半球形或圆柱形，以免在旋动时损坏螺纹。

9) 轴

减速器中的齿轮或蜗轮、蜗杆，需要安装在轴上。为了轴上零件安装定位的方便，大多数是阶梯轴，当齿轮和轴径相差不大时，可制成齿轮轴。轴的设计应满足强度和刚度要求，对于高速运转的轴要注意振动稳定性的问题。轴的结构设计应保证轴和轴上零件有确定的工作位置；轴上零件应便于装拆和调整；轴应具有良好的制造工艺性。轴的材料一般采用碳钢和合金钢。

10) 齿轮

由于齿轮传动具有传动效率高、传动比恒定、结构紧凑、工作可靠等优点，减速器都采用齿轮传动。齿轮采用的材料有锻钢、铸钢、铸铁、非金属材料等。一般用途的齿轮常采用锻钢，经热处理后切齿，用于高速、重载或精密仪器的齿轮还要进行磨齿等精加工；当齿轮的直径较大时采用铸钢；速度较低、功率不大时用铸铁；高速轻载和精度要求不高时可采用非金属材料。

11) 轴承

减速器中的轴用轴承支承在箱体上，可根据所受载荷的大小、方向和性质选择轴承的类型。由于减速器的空间有限，所以常采用滚动轴承而不采用滑动轴承。

4.3 对机器中某些部件的改进设计

4.3.1 工作原理方面的改进

某些机器虽然能实现设计要求，但设计者应从多方面考虑方案是否还可以进行改进，甚至是工作原理的改进。例如，实现制冷可以有两种方式，采用压缩机制冷或者电子制冷。压缩机制冷的优点是制冷量大，制冷快；而电子制冷的优点是结构简单，当制冷量小时成本相对较低。因此在设计饮水机时，采用电子制冷，而不是压缩机制冷。

例如，设计家用豆浆机，设计目的是将黄豆颗粒变小。实现这一目的的机械方法有以下几种：摩擦法，传统的石磨豆浆就是利用摩擦法；切碎法，用刀刃切碎黄豆；用高频震荡震碎黄豆。以上三种方法，初看是第一种最容易实现，但由于机械结构会相当复杂，并且摩擦会产生噪声，所以不是最佳方案；第二种方案听起来不可能，但由于生产工艺的进步，高转速电机体积的不断缩小，使该方案可以实现，实际上这正是绝大部分家用豆浆机的工作原理：利用 1 万 r/min 的高转速电动机，在电动机的轴端套上两(或三)刃的刀具，经过几十秒的高速运转，就可将泡在水中的黄豆变成豆浆；第三种方案由于实现电路和结构都较复杂，生产成本将会较高，并且具有一定的危险性，所以基本没有用在家用设备上，只在某些特殊场合下才用到。

4.3.2 传动方案的改进

实现同样的传动目的可以有不同的传动方案，通常设计者要根据设计目的选取最优的设计方案。如在设计垂直升降电梯时，原动机是电动机，可实现的传动方案有：

(1)电动机—齿轮减速器—齿轮传动；

(2)电动机—齿轮减速器—链传动；

(3)电动机—齿轮减速器—带传动；

(4)电动机—齿轮减速器—钢丝绳传动。

方案(1)需要将齿条装在电梯井壁，优点是传动可靠，缺点是对装配要求较高，同时成本高。

方案(2)传动可靠，但是由于链传动的特性，传动不平稳，并且链条的重量太大。

方案(3)传动可靠性最差，所以不考虑。

方案(4)传动比较可靠，安装及维护方便，价格便宜，并且利于高层建筑使用。

综合考虑以上 4 种方案，方案(4)无论从安全性、安装、维护、成本方面都有较大优势，因此目前所有建筑的垂直升降电梯都是用钢丝绳传动。

4.3.3 结构设计的改进

在进行机械产品设计时，除了保证产品的功能性，还要注意零部件的结构工艺性问题。所谓结构工艺性是指设计的产品在满足使用要求的前提下，制造和维修的可能性和经济性。零件结构工艺性是指所设计的零件在满足使用要求的前提下制造的可能性与经济性。当发现设计不合理时，就要及时进行改进，以下是几个改进设计的例子。

1. 考虑齿轮加工的设计改进

由于齿轮的结构与切削加工关系密切，在设计时应充分考虑。

如用插齿方法加工的双联(多联)齿轮应留有空刀槽。图 4-1(a)为错误结构，无法正确加工，应预留空刀槽，正确的设计如图 4-1(b)。

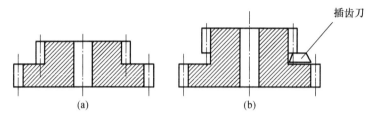

图 4-1　用插齿刀加工齿轮

对于左右两边支承的锥齿轮轴(图 4-2)，设计时应避免加工时刀具与支承轴颈产生干涉。

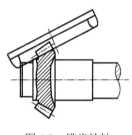

图 4-2　锥齿轮轴

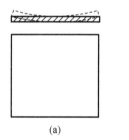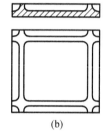

图 4-3　铸造平板件的工艺改进

2. 考虑箱体的结构工艺性

(1)细长和大而薄的平板件铸造时常常会因冷却不均匀而产生翘曲或弯曲变形，如图 4-3(a)；正确的设计应如图 4-3(b)加设加强筋。

(2)箱体上孔的位置要便于加工，如图 4-4(a)，螺栓孔与箱体距离太近，钻头无法向下到达钻孔位置；应改为图 4-4(b)的结构，加大螺栓孔与箱体的距离，钻头夹头可以自由向下钻孔。

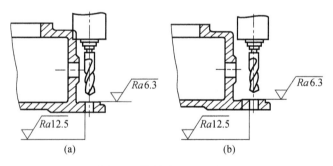

图 4-4　箱体钻孔工艺改进

(3)尽量减少零件的机械加工面积。箱体支架等零件的底平面，应设计成中间凹陷，以减少加工面积，从而减少加工时间，并保证接触可靠。图 4-5(a)为不合理结构，图 4-5(b)则较为理想。

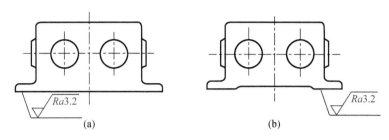

图 4-5　尽量减少加工面积

3. 盘套类零件的结构设计工艺性

(1)提高结构的强度和刚度。如图 4-6(a)，圆管外壁有螺纹退刀槽，内壁有镗孔退刀槽，两者相距太近，结构强度受到影响，应改为图 4-6(b)的设计。

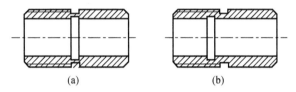

图 4-6　套类零件的结构工艺性

(2)两表面相配合时，配合面应精确加工，为减少加工量应减少配合面的长度。如图 4-7(b)的结构比图 4-7(a)的好。

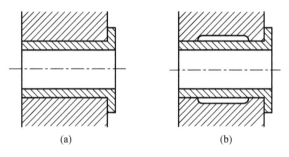

图 4-7　配合表面的结构工艺性

4. 设计应便于机器的装配与拆卸

(1)有同轴要求的两个零件连接时，应有正确的装配基面，不能仅靠螺纹定位，因为螺纹之间有间隙，无法保证定位精度，如图 4-8(a)的结构不合理，应改成图 4-8(b)的结构，靠凸肩和凹槽定位。

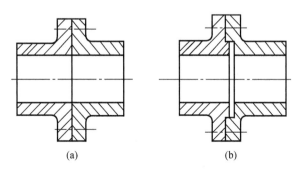

图 4-8　有同轴要求的结构工艺性

(2)轴与孔连接时,应有合理的定位端面。图 4-9(a)轴肩处的圆弧面会影响轴肩与孔端面定位,应改成图4-9(b)所示的结构,在轴上开圆槽,使轴肩与孔端面贴紧达到定位的目的。

(3)设计应便于油孔的对准,如图 4-10(a)装配时油孔不易对准,应改为图 4-10(b)的结构。

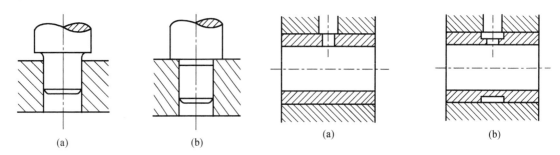

　　　(a)　　　　　　　　　(b)　　　　　　　　　　　(a)　　　　　　　　　(b)

　　　图 4-9　轴与孔配合的定位端面　　　　　　图 4-10　装配时油孔的对准

(4)为安装方便,应预留扳手操作的空间。如图 4-11(a)的空间不足,扳手无法操作,应改为图 4-11(b)的结构。

(5)应考虑螺钉装配所需的空间,如图 4-12(a)螺钉无法装入,应改为图 4-12(b)的结构。

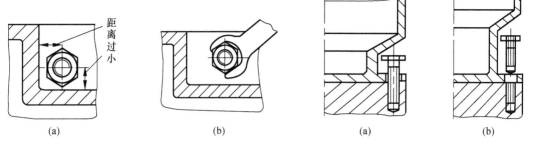

　　　(a)　　　　　　　　　(b)　　　　　　　　　　　(a)　　　　　　　　　(b)

　　　图 4-11　扳手空间　　　　　　　　　图 4-12　螺钉装配空间的结构工艺性

(6)与轴承配合的轴段不能设计得过长(图 4-13(a)),合理的结构如图 4-13(b)。

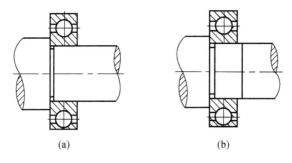

　　　(a)　　　　　　　　　(b)

　　　图 4-13　轴承配合的结构工艺性

(7)设计定位销时应考虑定位销的拆卸问题,图 4-14(a)的结构将很难拆除定位销,图 4-14(b)及图 4-14(c)的结构则较为合理。

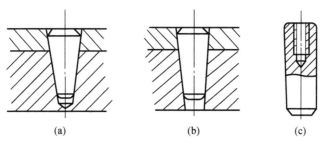

图 4-14　考虑定位销拆卸的结构工艺

4.4　机构运动简图测绘

1. 测绘运动简图的原理

机械中的实际机构，其结构往往比较复杂，但机构的运动情况却与构件外形、断面尺寸和运动副大小无关，而取决于机构中连接各构件的运动副类型和各运动副的相对位置尺寸以及原动件的运动规律。因此，在进行机构的分析和综合时，所绘制的旨在表达机构各构件之间的相对运动关系和运动特性的图形，必须撇开构件和运动副的具体形状和结构，根据构件间的相对运动性质，确定各运动副的类型，然后按一定的比例，用运动副的代表符号和简单线条绘出图形，这样的图形称为机构运动简图。

2. 表达机构运动简图的符号

为了便于交流，必须约定表达机构及运动副的符号(表 4-1)。

表 4-1　机构运动简图表示符号(参考 GB/T 4460—2013)

	机构名称		基本符号	可用符号
运动副	具有一个自由度的运动副	平面机构		
		空间机构		
		棱柱副（移动副）		
	具有两个自由度的运动副	圆柱副		
		球销副		
	具有三个自由度的运动副	球面副		
		平面副		

续表

机构名称		基本符号	可用符号
机架			
轴、杆		——	
杆件及其组成部分	连接两个回转副的构件	连杆 A. 平面机构 B. 空间机构	
		曲柄或摇杆 A. 平面机构 B. 空间机构	
		偏心轮	
杆件及其回转部分	连接回转副与棱柱副的构件	导杆	
		滑块	
齿轮传动		齿轮(不指明齿线) A. 圆柱齿轮 B. 圆锥齿轮 C. 挠性齿轮	
		齿线符号 A. 圆柱齿轮 (1)直齿 (2)斜齿 (3)人字齿	

机构名称		基本符号	可用符号
齿轮传动	齿线符号 B. 圆锥齿轮 (1)直齿 (2)斜齿 (3)弧齿	(1) (2) (3) 	
	齿轮传动 (不指明齿线)　A. 圆柱齿轮	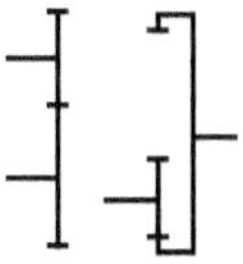	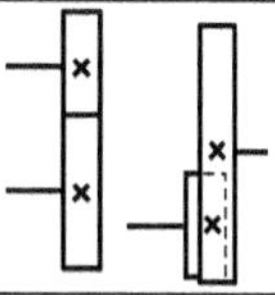
	B. 非圆齿轮	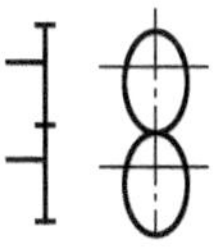	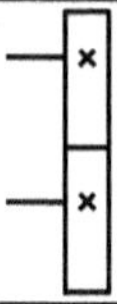
	C. 圆锥齿轮	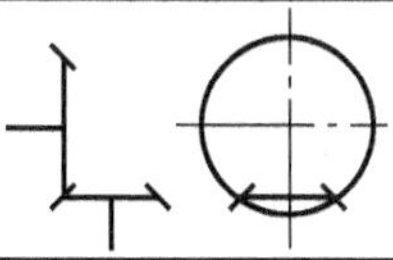	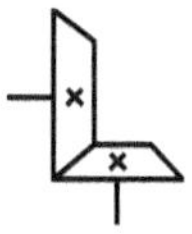
	D. 准双曲面齿轮	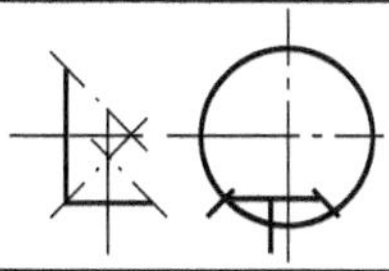	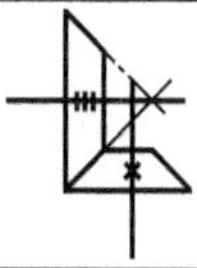

4.5　机械部件认识实验——单缸柴油发动机拆装

本实验的主要内容是拆装单缸柴油发动机。柴油发动机是由许多零部件组成并协调完成能量转换工作的一个动力机械。柴油发动机按其功能可分为机体组件、气缸盖组件、曲柄连杆机构、配气机构、空气供给系统、燃油供给系统、润滑系统、冷却系统、启动系统等。

4.5.1　发动机的分类和基本构造

1. 发动机的分类

发动机的分类方法很多，按不同的分类方法可以把发动机分成不同的类型。

1)按所用燃料分类

按所使用燃料的不同可以分为汽油发动机和柴油发动机。使用汽油为燃料的发动机称为汽油发动机；使用柴油为燃料的发动机称为柴油发动机。汽油发动机转速高、重量轻、噪声小、启动容易、制造成本低；柴油发动机压缩比大、热效率高、经济性能和排放性能都比汽油发动机好。

2)按行程分类

按完成一个工作循环所需的行程数可分为四行程发动机和二行程发动机。把曲轴转两圈（720°），活塞在气缸内上下往复运动四个行程，完成一个工作循环的发动机称为四行程发动机；而把曲轴转一圈(360°)，活塞在气缸内上下往复运动两个行程，完成一个工作循环的发动机称为二行程发动机。

3)按冷却方式分类

按冷却方式可分为水冷发动机和风冷发动机。水冷发动机是利用在气缸体和气缸盖冷却水套中进行循环的冷却液作为冷却介质进行冷却的；而风冷发动机是利用流动于气缸体与气缸盖外表面散热片之间的空气作为冷却介质进行冷却的。水冷发动机冷却均匀、工作可靠、冷却效果好、被广泛地应用于现代车用发动机中。

4)按气缸数目分类

按气缸数目不同可分为单缸发动机和多缸发动机。仅有一个气缸的发动机称为单缸发动机；有两个以上气缸的发动机称为多缸发动机。

5)按气缸排列方式分类

按气缸排列方式不同可分为单列式和双列式。单列式发动机的各个气缸排成一列，一般是垂直布置的，但为了降低高度，有时也把气缸布置成倾斜的甚至水平的；双列式发动机把气缸排成两列，两列之间的夹角小于180°（一般为90°）称为 V 型发动机，若两列之间的夹角等于180° 称为对置式发动机。

6)按进气系统是否采用增压方式分类

按进气系统是否采用增压方式可分为自然吸气(非增压)式发动机和强制进气(增压)式发动机。汽油发动机常采用自然吸气式；柴油发动机为了提高功率多采用增压式。

2. 发动机的基本构造

发动机是由许多机构和系统组成的复杂机器。无论是汽油还是柴油发动机、四行程还是二行程发动机、单缸还是多缸发动机，要完成能量转换、实现工作循环、保证长时间连续正常工作，都必须具有以下的机构和系统。

1)曲柄连杆机构

曲柄连杆机构是发动机实现工作循环、完成能量转换的主要机构。它由机体组、活塞连杆组和曲轴飞轮组等组成。在做功行程中，活塞承受燃气压力在气缸内做直线运动，通过连杆转换成曲轴的旋转运动，并从曲轴通过飞轮对外输出动力。而在进气、压缩和排气行程中，飞轮释放能量又把曲轴的旋转运动转化成活塞的直线运动。

2)配气机构

配气机构的功用是根据发动机的工作顺序和工作过程，定时开启和关闭进气门和排气门，使可燃混合气或空气进入气缸，并使废气从气缸内排出，实现换气过程。配气机构大多采用顶置气门式配气机构，一般由气门组、气门传动组和气门驱动组组成。

3)燃料供给系统

汽油发动机燃料供给系统的功用是根据发动机的要求，配制出一定数量和浓度的混合气，供入气缸，并将燃烧后的废气从气缸内排出到大气中；柴油机燃料供给系统的功用是把柴油和空气分别供入气缸，在燃烧室内形成混合气并燃烧，最后将燃烧后的废气排出。

4)润滑系统

润滑系统的功用是向相对运动的零件表面输送定量的清洁润滑油，以实现液体摩擦，减小摩擦阻力，减轻机件的磨损，并对零件表面进行清洗和冷却。润滑系统通常由润滑油道、机油泵、机油滤清器和一些阀门等组成。

5)冷却系统

冷却系统的功用是将零件吸收的部分热量及时散发出去，保证发动机在最适宜的温度状态下工作。水冷发动机的冷却系统通常由冷却水套、水泵、风扇、水箱、节温器等组成。

6)点火系统

在汽油发动机中，气缸内的可燃混合气是靠电火花点燃的，为此在汽油机的气缸盖上装有火花塞，火花塞头部伸入燃烧室内。能够按时在火花塞电极间产生电火花的全部设备称为点火系统，点火系统通常由蓄电池、发电机、分电器、点火线圈和火花塞等组成。

7)启动系统

要使发动机由静止状态过渡到工作状态，必须先用外力转动发动机的曲轴，使活塞做往复运动，气缸内的可燃混合气燃烧膨胀做功，推动活塞向下运动使曲轴旋转，发动机才能自行运转，工作循环才能自动进行。曲轴在外力作用下从开始转动到发动机自动地怠速运转的全过程，称为发动机的启动。完成启动过程所需的装置，称为发动机的启动系统。

4.5.2 发动机的工作原理

1. 四冲程汽油发动机的工作原理

四冲程汽油发动机是由进气、压缩、做功和排气四个行程完成一个工作循环的，如图 4-15 所示为单缸四冲程汽油发动机工作原理示意图。

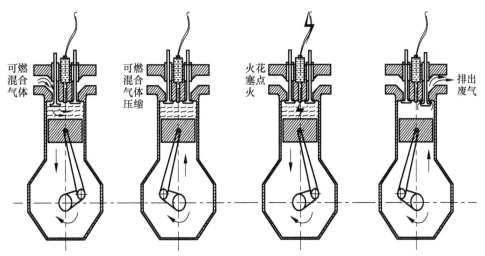

图 4-15 四冲程汽油发动机工作原理示意图

1)进气行程

(1)活塞由曲轴带动从上止点向下止点运动。

(2)进气门开启，排气门关闭。

(3)由于活塞下移，活塞上腔容积增大，形成一定真空度，在真空吸力的作用下，空气与汽油形成的混合气经进气门被吸入气缸，至活塞运动到下止点时，进气门关闭，停止进气，进气行程结束。

2)压缩行程

(1)活塞在曲轴的带动下，从下止点向上止点运动。

(2)进、排气门均关闭。

(3)随着活塞上移、活塞上腔容积不断减小，混合气被压缩，至活塞到达上止点时，压缩行程结束。在压缩过程中，气体压力和温度同时升高。压缩终了时，气缸内的压力为 600～1500kPa，温度为 600～800K，远高于汽油的点燃温度(约 263K)。

3)做功行程

(1)压缩行程末，火花塞产生电火花，点燃气缸内的可燃混合气，并迅速着火燃烧，气体产生高温、高压，在气体压力的作用下，活塞由上止点向下止点运动，再通过连杆驱动曲轴旋转向外输出做功，当活塞运动到下止点时，做功行程结束。

(2)做功行程中，进、排气门均关闭。在做功过程中，开始阶段气缸内气体压力、温度急剧上升，瞬时压力可达 3～5MPa，瞬时温度可达 2200～2800K。随着活塞的下移，压力、温度下降，做功行程终了时，压力为 300～500kPa，温度为 1500～1700K。

4)排气行程

(1)在做功行程终了时，排气门被打开，活塞在曲轴的带动下由下止点向上止点运动。

(2)废气在自身的剩余压力和活塞的驱赶作用下，自排气门排出气缸，当活塞运动到上止点时，排气门关闭，排气行程结束。排气终了时，由于燃烧室容积的存在，气缸内还存有少量废气，气体压力也因排气门和排气道等有阻力而高于大气压。此时，压力为 105～125kPa，温度为 900～1200K。排气行程结束后，进气门再次开启，又开始下一个工作循环，如此周而复始，发动机得以自行运转。

2. 四冲程柴油发动机的工作原理

如图 4-16 所示，四冲程柴油发动机和四冲程汽油发动机工作原理一样，每个工作循环也是由进气、压缩、做功和排气四个行程所组成的。但柴油和汽油性质不同，柴油发动机在可燃混合气的形成、着火方式等与汽油机有较大区别。下面主要介绍与汽油发动机工作原理不同之处。

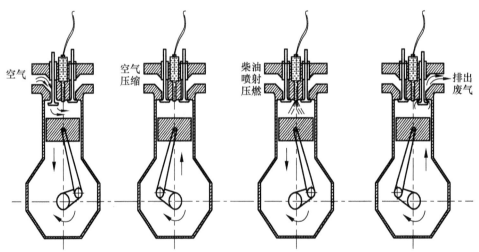

图 4-16　四冲程柴油发动机工作原理示意图

1)进气行程

进气行程，不同于汽油机的是进入气缸的不是混合气，而是纯空气。

2)压缩行程

(1)压缩行程压缩的是纯空气。

(2)由于柴油发动机压缩比大,压缩终了的温度和压力都比汽油机高,压力可达 3～5MPa,温度可达 800～1000K。

注:点燃温度是指燃料在空气中移近火焰时,其表面上的燃料蒸气能够被点着的最低环境温度。汽油的点燃温度很低,约为 263K,柴油的点燃温度高,为 313～359K。

自燃温度是指燃料不与火焰接近,能够自行燃烧的最低环境温度;柴油的自燃温度低,为 473～573K,汽油的自燃温度高,约为 653K。

3)做功行程

(1)压缩行程末,喷油泵将高压柴油经喷油器呈雾状喷入气缸内的高温空气中,迅速汽化并与空气形成可燃混合气。因为此时气缸内的温度远高于柴油的自燃温度(约 500K),柴油自行着火燃烧,且以后的一段时间内边喷边燃烧,气缸内的温度、压力急剧升高,推动活塞下行做功。

(2)做功行程中,瞬时压力可达 5～10MPa,瞬时温度可达 1800～2200K;做功终了,压力为 200～400kPa,温度为 1200～1500K。

4)排气行程

排气行程与汽油发动机排气行程基本相同。

4.5.3　柴油发动机与汽油发动机的异同

1. 共同特点

两种发动机工作循环的基本内容相似,其共同特点如下。

(1)每个工作循环曲轴转两转(720°),每一行程曲轴转半转(180°),进气行程是进气门开启,排气行程是排气门开启,其余两个行程进、排气门均关闭。

(2)四个行程中,只有做功行程产生动力,其他三个行程是为做功行程做准备工作的辅助行程,虽然做功行程是主要行程,但其他三个行程也不可缺少。

(3)发动机运转的第一个循环,必须有外力使曲轴旋转完成进气、压缩行程,起动后,完成做功行程,依靠曲轴和飞轮储存的能量便可自行完成以后的行程,以后的工作循环发动机无须外力就可自行完成。

2. 不同之处

两种发动机工作循环的主要不同之处如下。

(1)汽油发动机的汽油和空气在气缸外混合,进气行程进入气缸的是可燃混合气。而柴油发动机进气行程进入气缸的是纯空气,柴油是在做功行程开始阶段喷入气缸,在气缸内与空气混合,即混合气形成方式不同。

(2)汽油发动机用电火花点燃混合气,而柴油发动机是用高压将柴油喷入气缸内,靠高温气体加热自行着火燃烧,即着火方式不同。所以汽油发动机有点火系统,而柴油发动机则无点火系统。

4.5.4　实验步骤

步骤 1　待发动机完全冷却后,打开放水开关,排清发动机内部冷却水。
步骤 2　待发动机完全冷却后,打开底部排油螺塞排清发动机内部润滑油。
步骤 3　拆卸气缸盖和气缸盖罩(图 4-17)。

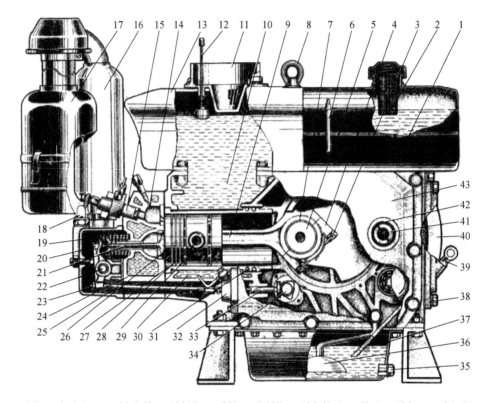

1-油箱；2-加油滤网；3-连杆螺栓；4-连杆盖；5-曲轴；6-塑料管；7-连杆轴瓦；8-吊环；9-连杆；10-冷却水；
11-水箱漏斗；12-浮子；13-水箱；14-燃烧室；15-喷油器；16-消声器；17-空气滤清器；18-机油指示器；
19-气缸盖罩；20-摇臂；21-进气门；22-摇臂轴；23-调整螺钉；24-气缸盖；25-推杆；26-活塞；27-气缸套；
28-活塞销；29-挡圈；30-冷却水；31-水封圈；32-喷油泵；33-挺杆；34-凸轮轴；35-放油螺塞；36-机油集滤器；
37-油底壳；38-后盖；39-机油尺；40-飞轮；41-启动轴；42-油封；43-齿轮室盖

图 4-17 单缸柴油发动机结构图

(1)旋下机油压力指示阀进油处的管接螺栓，并旋下气缸盖罩上的一只紧固螺母，卸下气缸盖罩。

(2)先将油箱开关关闭，然后拆下柴油滤清器上的喷油器回油管。

(3)旋下空气滤清器与进气管连接的紧固螺栓，取下空气滤清器。

(4)旋下气缸盖上排气管的两只紧固螺栓，卸下排气管消声器总成。

(5)旋下摇臂轴座上的两只紧固螺母，拆下摇臂轴座总成，取出进、排气门推杆。

(6)拆下高压油管。安装高压油管时，两端管接螺母应同时旋上(暂时不完全旋紧)，先旋紧喷油泵端螺母，然后用喷油泵扳手反复泵油，直至喷油器端油管处喷出油，再将该端螺母旋紧。

(7)旋下喷油器压板上的压紧螺母，取下压板和喷油器。安装时，喷油器的偶件一端应先套上紫铜垫圈，才能装入气缸盖的喷油器孔中。拧紧压板螺母时，应注意左右均匀旋紧。

(8)旋去气缸螺母，取下气缸盖。安装时，气缸盖螺母的拧紧力矩为 250N·m，拧紧螺母时应对角交错进行，并同时均匀拧紧，以免气缸产生翘曲。

(9)取下气缸盖垫片。

步骤 4　拆卸水箱和油箱。

(1)关闭油箱开关。

(2)旋去柴油机吊环。

(3)旋去柴油滤清器上的输油管管接螺栓。

(4)卸下机体后盖上方的两只油箱紧固螺栓，水箱上的一个紧固螺栓，取下油箱。

(5)将水箱漏斗总成拆下。

(6)旋去水箱内与机体连接的四个紧固螺栓，取下水箱及水箱垫片。

(7)将机体上盖拆下，并取下上盖垫片。

步骤 5　拆卸齿轮室。

(1)旋下齿轮室盖与机体的连接螺栓，拆下齿轮室盖。

(2)拔出凸轮轴，取下启动齿轮。

(3)拆下调速齿轮(图 4-18 的零件 5)，调速滑盘(图 4-19 的零件 10)及钢球(图 4-19 的零件 7)。

(4)安装时所有传动齿轮记号必须对准。

步骤 6　拆卸机体后盖。

(1)拔出油标尺。

(2)旋去机体后盖的紧固螺栓，取下后盖及后盖垫片。

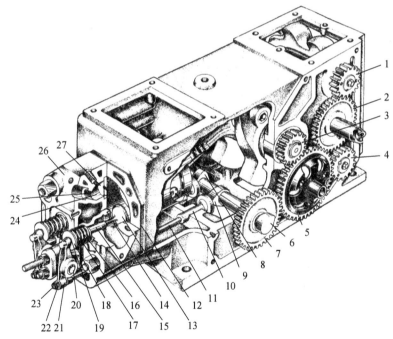

1、4-平衡轴齿轮；2-启动齿轮；3-曲轴正时齿轮；5-调速器齿轮；6-喷油泵凸轮；7-凸轮轴正时齿轮；
8-排气凸轮；9-进气凸轮；10-挺杆；11-推杆；12-气缸垫；13-进气门；14-气门座圈；15-气门导管；
16-内弹簧；17-外弹簧；18-气门弹簧座；19-气门锁夹；20-摇臂轴；21-摇臂；22-锁紧螺母；
23-调整螺钉；24-涡流式燃烧室；25-喷油器安装孔；26-气缸盖；27-燃烧室镶块

图 4-18　小型柴油机配气机构和传动关系图

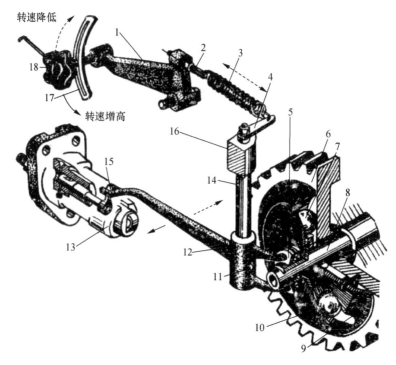

1-调速连接杆；2-调节螺钉；3-调速弹簧；4-调速臂；5-向心推力轴承；6-调速齿轮；7-钢球；
8-调速齿轮轴；9-调速支架；10-调速滑盘；11-圆柱销；12-调速杠杆；13-喷油泵；
14-调速杆；15-调节臂圆球；16-齿轮室盖；17-转速指示牌；18-调速手柄

图4-19 柴油机调速器机构工作原理图

步骤7 活塞连杆组的拆装。

(1)转动飞轮，使连杆大头位于机体后盖孔的最边缘以便于拆卸连杆螺栓处。

(2)用钢丝钳夹断连杆螺栓的保险铅丝，并将其抽去。安装时须换用新铅丝以起到保险作用，铅丝应交错拧紧。

(3)用拆连杆螺栓的专用扳手旋下连杆螺栓。

(4)取下连杆盖，注意保管好连杆轴瓦。

(5)缓慢转动飞轮，将活塞推向上死点位置，然后用木柄顶住连杆大头继续缓慢往前推动，直至将活塞连杆取出。注意不要碰伤连杆轴颈、气缸套和活塞。

(6)安装时，连杆大头45°剖分面应朝下，且连杆与连杆盖刻有字样的一面应安放在同侧，切勿调错，活塞环搭口应相互错开120°。锥环有"上"记号的一面朝向缸头，不能装反。

(7)连杆螺栓的拧紧力矩为80～110N·m，未完全扭紧时，应先稍转动飞轮，感觉轻松后再均匀拧紧。安装时，连杆轴颈、连杆轴承、活塞外表面和活塞环上应均匀涂上少量清洁机油。

步骤8 飞轮的拆卸。

(1)拆下皮带轮。

(2)将飞轮螺母锁止垫圈的折边翻开。

(3)用工具包中的专用六角扳手将飞轮螺母旋松(可用铁锤按逆时针方向敲击扳手手柄)，螺母可不必旋下。

(4)用拉出器将飞轮拉出，如拉动拉出器较困难，可以用铁锤敲击拉出器压板曲轴轴头处。

(5)旋下飞轮螺母，取下飞轮，注意不要碰坏螺纹。飞轮较重，取下时应注意安全。

(6)用 M6 螺钉将曲轴上的飞轮键顶出。

步骤 9　曲轴的拆装。

(1)将主轴承盖上通往机油压力指示阀的油管管接螺栓旋下，取下油管。

(2)旋下所有主轴承盖紧固螺栓。

(3)用两颗 M8 螺栓旋入主轴承盖两侧的螺孔中，左右两个螺栓应以相同的速度慢慢旋入，直至将主轴承盖顶出。在顶出过程中，注意曲轴不能同时跟随外移，应随时将曲轴推回，否则容易使曲轴跌落损坏。

(4)小心将曲轴抽出。注意，曲轴所有轴颈处应小心保护，不得碰伤擦毛，安装时在轴颈处涂上少量机油。

步骤 10　平衡轴的拆装。

(1)将上平衡轴飞轮端的轴承盖、下平衡轴端的机油泵拆去。

(2)旋下上下平衡轴齿轮端部的压紧螺栓，用拉出器将齿轮拉出。

(3)拆去机体上的滚动轴承挡圈。

(4)用木槌或紫铜棒敲击平衡轴飞轮端，直至另一端滚动轴承完全脱落在机体外，然后用起子小心将其撬下。

(5)将平衡轴再推向飞轮端，同样方法再取出另一只轴承。

(6)滚动轴承取出后，慢慢顺势将平衡轴取出。

步骤 11　运转前的准备。

(1)准备润滑油，夏季采用 HC-11 号，冬季采用 HC-8 号。

(2)拔出机油尺，将清洁的润滑油注入曲轴箱。使曲轴箱油面处于机油尺上两条刻度线的中间。注意：加油时油量不能超过上刻度线，正常运转时油量不能低于下刻度线。

(3)将调速把手调整到停车位置，用左手顺时针方向转动减压器手柄，使柴油机处于减压状态；同时将启动手柄插入启动轴摇转柴油机，并逐渐加快，观察柴油机气缸盖罩上的机油指示阀红标志是否升起，上升表示机油泵工作正常和有足够的机油，否则就可能是机油量不足，或机油泵有故障，应仔细检查排除故障后再启动。

(4)打开油箱盖，将预先经过充分沉淀和过滤的清洁柴油注入油箱。油箱的最大容量为 10 升，加油时注意不要将灰尘带入。

(5)打开油箱开关，柴油即经过柴油滤清器流至喷油泵。

(6)用开口扳手将喷油泵上的放气螺钉或输油管管接螺栓旋松，使混杂在燃油管道中的空气放出。直至流出的柴油不带气泡时，再旋紧螺栓。

(7)将调速把手置于转速指示牌"开始"位置，把泵油扳手轴往复扳动，直到听见喷油器喷油的"啪啪"声。

(8)将清洁的自来水注入水箱，直到浮子红标志升到最高位置。请勿把含有酸或碱等腐蚀性的水加入水箱。

步骤 12　启动。

完成上述准备工作后，再仔细检查一遍，在实验教师的指导下，按下列步骤启动：

(1)将调速把手转到转速指示牌的开始位置。将双手的油污彻底清洁干净并保持干燥。

(2)左手打开减压器,右手摇转柴油机,并逐渐加快,当转速摇到最快时,迅速放松左手,使减压器依靠回复弹簧复位,此时气缸内部气体受到压缩,但右手仍需要紧握启动手柄继续全力摇转,柴油机即可启动。

(3)注意:柴油机一旦启动,启动手柄可借启动轴斜面的推力自行滑出,因此仍需要紧握启动手柄,以免手柄打手发生事故。

(4)启动后,再检查一次机油压力指示阀红标志是否升起,并倾听柴油机有无不正常响声。

(5)启动后不可加大油门立即高速运转,同时柴油机运转时人体不得接触飞轮等运动部件,不得接触消声器等高温部件。

步骤 13 停车。

(1)紧急停车方式:迅速拆下空气滤清器并堵死进气管;或者松开高压油管的任一管接螺母;或者打开减压器,柴油机即可立即停车。

(2)正常停车:将调速把手转到停车位置,柴油机即能停车。

步骤 14 气门间隙的调整。

(1)拆下气缸盖罩。

(2)转动飞轮,使飞轮上的"上死点"刻度线对准水箱上的刻线,置活塞于压缩上死点位置。

(3)松开并紧螺母,用起子旋动调整螺钉,同时将塞尺插入气门杆端与摇臂打头之间,按照进气门间隙为 0.35mm、排气门间隙为 0.45mm 进行调整。

(4)调整时的松紧度是用手指可以转动推杆,但不能过松。调整正确后,将防松螺母并紧,以免运转时自行松动。

(5)抽出塞尺,再复核一次。

步骤 15 供油提前角的调整。

(1)拆下接喷油器一端的高压油管管接螺母。

(2)旋松接喷油泵一端的高压油管管接螺母,将高压油管旋转一个位置,使高压油管接喷油器端的口朝上,再将该管螺母旋紧,然后用泵油扳手将高压油管内的油泵满。

(3)转动飞轮,当看到柴油从油管口开始冒出时,立即停止转动飞轮,并观察飞轮上供油刻线位置是否对准水箱上的刻线。如果相差较大,则应进行调整,记下供油提前角是早还是晚,然后进行调整。

(4)关闭油箱开关。

(5)将齿轮室上的观察孔盖板拆下,并将调速把手置于中间位置。

(6)拆下喷油泵上的进油管,旋下喷油泵紧固螺母,拉出喷油泵。

(7)增加或减少垫片进行调整。如果提前角比要求的早,则应增加垫片;如果提前角比要求的晚,则减少垫片。

(8)将喷油泵装上,并拧紧紧固螺母。装上喷油泵时,应特别注意,将调节臂圆球嵌在调速杠杆的槽内。喷油泵装好后,此工作还应该通过观察孔检查一次,以免差错而造成飞车事故。调整完成后,按照第(3)项的条件进行校核,如果不符则需要重新调整。

步骤 16 减压器的调整。

用左手顺时针方向转动减压器手柄,在此过程中,靠减压器手柄旋转时手的感觉,如感觉花力气较大,则表示气门已被压下,转动柴油机启动手柄时轻松省力,减压器处于良好状态。注意，放下手柄后，在柴油机启动时，减压轴不得与气门摇臂相碰。

(1)松开并紧螺母。

(2)转动减压座，借助其外圆与内孔的偏心调整减压器。如果减压时太松，则将减压座顺时针方向转动一定角度，太紧则相反，直至调整到符合上述要求。

4.6　实验的实例

1. 实验名称

减速器拆装与轴系测绘实验。

2. 实验目的

了解减速器的结构、各零件作用及装配关系，了解减速器装配的基本要求。加深对轴系部件结构的理解。熟悉并掌握轴、轴承、轴上零件的结构和功用、工艺要求、尺寸装配关系及轴上零件定位和固定方法。

3. 实验要求

(1)按正确程序拆开减速器，分析减速器结构及各零件功用。

(2)测定减速器的主要参数，绘出传动示意图。画轴系结构装配草图一张。

(3)测量减速器传动副的齿侧间隙及接触斑点。

4. 实验设备及工具

齿轮减速器、蜗杆减速器、钢尺、游标卡尺、内卡尺、外卡尺、扳手、铅丝、涂料等。

5. 实验步骤

(1)开箱盖前先观察减速器外部形状，判断传动方式、级数、输入和输出轴。并观察有哪些箱体附件。

(2)拧下箱盖与机座连接螺栓及端盖螺钉，拔出定位销，借助起盖螺钉顶起减速器箱盖。

(3)边拆卸边观察，并就箱体形状，轴系零件的定位及固定，润滑密封方式，箱体附件(如通气器、油标、油塞、起盖螺钉、定位销等)的结构和作用，位置要求和零件材料等进行分析。

(4)画传动示意图，测定减速器的主要参数(中心距 a、齿数 Z_1、Z_2、压力角 α、螺旋角 β)的测量值，代入公式

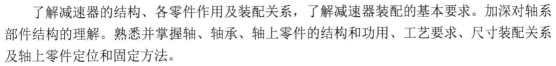

$$M_n = \frac{2a\cos\beta}{Z_1 + Z_2}$$

计算法面模数，取模数为最相近的标准值，再用标准模数代入上式算出减速器的实际螺旋角。将测得的参数或计算得出的参数记录于表中。传动示意图也应注明必要的参数。

6. 轴系结构测绘

轴系结构分析：分析和测绘轴系结构，明确轴系结构设计需要满足的要求。了解各部分结构的作用，形状尺寸与强度、刚度、加工装配的关系，轴上各零件的用途、轴承类型、布置、安装调整方式、轴和轴上零件的定位及固定方法、润滑和密封等。

画低速轴轴系结构装配草图一张(要求：包括低速轴及轴上零件，如齿轮、键、轴承、套筒及部分箱体结构)。

7. 测量齿侧间隙

测量齿侧间隙的目的是观察减速器的啮合齿轮副之间的间隙是否在国家标准所允许的范围之内。

如图 4-20，在两轮齿之间沿齿轮径向插入一段铅丝，该段铅丝直径应稍大于所估计的侧隙，铅丝长度为略大于齿高，铅丝可以弯曲成 L 形，使铅丝能自行竖立在两齿间。在从动轮被轻轻制动情况下转动齿轮，使两齿面间的铅丝被辗压，然后用镊子取出铅丝，用游标卡尺测出被辗压后铅丝的最小厚度，以检验该对齿轮的齿侧间隙是否符合 GB/T 10095.1—2008 标准的要求。

8. 检查接触斑点

仔细擦净每一个轮齿，在主动轮 3～4 个轮齿上均匀地涂上一薄层涂料(如红丹油)，在从动轮被轻轻制动情况下，用手转动主动轮，然后确定从动轮轮齿上接触斑点的分布情况和尺寸(图 4-21)。接触斑点的大小在齿面展开图上用百分比计算。

图 4-20　测量齿侧间隙示意图

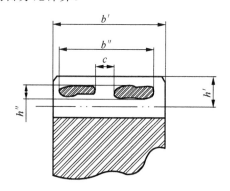

图 4-21　接触斑点示意图

沿齿长方向：实际接触斑点的长度 b'' 与工作长度 b' 之比，即

$$\frac{b''-c}{b'}\times100\%$$

沿齿高方向，接触斑点的平均高度 h'' 和工作高度 h' 之比，即

$$\frac{h''}{h'}\times100\%$$

检查是否符合企业标准中所规定的接触精度要求。

思 考 题

4-1　试说明减速器各零件的名称及其作用。

4-2　试述减速器的拆装步骤。

4-3　试以中间轴或低速轴为例，说明轴上零件的周向固定和轴向固定方式。

4-4　减速器的齿轮和轴承采用什么方法润滑？

第5章 机械零件几何量的精密测量

5.1 几何量精密测量基础

5.1.1 几个有关概念

(1)几何量：作为测量对象，它包括尺寸(长度、角度)、形状和位置误差、表面粗糙度等。

(2)计量：以保持量值准确统一和传递为目的的专门测量，习惯上称为计量(检定)。

(3)检验：判定被测量是否合格的过程，通常不一定要求得到被测量的具体数值。几何量检验即是确定零件的实际几何参数是否在规定的极限范围内，以作出合格与否的判断。

(4)测试：具有试验研究性质的测量。

5.1.2 几何量计量器具分类及其度量指标

1. 计量器具的分类

按被测几何量在测量过程中的变换原理的不同，计量器具可以分为以下几类。

(1)机械式计量器具：用机械方法来实现被测量的变换和放大的计量器具，如千分尺(螺纹测微计)、百分表、杠杆比较仪等。

(2)光学式计量器具：用光学方法来实现被测量的变换和放大的计量器具，如光学计、光学分度头、投影仪、干涉仪等。

(3)电动式计量器具：将被测量先变换为电量，然后通过对电量的测量来完成被测几何量测量的计量器具，如电感测微仪、电容测微仪等。

(4)气动式计量器具：将被测几何量变换为气动系统状态(流量或压力)的变化，检测此状态的变化来实现被测几何量测量的计量器具，如水柱式气动量仪、浮标式气动量仪。

(5)光电计量器具：用光学方法放大或瞄准，通过光电元件再转化为电量进行检测，以实现被测几何量测量的计量器具，如光栅式测量装置、光电显微镜、激光干涉仪等。

2. 计量器具的基本度量指标

(1)刻度间距 C：计量器具标尺或圆刻度盘上两相邻刻线中心之间的距离或圆弧长度(图 5-1)。刻度间距太小会影响估读精度，太大则会加大读数装置的轮廓尺寸。为适于人眼观察，刻度间距一般为 0.75~2.5mm。

(2)分度值 i(亦称刻度值、分辨力)：每个刻度间距所代表的量值或量仪显示的最末一位数字所代表的量值。在长度测量中，常用的分度值有 0.01mm、0.005mm、0.002mm 及 0.001mm 等几种(图 5-1 中分度值为 0.001mm)。对于有些量仪(如数字式量仪)，由于非刻度盘指针显示，就不称为分度值，而称分辨力。

(3)灵敏度 S：指针对标尺的移动量 dL 与引起此移动量的被测几何量的变动量 dX 之比，

即 $S=dL/dX$。灵敏度亦称传动比或放大比，它表示计量器具放大微量的能力。

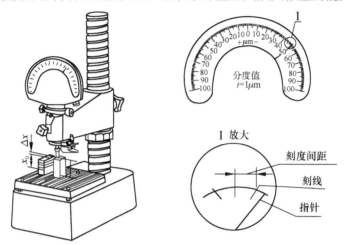

图 5-1   比较仪及其刻度盘

(4)示值范围：是指计量器具所能显示或指示的被测量起始值到终止值的范围。如图 5-1 所示比较仪的示值范围为±100μm。

(5)测量范围：是指计量器具的误差处于规定极限内，所能测量的被测量最小值到最大值的范围，如图 5-1 所示比较仪，悬臂的升降可使测量范围达到 0～180mm。

(6)示值误差：是指计量器具显示的数值与被测几何量的真值之差。示值误差是代数值，有正、负之分。一般可用量块作为真值来检定出计量器具的示值误差。示值误差越小，计量器具的精度就越高。

(7)示值变动性：在测量条件不作任何改变的情况下，同一被测量进行多次重复测量读数，其结果的最大差异。

(8)回程误差：在相同情况下，计量器具正反行程在同一点示值上被测量值之差的绝对值。引起回程误差的主要原因是量仪传动元件之间存在间隙。

(9)测量力：接触测量过程中测头与被测物体之间的接触压力。过大的测量力会引起测头和被测物体的变形，从而引起较大的测量误差，较好的计量器具一般均设置有测量力控制装置。

5.2   几何尺寸的精密测量

几何尺寸的精密测量常见于轴、孔直径的精密测量，或是线纹尺、量块的检定。测量、检定时所采用的计量仪器有比较仪、工具显微镜、测长仪、比长仪、激光干涉仪等。

对于高精度的轴径，常用比较仪进行比较测量，比较仪的基本结构如图 5-1 所示，但读数部分可有多种不同装置，有机械式、光学式、电动式，它们分别称为机械式测微仪、光学计、电动测微仪(又分为电感式、电容式)等。图 5-1 所示的是机械式比较仪，立式光学计如图 5-2(a)所示。图 5-2(b)所示为光路图。

图 5-3 是电感式比较仪。

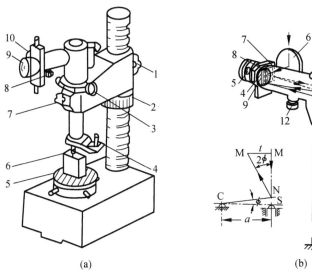

(a)　　　　　　　　　　　　　　　　　(b)

1-悬臂锁紧螺丝；2-升降螺母；3-光管细调手轮；4-拨叉；5-工作台；　　1-反射镜；2-物镜；3-棱镜；4-分划板；5-目镜；6-进光反射镜；

6-被测工件；7-光管锁紧螺钉；8-测微螺丝；9-目镜；10-反光镜　　　　7-通光棱镜；8-标尺；9-指示线；10-测杆；11-螺母；12-零位调节手轮

图 5-2　立式光学计

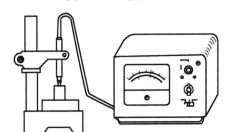

图 5-3　电感式比较仪

5.2.1　用比较仪测量轴类零件

用比较仪测量轴类零件尺寸时，先用量块或标准件调好仪器的零位，然后将被测件放在工作台上进行测量。仪器指示值为被测轴径相对于仪器调零时所用基准的偏差值，指示值加上基准值(量块或标准件尺寸)后即为被测轴径的值。仪器调零过程是通过调节仪器悬臂在立柱上的高低位置(粗调)、检测装置在悬臂上的安装位置(细调)以及可动表盘的刻度位置(微调)，机械式比较仪和指针显示式电感测微仪的指示比较容易观察，而光学计则要从目镜中观察。立式光学计的光路系统如图 5-2(b)所示。以上各种测量仪器的特性及精度略有差别，可在仪器说明书中查到。

用立式光学比较仪测量塞规实验操作步骤如下。

1. 调整仪器零位(图 5-4)

(1)将量块组置于仪器工作台 16 的中心，并使测量头 14 对准量块组的上测量面的中心。

(2)准备工作：松开紧固螺钉 12，拧紧锁紧螺钉 11，转动偏心手轮 13，使直角光管升高 1mm 左右，再拧紧紧固螺钉 12。

(3)粗调节：松开横臂 5 上的紧固螺钉 4，转动调节螺母 3，使横臂缓慢下降，直到测头与量块的测量面接触，而在视场中能看见刻线尺的像时，则将螺钉 4 扭紧。

(4)细调节：松开紧固螺钉 12，转动手轮 13，直至在目镜中观察到刻度尺像(刻度尺"0"

线)与指示线接近(图 5-5(a)),然后拧紧螺钉 12。

(5)微调节:转动微调螺钉 10,使刻度尺的"0"线影像与指示线重合(图 5-5(b))。

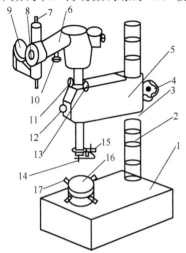

1-底座;2-立柱;3-横臂升降螺母;4、11、12-紧固螺钉;
5-横臂;6-直角光管;7-上下偏差调整螺钉;8-目镜;
9-反光镜;10-微调螺钉;13-偏心手轮;14-测头;
15-拨叉;16-工作台;17-调整螺钉

图 5-4　立式光学比较仪

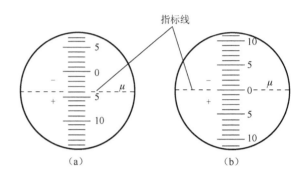

图 5-5　目镜中的刻度尺像

(6)检查:提起测量头 2~3 次(压下拨叉 15 就可提起测量头 14),如刻度尺"0"线影像变动不超过 1/10 格,则表示光学比较仪的示值稳定可用;若刻度尺"0"线影像变动超过 0.5 格,应找出原因,重新调整。

(7)提起测量头,取下量块。

2.测量

把塞规放在测量头下(注意:每次取放塞规时均须提起测量头),分别在三个断面的两个方向的位置进行测量(图 5-6),测量时要用手将塞规慢慢平移找出正确测量位置。当指示线移到最大时读数,并记下读数值(即偏差值,由零刻线的影像偏上为正,偏下为负)。

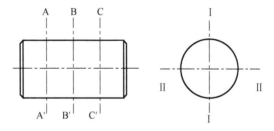

图 5-6　测量位置

当采用比较仪测量圆柱直径时,由于被测面是一个圆弧面,若采用圆弧测量头测量时,被检圆柱应在工作台面来回滚动,找出读数的转折点,即读出接触点是轴径最高点时的读数。因此,它比平面零件的测量要麻烦一些,测量者必须仔细地观察指示装置,以减小由于测量头偏离直径处而引起的误差。

5.2.2　用工具显微镜测量工件尺寸

工具显微镜分为小型、大型和万能工具显微镜。基本结构如图 5-7 所示。

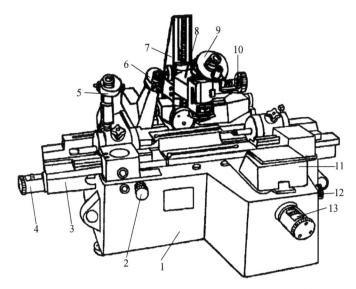

1-基座；2-纵向锁紧手轮；3-工作台纵滑板；4-纵向滑动微调；5-纵向读数显微镜；6-横向读数显微镜；7-立柱；
8-支臂；9-测角目镜；10-立柱倾斜手轮；11-小平台；12-立柱横向移动及锁紧手轮；13-横向移动微调

图 5-7 万能工具显微镜

工具显微镜的核心是具有纵横 X、Y 方向的精密导轨，并在两方向均设有精密测量装置，工件在 X、Y 坐标系中位置的变动，可由测量装置读得坐标值，然后可求得被测的尺寸。可左右摆动一定角度的立柱，安装有可升降调焦距的目镜筒。测量过程中，工件的影像被放大投影在目镜上，加装投影屏附件则可投影在小屏幕上。工件移动的位置是要通过影像在目镜中观察和定位的，有时为减少对线误差，需要借助测量刀或灵敏杠杆等辅助工具。

工具显微镜可以对长度、角度等多种几何参数进行测量，特别是万能工具显微镜具有较大的测量范围和较高的测量精度，是常用的一种计量仪器。

工具显微镜采用光学成像投影原理，以测量被测工件的影像来代替对轴径的接触测量，因而测量中无测量力引起的测量误差。然而应引起重视的是成像失真或变形，将会带来很大的测量误差。

工具显微镜的成像失真主要是因显微镜光源所发射出的光线不是平行光束，造成物镜中所成影像不但不清晰，而且大小也发生变化。测量时，消除不平行光线的方法是正确地调整仪器后部光源附近的光圈，限制光源光线的散射(应注意：光圈太小易产生绕射)。最佳光圈直径可查工具显微镜说明书，无表可查时，可按下式计算光圈直径

$$D=3.15\sqrt[3]{\frac{1}{d}}$$

式中，d 为被测直径，mm。

为了减小成像误差，最好是按仪器所附的最佳光圈直径表的参数调整光圈，否则会产生较大的测量误差，如测量一个直径 70mm 的轴，光圈从 5mm 变到 25mm 时，此项误差由 +6μm 变到 -72μm，可见变化范围较大，不调好光圈是不行的。同时还应仔细调整显微镜焦距，使目镜内的成像达到最清晰。

测量过程中，定位被测目标有以下几种方法。

1. 影像法

当被测件两端具有中心孔时，可采用这种非接触式测量法，首先用调焦棒将立柱上的显微镜精确调焦，这时被测件物像最清晰。测量轴径时，由于圆柱面母线会有直线度误差，或有锥形误差，不能采用通常测量长度的压线法，而必须使用在母线上压点的方法，即将米字线中心压在轮廓母线的一点上进行坐标读数，然后横向移动工作台，使米字中心对准相对应的轮廓母线上。两次读数之差即为被测轴径。同时，还应在不同的横截面内进行多次测量，最后取其平均值作为测量结果。

在工具显微镜上进行影像法测量(不论是压线法还是压点法)，这种方法必须按照外形尺寸大小调整光圈，它的测量精度会受到对准精度、轮廓的表面粗糙度等因素的影响。因此，这种方法似乎简单，实则麻烦，测量值的分散性较大，随着被测轴径的加大，其测量误差也越大，因此，精密测量中较少采用影像法测量轴径。

2. 测量刀法

在工具显微镜上，还可以用直刃测量刀接触测量轴径。在测量刀上距刃口 0.3mm 处有一条平行于刃口的细刻线，测量时，用这条细刻线与目镜中米字中心线平行的第一条虚线压线对准，由于此刻线靠近视场中心，因此处于显微镜的最佳成像部分，有较高的测量精度。测量时必须用 3 倍物镜，并在物镜的滚花圈处装上反射光光源，使用反射光照明。

采用测量刀法测量时，关键的一步是安放量刀，操作时必须十分仔细，应轻轻使刀刃与被测工件接触并摆动，使量刀刃口与轮廓线贴紧无光隙，并固紧。否则，会产生接触误差或造成测量刀的损坏。

测量刀法的对线误差比影像法小，测量精度较高。然而，测量刀在使用过程中容易磨损，因此，应注意对测量刀的保护。除避免由于操作不当而造成不应有的损坏外，安装前应仔细清洗刻线工作面，使用后应妥善放置，避免磕碰或锈蚀，还应注意定期检定。

3. 灵敏杠杆接触法

在工具显微镜上常用灵敏杠杆测量孔径。

在工具显微镜上用目镜米字线以影像法对孔径进行测量时，由于受工件高度的影响，使工件的轮廓投影影像不清晰，瞄准困难，故测量精度不高。为提高测孔精度，常在主物镜上装上光学灵敏杠杆附件，用接触法测量孔径。由于其测量力仅 0.1N，测量力引起的变形很小，故瞄准精度较高，可大大提高测量精度。

光学灵敏杠杆主要用于测量孔径，也可测量沟槽宽度等内尺寸，在特殊情况下，还可用于丝杠螺纹和齿轮的测量工作。它在测量过程中主要起精确瞄准定位的作用。

光学灵敏杠杆的工作原理如图 5-8 所示。照明光源 4 照亮刻有 3 对双刻线的分划板 1，经透镜至反射镜 2 后，再经物镜组 7 成像在目镜米字线分划板上。平面反射镜 2 与测量杆 3 联结在一起，当它随测杆绕其中心点摆动时，3 组双刻线在目镜分划板上的像也将随之左右移动。当测杆的中心线与显微镜光轴重合时，双刻线的影像将对称地跨在米字分划

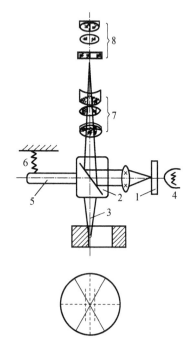

1-分划板；2-反射镜；3-测量杆；4-光源；
5-弹簧拉杆；6-弹簧；7-物镜组；8-目镜

图 5-8 光学灵敏杠杆原理图

板的中央竖线上，若测头中心偏离光轴，则双刻线的影像将随之偏离视场中心。6 为产生测力的弹簧，测力的方向(使测杆向左或向右)可通过外边的调整帽来改变。

测量时，将测杆深入被测孔内，通过横向(或纵向)移动，找到最大直径的返回点处，并从目镜 8 中使双刻线组对称地跨在米字线中间虚线的两旁，此时进行第一次读数 n_1，旋转调整帽，调整测力弹簧 6 的方向(由测力方向箭头标记)，使测量头与被测工件的另一测点接触，双刻线瞄准后读出第二个读数 n_2，则被测孔的直径为

$$D=|n_2-n_1|+d$$

式中，d 为测量头直径，其数值在测量杆上有标示。

用光学灵敏杠杆测量孔径，其测量误差约为 ±0.002mm。测量时要注意尽可能保证被测工件的轴线与测量方向垂直，并在三个截面、两个相互垂直的方向作六次测量，以提高测量精度。

5.2.3　用卧式测长仪测量

内孔的测量，由于测量器具的结构尺寸和活动空间受到一定的限制，给测量中的调整与对准带来许多不便。因此，对中等尺寸的孔和轴，即使相同的公差等级，孔的测量比轴的测量困难，特别是深孔、盲孔、小孔等，难度更大。

一般精度的孔径，常用量规或万能量具进行检验。对较高精度的孔径测量，除了可在工具显微镜上用灵敏杠杆和在万能测长仪上用电眼装置进行测量，还有一种使用卧式测长仪的测量方法。

卧式测长仪的读数装置用的是阿贝测量头，它可测量内、外尺寸，既可以测量光滑孔、轴，也可测量内、外螺纹，因其配备较多的测量附件，所以又称为万能测长仪。其结构如图 5-9 所示。

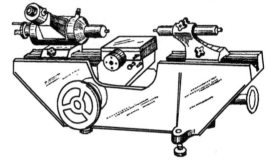

图 5-9　卧式测长仪

卧式测长仪的分度值为 0.001mm，刻度范围 0～100mm，可作 0～100mm 外尺寸的绝对测量。外尺寸比较测量时，不用顶针架时 0～500mm，用顶针架时 0～180mm。用单钩绝对测量内尺寸可测 0～20mm，用双钩作比较测量可测范围 10～200mm，测量力 1.5～2.5N，示值稳定性 0.4μm。其测量不确定度，对于外尺寸测量

$$\pm\left(1.5+\frac{L}{100}\right)\mu m$$

对于内尺寸测量

$$\pm\left(2.0+\frac{L}{100}\right)\mu m$$

式中，L 为被测长度或直径，mm。

在实际中，若利用与被测孔径相同的高精度的标准环规作比较测量，可使测量误差控制在 0.001mm 左右。

1. 利用电眼闪耀装置以单钩测量孔径

利用电眼装置可测量 1～20mm 的孔径、小槽宽度、小尺寸的卡板之类的零件。如图 5-10 所示，首先把被测孔工件 1 安放在仪器工作台 2 上，旋转工作台上的测微鼓轮可使工件前后

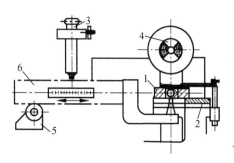

图 5-10 单钩测量内孔

左右移动,利用电眼指示器,以切弦的方法或找内孔最大直径点的方法,使测量头处于被测孔的直径位置上,然后粗调、微调测量臂 6,使安装在臂上的测量头先在被测孔的一侧接触(实际上不接触,当间隙很小时由于电容放电原理,电眼即有显示),记下第 1 次读数,然后在另一侧接触,记取第 2 次读数,如两次读数之差为 A,则被测孔的直径为

$$D=A+d$$

式中,d 为测量头的工作尺寸。

测量头工作尺寸可直接用测量杆上标刻的尺寸,但由于当测量头并未与孔壁接触(存在一定间隙)时,电眼就发出闪耀指示,所以用测量杆上标注的尺寸作计算存在一定的误差。精密测量时可以采用比较法,用已知尺寸的标准精密环规进行一次测量,求出测量头的实际测得尺寸,以它作为上述计算式中的工作尺寸 d,则其中已包含了放电间隙。

电眼发生闪耀时测量头与被测件间的接触间隙一般为 0.7～1.1μm,与测头直径、被测孔径以及仪器电压的大小、电压的稳定性都有关。通常仪器出厂时,在测量头上标刻的尺寸已适当考虑了修正。

2. 用双测量钩测量孔径

卧式测长仪附有两对内尺寸测量钩,小测量钩可测 10～100mm 的孔径,深度为 15mm,大测量钩能测 50～150mm 的孔径,深度至 50mm。

使用双测量钩测量孔径属于比较测量(图 5-11),只要用一个标准环规调好零位后,就可对被测零件内孔进行比较测量,读得与认定零位的偏离值 A,则被测直径为

$$D=D_1+A$$

式中,D_1 为标准环规的实际直径。

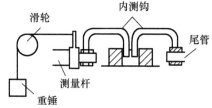

图 5-11 双测量钩测量内孔

5.3 形状和位置误差的测量

5.3.1 形状与位置误差检测原则

我国国家标准规定的形状与位置公差项目共有 14 种,评定时要对应测出其误差,不同的误差项目需要采用不同的测量方法,而且在同一项目中,由于零件的精度要求不同,或是功能要求、形状结构、尺寸大小以及生产批量的不同,要求采用的测量方法和测量仪器也不同,所以,形状与位置误差的测量方法是很多的。若按检测原则来分,则可归纳为五种测量原则:与理想要素比较原则、测量坐标值原则、测量特征参数原则、测量跳动原则、控制实效边界原则。

第一种检测原则是:与理想要素相比较的检测原则。基于此原则的测量首先要得到理想要素,实际中常用实物体现出来。若想得到理想直线,可用刀口尺、平尺、光束、水平线、精密平台、导轨、拉紧的钢丝等实际直线来体现;如果想要得到理想平面,常用平晶、水平面、扫描光束、精密平台、复合运动的轨迹等来体现;如果想要得到理想圆,常用仪器精密

轴系的回转轨迹、绕指定直线回转的运动轨迹、精密样件的回转表面等来体现；如果想要的理想要素为圆柱面，常用既绕精密轴系回转又沿轴向移动的运动轨迹来体现；非圆曲线或曲面，常用标准样板或按理论正确尺寸确定的点的轨迹来体现；如理想要素为点、轴线、中心线、中心平面等，则采用其相关的外轮廓间接方法体现。

有的检测需要用到基准，且应是理想基准要素。然而实际基准是经过加工制造得到的，存在着形状误差。在实际检测中，要由实际基准要素求得理想基准要素，或通过模拟体现获得理想基准要素。按形状与位置误差评定的有关规定，由实际基准要素建立、体现理想基准要素，要遵守最小条件。例如，以包容实际基准线且距离为最小的两平行直线之一作为理想基准线；以包容实际基准面且距离为最小的两平行平面之一作为理想基准面；以包容实际基准轴线且直径为最小的圆柱轴线为理想基准轴线。

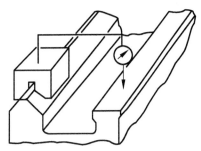

图 5-12　直接基准

实际检测中，基准要素可用模拟法、直接法、分析法和目标法得到。

(1)模拟法：通常采用具有足够精确形状的表面来体现基准平面、基准轴线、基准点等。如与基准面紧贴的测量平板；刚好与基准孔相配的心轴等。

(2)直接法：当实际基准要素具有足够的形状精度时，可将实际基准直接作为理想基准进行检测(图 5-12)。

(3)分析法：对实际基准要素进行测量，取得数据后用图解或计算法按最小条件确定基准要素，如图 5-13 所示。

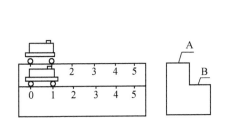
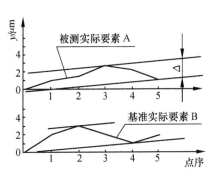

图 5-13　分析法求基准

(4)目标法：由基准目标建立基准，点目标用球端支承体现，线目标用刃口支承或圆棒素线体现，面目标可用具有相应大小的平面支承体现。通过支承得到基准线、基准面，用于位置误差的检测。

5.3.2　直线度误差的测量

直线度误差的测量方法分为线差法和角差法两大类。

线差法的实质是：用模拟法建立理想直线，然后把被测实际线与它作比较，测得实际线各点的偏差值，最后通过数据处理求出直线度误差值。

理想直线可用实物、光线或水平面来体现。实物有刀口尺、标准平尺、拉紧的钢丝、光学平晶等。

1. 干涉法

对于小尺寸精密表面的直线度误差，可用干涉法测量。光学平晶工作面的平面度精度很高，其工作面可作为一理想平面，在给定方向上则体现一条理想直线。测量时，把平晶置于被测表面上，在单色光的照射下，两者之间形成等厚干涉条纹(图 5-14)，然后读出干涉条纹的弯曲度 a 及相邻两条纹的间距 b 值，被测表面的直线度误差为 $\frac{a}{b} \times \frac{\lambda}{2}$($\lambda$ 为光波波长)。表面凹凸的判别方法是以平晶与被测表面的接触线为准，条纹向外弯，表面是凸的，反之，则表面是凹的。

对于较长的研磨表面，如研磨平尺，当没有长平晶时，也可采用圆形平晶进行分段测量，即所谓 3 点连环干涉法测量，如图 5-15 所示。若被测平尺长度为 200mm，则可选用 Φ100mm 的平晶 1，将平尺 2 分成 4 段进行测量，每次测量以两端点连线为准，测出中间的偏差。测完一次，平晶向前移动 50mm(等于平晶的半径)。图中所示被测平尺只需测量 3 次即可。然后通过数据处理，得出平尺的直线度误差。

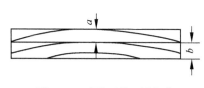

图 5-14　平晶下的干涉条纹

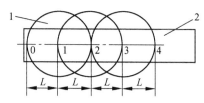

图 5-15　分段测量

2. 光轴法

该法是以测微准直望远镜或自准直仪所发出的光线为测量基线(即理想直线)，测出被测直线相对于该理想直线的偏差量，再经数据处理求出被测线的直线度误差。

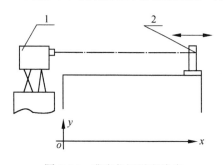

图 5-16　准直仪测量直线度

该法适用于大、中型工件及孔和轴的轴线的直线度误差测量。

测量方法如图 5-16 所示，图中 1 为准直仪。

(1)将被测线两端点连线调整到与光轴测量基线大致平行；

(2)若被测线为平面线，则 x_1 代表被测线长度方向的坐标值，y_1 为被测线相对于测量基线的偏差值。沿被测线移动瞄准靶 2，同时记录各点示值 $y_1(i=1, 2, \cdots, 3)$。再经数据处理求出直线度误差值。

3. 角差测量法

用自然水平面或一束光线作为测量基准，测量过程将被测表面分为若干段，每段长度为 l，用小角度测量仪器采用节距法，逐段地测出每段前后两点连线与测量基准(水平面或光线)之间的微小夹角 $\theta_i(i=1, 2, \cdots, n)$，然后经过数据处理，求出直线度误差值。这种测量法属于角差测量法，常用的小角度测量仪器有水平仪和准直仪，其中水平仪又有框式水平仪、合像水平仪、电子水平仪等几种，测得的读数都是被测直线与水平线的角度差。准直仪的读数则是被测直线与准直仪发出的一束光线的夹角。

机床、仪器导轨或其他窄而长的平面，常要控制其直线度误差，由于被测表面存在着直线度误差，把水平仪置于不同的被测部位上时，其倾斜角度就发生相应的变化。如果节距(相邻两测点的距离)一经确定,这个变化的微小倾角与被测相邻两点的高低差就有了确切的对应关系。通过逐个节距的测量,得出变化的角度,通过作图、计算,即可求出被测表面的直线度误差值。由于合像水平仪调节、读数方便,测量准确度高,测量范围大($\pm10mm/m$),测量效率高,故在检测工作中得到了广泛的采用。

现以合像水平仪为例介绍这一直线度误差的测量方法。

合像水平仪外形如图 5-17 所示,用它采用节距法测量可按图 5-18 所示进行,图中 2 为合像水平仪,它由底板和壳体组成外壳基体,其内部则由杠杆、水准器 3、棱镜、调节系统(测微旋钮)以及观察透镜所组成。使用时将合像水平仪放于桥板 1 上相对不动,再将桥板放于被测表面 4 上。如果被测表面无直线度误差,并与自然水平面基准平行,此时水准器的气泡则位于两棱镜的中间位置,气泡边缘通过合像棱镜所产生的影像,在观察透镜中将出现如图 5-19(a)所示的情况。但在实际测量中,由于被测表面安放位置不理想或被测表面本身不直,导致气泡移动,观察窗所见到的情况将如图 5-19(b)所示,即左右两圆弧错位。此时可转动测微旋钮,使水准器转动一角度,从而使气泡返回棱

图 5-17　合像水平仪

镜组的中央位置,则图中两影像的错移量Δ消失而恢复成一个光滑的半圆头,如图 5-19(a)。此时便可从水平仪的测微旋钮的刻度盘上读得其数值。

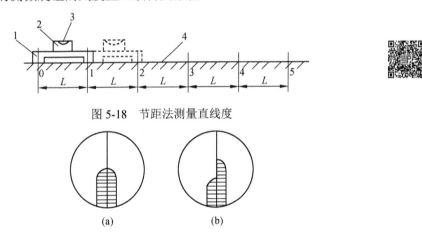

图 5-18　节距法测量直线度

图 5-19　合像水平仪观察窗

整个直线度测量的操作步骤如下。

(1)量出被测表面总长,确定相邻两测点之间的距离(节距 L),按节距调整桥板的两支承腿中心点的距离。

(2)将合像水平仪放于桥板上,然后将桥板依次放在各节距的位置,每放一个节距后,要旋转测微旋钮,使观察透镜中出现如图 5-19(a)所示的情况,此时即可进行读数。先在水平仪一端侧面的读数窗处读出百位的数字,它是反映测微旋钮的旋转圈数。水平仪测微旋钮上标有"+、-"旋转方向,旋转一圈为 100 格读数,它是水平仪总读数的十位数以下的读数。如此顺测(从首点至终点)、逆测(由终点至首点)各一次,逆测时桥板及水平仪不能调头,各测点两次读数的平均值作为该点的测量数据。必须注意,如某测点两次读数相差较大,说明

测量情况不正常,应检查原因并加以消除后重测。

(3)为了作图的方便,最好将各测点计得的较大数字的平均值同减一个相同的数而得到一个小数字的相对差值,这一过程不会改变测量结果。

(4)根据各测点的相对差,在坐标纸上取点,画出各段的倾斜情况。由于每一段有前后两点,测量读数时是把前一个点作为零,读得后一个点的高度差,故作图时不要漏掉首点(零点),同时后一测点的坐标位置是以前一点为基准,根据相邻差值取点的。然后连接各点,得出误差折线,如图 5-20 所示。图示为分七段测量情况,测得的读数(已简化)为:$+1$;$+2$;$+1$;0;-1;-1;$+1$。

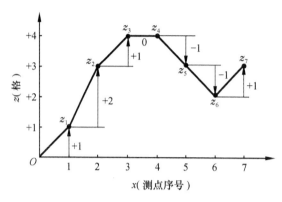

图 5-20　数据作图

为了作图方便,可以先把各点的相对差值与前面一些点的相对差值累加,得到的是以 X 轴为零点的本测点的绝对高度,即 Y 坐标值,其为:$+1$;$+3$;$+4$;$+4$;$+3$;$+2$;$+3$。作图时则不必以前一点作基础,而是直接按坐标值描点。

测微旋钮旋转量可由刻度盘读出其数值。它以"格"为单位,它代表一个比值,表示如图 5-21 的关系,即读得 1 格读数时,被测直线与水平线成一夹角 θ,若仪器所写的分度值为 1 格 $=0.02$mm/m,则夹角大小是 $4''$,即在 1m 远处的高度为 0.02mm。但是,在同样的倾斜时,被测点处的高度并不等于 0.02mm。因为,被测量的一段只有桥板的跨距那样长,末点的高度应由前后两点的距离决定,这样,"1 格"倾斜导致水准器的转角 θ,引起的后测点比前测点高则为

$$h=\frac{0.02}{1000}\times L \text{ mm}=0.02L(\mu\text{m})$$

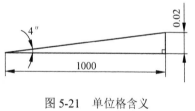

图 5-21　单位格含义

式中,$\dfrac{0.02}{1000}$ 为合像水平仪的分度值,mm/m;L 为桥板节距,mm。

例 5-1　用合像水平仪测量一长 1.6m 的窄平面的直线度误差,仪器的分度值为 0.01mm/m,选用的桥板节距 $L=200$mm,则分为 8 段,共 9 个测点,8 段测量的 8 个读数记录如表 5-1 所示。试评定该平面的直线度误差。

表 5-1　测得的读数值

测量点序号	0	1	2	3	4	5	6	7	8
仪器读数(顺测)	—	298	295	300	301	302	305	299	296
仪器读数(逆测)	—	296	291	298	299	300	305	297	296

按上述直线度误差检测处理过程。

第(2)、(3)步计算平均值和简化数据得到表 5-2 数值。其中，a 值可取任意数，但要有利于相对差数字的简化，本例取 $a=298$ 格。

表 5-2　数据初处理

测量点序号	0	1	2	3	4	5	6	7	8
两次读数平均(格)	—	297	293	299	300	301	305	298	296
简化后的相对差 $\Delta a_i=a_i-a$(格)	0	−1	−5	+1	+2	+3	+7	0	−2
累积值 $\sum \Delta a_i$(格)	0	−1	−6	−5	−3	0	+7	+7	+5

按第(4)步直接按累积值作图，得到如图 5-22 所示折线图。它反映实际曲线的弯曲趋向，实际的直线度误差要根据坐标值，按评定方法计算求得。

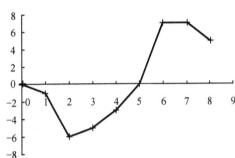

图 5-22　数据的坐标图表示

5.3.3　直线度误差的评定

有了整理后的测量数据，画出误差折线图，即可按一定方法进行直线度误差的评定。按国家标准规定必须采用符合最小条件的评定方法，即最小包容区域法。实践中，为计算方便也有采用两端点连线法和最小二乘法的，但这两种方法不符合最小条件，评定出的直线度误差值会大于实际值，使用者可以得到更高的保证，但制造方会造成损失，故除非制造方愿意，否则不能采用。这些方法分别介绍如下。

1. 按最小包容区域法的人工处理

用两条平行直线包容误差折线，其中一条直线必须与误差折线两个最高(最低)点相切，在两切点之间，应有一个最低(最高)点与另一条平行直线相切。这两条平行直线之间的区域才是最小包容区域。从平行于纵坐标方向画出这两条平行直线间的距离，此距离就是被测表面的直线度误差值 f(格)。

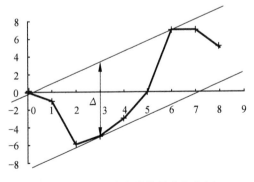

图 5-23　平面内直线的最小包容区

按例 5-1 所得的折线图如图 5-22，取最小包容区如图 5-23 所示。包容区为两平行直线所夹区域，其中一根线过零点和第 6 个数值点两个点(高点)，另一根线仅通过第 3 个数值点一个点(低点)，且这个低点位于 0 与 6 点之间。

本来两平行线之间的宽度应该是指它们间的垂直距离，但是，由于图中折线是歪曲了的实际曲线，其 X 轴缩小了很多倍，Y 轴则放大了很多倍，而只有坐标的数字不会改变，因此，包容区的宽度应该是两平行线的 Y 坐标距离，即图 5-23 中的 Δ 值。

按下式计算包容区的宽度，得到以"格"为单位的直线度误差值：

$$f=\Delta=\left| (y_{P2}-y_V) - \frac{n_{P2}-n_V}{n_{P2}-n_{P1}} (y_{P2}-y_{P1}) \right|$$

式中，y_{P1}、y_{P2}、y_V分别为两峰(高)点和一谷(低)点的纵坐标值；n_{P1}、n_{P2}、n_V分别为两峰(高)点和一谷(低)点的横坐标值(即测点序号)。代入例5-1的数值

$$f=\Delta=\left|[7-(-5)]-\frac{6-3}{6-0}(7-0)\right|=8.5(格)$$

最后，还要进行单位换算，将误差值f(格)按下式折算成线性值f(μm)，即

$$f=(0.01\text{mm/m})Lf(\text{mm})=0.01\times200\times8.5=17(\mu\text{m})$$

对于弯曲趋向与图5-23不同的情形，计算公式稍有不同，像图5-24的包容区，其Y坐标

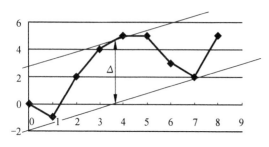

图5-24 最小包容区域法误差评定

方向的宽度计算用公式表示为

$$f=\Delta=\left|(y_P-y_{V2})+\frac{n_{V2}-n_P}{n_{V2}-n_{V1}}(y_{V2}-y_{V1})\right|$$

式中，y_P、y_{V1}、y_{V2}为一峰(高)点和两谷(低)点的纵坐标值；n_P、n_{V1}、n_{V2}为一峰(高)点和两谷(低)点的横坐标值(即测点序号)。

上述处理方法，是利用人工寻找到最小包容区，并找到相关的点后，才套用公式求得直线度误差值。由于实际中折线的弯曲趋向是多种多样的，人工寻找到的包容区是否符合最小条件，要进行必要的判别。

要使包容实际轮廓线的两平行直线中的纵向距离为最小，在作包容时两平行直线之间的距离要由大到小作变化，同时，其倾斜的方向也要不断地变化，直到不能再缩小和摆动，且实际的折线绝对没有跑出包容区外的点。最后用下列判别准则判别是否符合最小条件。

符合最小条件的包容区，其两平行线与折线的接触点有如下两种情形：

(1)低-高-低相间接触(图5-25(a))，即下包容线与折线的两个最低点相切；上包容线与折线的最高点相切；且最高点横坐标在两个最低点之间。

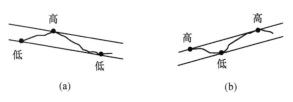

图5-25 最小包容区判别准则

(2)高-低-高相间接触(图5-25(b))，即上包容线与折线的两个最高点相切；下包容线与折线的最低点相切；且最低点横坐标在两个最高点之间。

2. 按最小包容区域法的计算机处理

若利用计算机直接进行直线度误差的数据处理，由于要计算机寻找最小包容区域和进行最小包容区的判断，算法较为复杂。但只要按严密、正确的算法预先编制好了处理程序，将可以一劳永逸。以下介绍其计算方法。

1)计算机近似评定法——逐步逼近法

随着计算技术的发展，按最小条件评定直线度误差的计算机算法得到了飞速的发展，在其发展进程中，以前提出的方法多数是一些近似的方法。

计算机近似评定法实质并未找出最小包容区域，而只是使计算结果尽可能接近按最小条件评定的结果。近似评定的方法有很多，这里只介绍近似评定法中的逐步逼近法的基本原理。

逐步逼近法是一般优化计算中常用的方法。通常以允许的评定误差作为优化目标，通过改变某些参数进行尝试，经反复运算比较，最终得到接近所要结果的值。采用逐步逼近的方法来求得直线度误差值，其评定过程，主要有两个步骤，即选定初值和搜索逼近。

(1)选定初值，在逼近法中，初值选定是关键一环，直接影响运算速度和处理的顺利进行，通常希望所选定的初值应尽可能接近真值(理想值)，为此，首先根据最小二乘原理，求得各测得点偏差值的一元线性回归方程 $y=kx+b$，并求得以最小二乘直线为评定基线的直线度误差 f_s。一般来说，此时求得的 f_s 值与按最小条件法求得的直线度误差值 f 比较接近。因此，便可以用此时求得的 f_s 值作为逐步逼近法的初值。

(2)搜索逼近，初值 f_s 选定后，进行搜索逼近，在直线度误差评定中，目前普遍采用的方法是改变一元线性回归方程中斜率 k 以进行搜索逼近。为此确定搜索步长 Δk，并判别搜索方向，设直线方程斜率向某一方向改变一个步长 Δk，求得以此新的直线为评定基线的直线度误差值为 $f_{\Delta k}$。若 $f_{\Delta k}>f_s$，表明此时搜索方向有误，说明直线方程斜率应向反方向改变，即步长 Δk 应改变符号；若 $f_{\Delta k}<f_s$，则表明搜索方向正确，Δk 应沿此方向继续一步步变化，这样，求得一系列当斜率改变后的直线度误差值 $f_{\Delta k1}, f_{\Delta k2}, f_{\Delta k3}, \cdots, f_{\Delta ki}$，并满足：$f_{\Delta k1}>f_{\Delta k2}>f_{\Delta k3}>\cdots>f_{\Delta ki}$，直到 $f_{\Delta ki}$ 达到某个 f_m 值，之后，若再变化一个步长 Δk，直线度误差值变得大于 f_m，此时便停止搜索。

由上可见，逐步逼近法最终存在的误差大小与选择的步长大小有关，步长越小，则搜索逼近后残留的误差越小，但此时搜索的时间则增长。为了解决评定精度与搜索时间之间的矛盾，可以采用变步长的方法，即先以较大的步长进行搜索，到较接近后，再改用较小的步长进一步搜索逼近，以减小残留误差。

总之，逐步逼近法是具有原理误差的近似方法，最终逼近求得的直线度误差值与按最小条件法求得的直线度误差值间总存在一定的偏差。因此，用逐步逼近法评定直线度误差是不符合最小条件的，但是，当步长 Δk 足够小，计算所得的直线度误差存在的偏差已小到可以忽略不计的程度，即计算结果已达到足够精确的程度，则此方法完全可以作为最小区域法使用。当今，计算机应用已经很普及，普通的计算机运算速度已很高，逐步逼近法可适用于直线度的自动检测及数据处理，当连续采样，采集的数据较多时，虽然计算量大，但算法较为简单，只要计算机速度能胜任便是一个较好的方法。

2)计算机精确算法

下面介绍一种可行的直线度误差的计算机精确算法。所谓精确算法是指真正意义上符合最小条件，无原理误差，计算结果具唯一性的最小包容区域评定方法。

它是基于构造包容线的方法，其算法和步骤如下。

(1)求最小二乘直线。根据各测得点偏差值 (x_i, y_i) 计算实际误差线的最小二乘直线 $y=kx+b$，其中 y_i 为各测得点相对于 x 轴线的偏差值，$i=1, 2, \cdots, n$，n 为测得点数。

(2)确定高点和低点。以最小二乘直线为基线，将各测点分为高点和低点，在基线及其上方的点定为高点，以 P_i 表示($i=l, 2, \cdots, m_1$，m_1 为高点数目)；在基线下方的点定为低点，以 V_i 表示($i=l, 2, \cdots, m_2$，m_2 为低点数目)。

(3)构造包容线 L_1 和 L_2。首先任选两高点 P_i 和 P_j 作直线 $L_{1(i, j)}$，其中 $i \neq j$，且 i、$j<m_1$，如果 $L_{1(i, j)}$ 上方无测得点，则确定其为一条上包容线，并过与 $L_{1(i, j)}$ 相距最远的一个测得点，作与 $L_{1(i, j)}$ 平行的线 $L_{2(i, j)}$ 作为相应的一条下包容线。这样，每次任选两个高点确定所有符合上述条件的上、下包容线，并计算出它们各自包容线之间的距离 $h_{1(i, j)}$。

同样方法，任选两低点 V_i 和 V_j 作直线 $L_{2(i, j)}$ 其中 $i \neq j$，且 i、$j<m_2$，如果其下方无测得点，

则确定其为一条下包容线，并过与 $L_{2(i,j)}$ 相距最远的一个测得点，作与 $L_{2(i,j)}$ 平行的直线 $L_{1(i,j)}$ 作为相应的一条上包容线。同样，每次任选两个低点确定所有符合上述条件的下、上包容线，并计算出它们各自的包容线之间的距离 $h_{2(i,j)}$。

（4）计算符合最小条件的直线度误差值。上面计算出的所有 $h_{1(i,j)}$ 和 $h_{2(i,j)}$ 中的最小值，即是符合最小条件的直线度误差值。

3. 其他近似计算方法

1) 两端点连线法

当画出误差折线图后，以首尾两点的连线作为评定直线度误差的基线，如图 5-26 所示，根据图中三种可能出现的情形，求出相关点到首尾两点连线的纵坐标距离。然后，求得被测对象的直线度误差值 f。

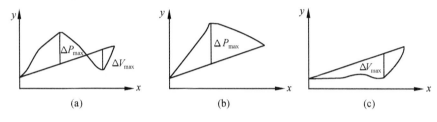

$$（a）\qquad\qquad（b）\qquad\qquad（c）$$

图 5-26　两端点连线法

当测量数据分布于评定基线的两侧，即如图 5-26（a）所示情形时，按下式求得 f 为

$$f = \Delta P_{\max} + \Delta V_{\max}$$

式中，$\Delta P_{\max}$ 为位于评定基线上方且离基线最远的点至该基线的纵坐标距离；$\Delta V_{\max}$ 为位于评定基线下方距基线最远的点至该基线的纵坐标距离（绝对值）。

当各测得点偏差值对两端点连线呈两侧分布时，则两端点连线法的评定结果大于最小包容区域法的结果。

当出现图 5-26（b）、（c）情形时，两端点的连线已经是最小包容区的其中一根包容线，可同样按上述公式计算，只是式中的其中一项为零而已，求出的直线度误差已经是最小包容区域法的结果。

按两端点连线法求直线度误差值，可用作图和手工计算的方法，也可用计算机，按一定的算法编程计算，方法较为简单，编程也不复杂，在此不再赘述。

2) 最小二乘法

最小二乘法是以各测得点偏差值的最小二乘直线为评定基线，其他则与两端点连线法一样，求得两测距评定基线最远的点至该基线的纵坐标距离 $\Delta P_{\max}$ 及 $\Delta V_{\max}$，然后以其绝对值之和为被测件的直线度误差值，即

$$f = \Delta P_{\max} + \Delta V_{\max}$$

这一方法由于手工计算不及两端点连线法简便，计算方法不符合国家标准的规定，计算结果比按最小包容区域法的结果偏大，故这一方法在实际中很少应用。

5.3.4　平面度误差的测量与评定

平面度误差的测量通常是先用某种测量方法测量出被测实际面的原始数据，然后进行数据处理以求得被测实际面的平面度误差。

1．平面度的测量

平面度的测量通常是通过实物(如精密平板、平晶、水平面等)建立一基准平面，然后被测实际平面与该基准平面相比较，以确定被测实际平面的平面度误差。

对于精密小平面(如量具的测量平面)的平面度误差可用光波干涉法测量。该方法是以平晶表面为基准平面，使它与被测平面接触，在单色平行光照射下，形成等厚干涉。调整平晶与被测表面间的相对位置，使之产生明显的干涉条纹，然后根据环形的干涉条纹数来评定平面度误差(图 5-27)。当条纹不是环形时，则根据条纹弯曲程度来评定平面度误差。

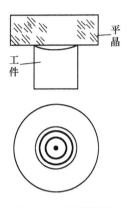

图 5-27　平晶法测量

若是平整平面，当平晶与被测表面之间有一微小斜角时，则会出现光波干涉，得到一组等间距的直干涉条纹，如图 5-28(a)所示，平整平面与平晶表面紧密贴合，则无干涉条纹，如图 5-28(b)所示。若平面有平面度误差，则会出现弯曲的干涉条纹，测量时，如果形成如图 5-29(a)的环形干涉条纹时，调整平晶与被测表面的相对位置使出现的干涉条纹条数 n 尽可能少，图 5-29(a)的条纹数 $n=2$。

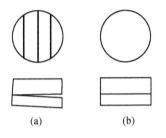

(a)　　　　　　　(b)

图 5-28　干涉原理

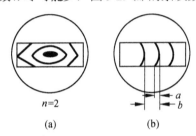

$n=2$

(a)　　　　　　　(b)

图 5-29　干涉条纹形状

光波干涉法平面度误差的评定比较简单，图 5-29(a)平面的平面度误差按 $\Delta=n\lambda/2$ 计算，它与光波波长 λ 有关，当以白光照明时，$\lambda=0.6\mu m$，它的平面度误差为 $\Delta=n\lambda/2=2\times0.3=0.6\mu m$。如果测量时形成如图 5-29(b)鳞状的干涉条纹，则要根据干涉条纹的弯曲程度与干涉条纹的间距的比例关系计算出平面度误差，其平面度误差 $\Delta=(a/b)\times(\lambda/2)\mu m$。

判别被测表面是凸或凹的方法是观察条纹的弯曲方向，平晶和被测面贴得较紧的一侧是接触点，如图 5-30 所示，假若干涉条纹往远离接触点的方向弯曲，则该被测表面是凸的，反之便是凹的。

大平面的平面度误差通常只是测量平面上有限点高度的差异来进行评定，例如，400mm×400mm 的平板可测 9 个点，大一些平面的可测 25 点或 49 点。大多数情况是把被测量表面划分成若干测量截面，以测量各截面的直线度为基础，通过数据处理得到平面度误差。因此，大平面的测量方法和测量仪器常与直线度测量相同，也常用水平面法，用水平仪进行测量。测量时，首先要把被测平面按一定的跨距确定行与列，布置测量点及测量线路。图 5-31 是测 9 点的方形网格布线，其中图 5-31(a)线路是不封闭的，检测 a_1a_3、b_1b_3、c_1c_3、a_1c_1 四个截面。图 5-31(b)线路是封闭的，除检测 a_1a_3、b_1b_3、c_1c_3、a_1c_1 四个截面外，还要检测 a_3c_3 截面，重复检定的点要求重合度要好，相差过大时要重新测量。

测量时，各截面用水平仪按节距法测出跨距前后两点的高度差。基准面建立在高度在被测表面某一角上点(如 a_1 点)的水平面上，把水平仪在各段上的读数值累加，可得各点对起始点(如 a_1 点)平面的高度差，通过基面旋转可求出被测平面的平面度误差。例如，用分度值 c 为 0.01mm/m 的合像水平仪测量 400mm×400 mm 平板时，按图 5-31(a)的测线、测点测得读数如图 5-32(a)所示。图 5-32(b)是按照水平仪的单位换算方法转换为长度单位得到的数值,它仍是各线段前后两点的高度差。图 5-32(c)是按 a_1 点为原点,数值累加后得到的数值,它是各测点对过 a_1 点的水平面的高度值,它才是反映平面实际形貌的测量结果。

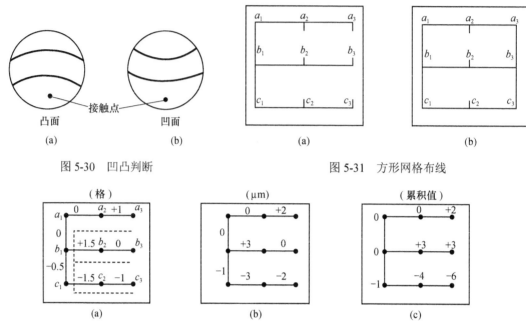

图 5-30　凹凸判断　　　　　　　　　　图 5-31　方形网格布线

图 5-32　测点读数及处理

平面度测量还有用标准平板、扫描的光线作为测量基准的。图 5-33 所示是标准平板打表法,测量时,将被测工件放置在尺寸足够大的标准平板上,用三个可调支承把工件支承在被测平面上,通过调整使被测面的两对角线与标准平板平面平行,然后以标准平板为基准平面用测微仪测出被测表面上各测量点的相对高度差,这时各测点的读数值无需再作累加便是各测点的偏差值,反映平面的实际形貌。图 5-34 所示是光线扫描法,光线扫描结果得到的是一个基准平面,只要能测得各测点对光线的高度差,数值便可反映实际形貌。

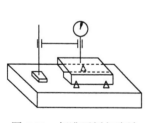

图 5-33　标准平板打表法

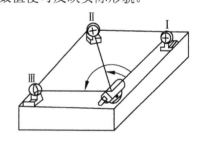

图 5-34　光线扫描法

2. 平面度误差的评定

通过上述各种测量方法测量获得被测平面的反映实际形貌的参数后,更重要的是要评定计算出其平面度误差的数值。误差的评定方法还是用最小包容区域法,只要通过运算得到最小包容区域的宽度(即两平行平面的距离)值,便是其平面度的误差。包容区何时才达到最小,是有判别准则的。实际数据处理往往是把反映实际形貌的参数作增量的加减,其实质是对实际表面作对某一轴线的旋转,使一些最高点或最低点等高。通过旋转若能得到如下三种情形之一,则已得到最小包容区域,评定得到的平面度误差符合国家标准规定的最小条件。

（1）得到三个等值最高点（或最低点）与一个最低点（或最高点），且最低（或最高）点投影位于三个最高（或最低）点组成的三角形之内，如图 5-35（a）所示，常称此为三角形准则。

（2）得到两个等值最高点与两个等值最低点，且两最高点投影位于两最低点连线的两侧，如图 5-35（b）所示，常称为交叉准则。

（3）得到两个等值最高点（或最低点）与一个最低点（或最高点），且最低（或最高）点的投影位于两最高（或最低）点的连线之上，如图 5-35（c）所示，常称直线准则。

此时，过最高点和最低点的两平行平面，它们之间的区域便是包容实际表面的最小包容区域，它们之间的距离便是该测平面的平面度误差，图 5-35（a）、（b）、（c）的平面度误差则分别为 21、8、15。

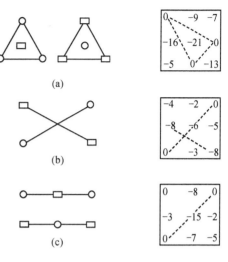

图 5-35　判别准则

平面旋转的方法如图 5-36 所示，通过第一次的坐标变换，平面绕一根对角线旋转，由图 5-36（a）变换到图 5-36（b）的数值（单位为μm），初步得到了两个−40 的等值最低点，若要得到第三个−40 的点，可以以两个−40 点的连线为轴线作第二次旋转，把原来−10 的点转至−40，其他点的数值按比例进行加减，得到图 5-36（c）的数值。最后可过三个−40 值的点（最低点）作平面则为包容区的下包容面，过 60 值的点作平行于下包容面的上包容平面，两包容面上的测点分布符合最小条件判别的三角形准则，故可判定这两平行平面之间的区域是包容被测实际表面的最小包容区域，它们之间的距离可直观地求得，故该被测平面的平面度误差为 100μm。

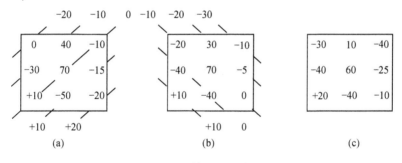

图 5-36　数据处理过程

随着计算机应用的普及，平面度的测量和评定已采用计算机来辅助，代替烦琐的人工数据处理，从而大大提高了效率。

按最小条件法用计算机进行数据处理，求平面度误差可用下列方法和步骤：先设定初始评定基面是对角线平面，即该平面通过一根对角线 M_1-M_2，并且平行于另一根对角线 M_3-M_4。已知四个角的坐标 $M_1(X_1, Y_1, Z_1)$、$M_2(X_2, Y_2, Z_2)$、$M_3(X_3, Y_3, Z_3)$、$M_4(X_4, Y_4, Z_4)$，这时该平面的方程为

$$\begin{vmatrix} X-X_1 & Y-Y_1 & Z-Z_1 \\ X_2-X_1 & Y_2-Y_1 & Z_2-Z_1 \\ X_4-X_3 & Y_4-Y_3 & Z_4-Z_3 \end{vmatrix} = 0$$

展开得

$$Z = aX + bY + c$$

式中，

$$a = \frac{\begin{vmatrix} Y_2 - Y_1 & Z_2 - Z_1 \\ Y_4 - Y_3 & Z_4 - Z_3 \end{vmatrix}}{\begin{vmatrix} X_2 - X_1 & Y_2 - Y_1 \\ X_4 - X_3 & Y_4 - Y_3 \end{vmatrix}}$$

$$b = \frac{\begin{vmatrix} X_2 - X_1 & Z_2 - Z_1 \\ X_4 - X_3 & Z_4 - Z_3 \end{vmatrix}}{\begin{vmatrix} X_2 - X_1 & Y_2 - Y_1 \\ X_4 - X_3 & Y_4 - Y_3 \end{vmatrix}}$$

$$c = \frac{X_1 \begin{vmatrix} Y_2 - Y_1 & Z_2 - Z_1 \\ Y_4 - Y_3 & Z_4 - Z_3 \end{vmatrix} - Y_1 \begin{vmatrix} X_2 - X_1 & Z_2 - Z_1 \\ X_4 - X_3 & Z_4 - Z_3 \end{vmatrix}}{\begin{vmatrix} X_2 - X_1 & Y_2 - Y_1 \\ X_4 - X_3 & Y_4 - Y_3 \end{vmatrix}}$$

计算平面度误差按如下步骤进行。

(1)计算系数 a、b、c，将 M_1、M_2、M_3、M_4 的实际坐标值代入求系数公式，求系数 a、b、c。

(2)计算被测平面上各点对初始评定基面的偏差 Δ_{ij}，设 Z'_{ij} 为被侧面 Z_{ij} 点在对角线平面上的投影点。

$$Z'_{ij} = ax_i + by_j + c$$

则 Z_{ij} 点对初始评定基面的偏差 Δ_{ij} 为

$$\Delta_{ij} = Z_{ij} - Z'_{ij} = Z_{ij} - (ax_i + by_j + c)$$

(3)Δ_{ij} 最大值 $\Delta_{\max}$ 与最小值 $\Delta_{\min}$ 之差为

$$f_i = \Delta_{\max} - \Delta_{\min}$$

(4)按一定优化方法改变 a、b 值，重复步骤(2)、(3)，计算 f_i。

(5)按步骤(4)得到一个 f_i，就比较一次，把小的 f_i 留下，直到无法找到比它小的值，这一最小值 f_i 即为被测平面的平面误差。

5.4 表面粗糙度测量

机械加工中表面微观形貌误差评价常用的参数是表面粗糙度。表面粗糙度评定的参数很多，其中最常用的是 Rz、Rc、Rt、Ra、Rq、R_{sm} 等，它们代表的意义如下。

Rz 为轮廓的最大高度：在一个取样长度内，被测轮廓的最高峰顶至最低谷底的高度值。

Rc 为轮廓单元的平均线高度：在一个取样长度内轮廓单元高度 Zt 的平均值。

Rt 为轮廓最大高度：在评定长度内，最大轮廓峰高和最大轮廓谷深之和。

Ra 为评定轮廓的算术平均偏差：在一个取样长度内轮廓所有纵坐标值 $Z(x)$ 绝对值的算术平均值。

Rq 为评定轮廓的均方根偏差：在一个取样长度内轮廓所有纵坐标值 $Z(x)$ 的均方根值。

R_{sm} 为轮廓单元的平均宽度：在一个取样长度内轮廓单元宽度 Xs 的平均值。

5.4.1　表面粗糙度的常用测量方法

　　表面粗糙度反映的是机械零件表面的微观几何形状误差。对它的评价有定性和定量两种，定性评定是将待测表面和已知表面粗糙度级别的标准样板相比较，通过直接目测或借助显微镜观察由人主观判别其级别，这叫粗糙度样板比较法。粗糙度标准样板一般要求尽可能用与工件相同的材料、加工方法及制造工艺制造，这样才便于比较以及减少误差。这一方法带有人的主观性，其判断的准确性较差，有争议时改用定量评定方法。定量评定是应用仪器测量评定的方法，通过数据处理得出待测表面的粗糙度参数值。目前，应用较广的表面粗糙度测量方法主要有光切法、干涉法和触针法等。

1. 光切法与光切显微镜

　　光切法是利用光切原理来测量表面粗糙度的方法。它是将一束平行光带以一定角度投射到被测表面上，光带与表面轮廓相交的曲线影像即是被测表面截面轮廓曲线的反映。其原理如图 5-37 所示，由光源发出的光线经狭缝后形成一束光带，此光带以 45° 方向射向被测表面，与被测表面相交。若零件表面轮廓为如图 5-37(a) 所示的阶梯面，则在反射方向

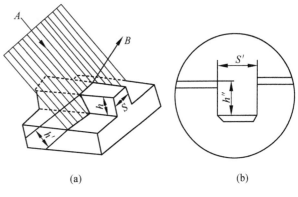

图 5-37　光切原理

上，通过显微镜就可以看到如图 5-37(b) 所示的图像。只要用测微读数装置测出 h'' 和 S' 的刻度值，就可以根据下列公式算出表面不平的实际高度 h 和实际横向距离 S 的实际值。

$$h = h'\cos45° = \frac{h''}{\beta}\cos45°$$

$$S = \frac{S'}{\beta}$$

式中，h''、S' 为读数值；β 为仪器所选物镜的放大倍数。

　　实现这种测量的仪器称为光切显微镜（又称双管显微镜），它是根据"光切原理"设计的。图 5-38 是它的外形图。这种显微镜有光源管和观察管，两管轴线互成 90°，光源管射出光带，以 45° 角的方向投射在工件表面上，形成一狭细光带，光带边缘的形状即为光束与工件表面相交的曲线，也就是工件在 45° 截面上的表面形状。通过观察管目镜，可见到图 5-39 所示的视场图，通过调节图 5-38 中的测量滚轮 15（即读数装置）。可移动视场中的十字分划线。图 5-39(a)、(b) 分别是十字分划线调至与峰、谷影像相切的情况，此时可在目镜测微鼓轮上读数，每次与一个峰、谷相切就可读一次数，把所测得的读数按评定参数的定义进行相应的运算，即可评定工件表面的粗糙度。

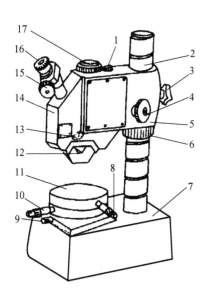

1-光源；2-立柱；3-锁紧螺钉；4-微调手轮；5-横臂；
6-升降螺母；7-底座；8-纵向千分尺；9-工作台固紧螺钉；
10-横向千分尺；11-工作台；12-物镜组；13-手柄；
14-壳体；15-测微鼓轮；16-目镜；17-照相机安装孔

图 5-38　光切显微镜

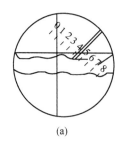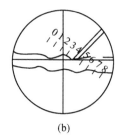

(a)　　　　　　　　　　　　(b)

图 5-39　视场图像

光切显微镜适用于测量 Rz、Rc 等参数，但只适于粗糙度参数 Rz 在 1～80μm 范围内表面的测量，另外也可用于规则表面，如车、铣、刨等加工表面的 s 和 sm 参数的测量。

为测量和计算方便，测微目镜中十字线的移动方向(即图 5-38 中的读数刻度方向)和被测量光带成 45° 斜角，故目镜测微器刻度套筒上的读数值(格数 H)与表面不平度影像高度方向的高度读数值(格数 h'')的关系为

$$h'' = H\cos45°$$

实际形貌高度

$$h = \frac{h''}{N}\cos45° = \frac{H}{N}\cos^2 45° = \frac{H}{2N}$$

令

$$C = \frac{1}{2N}$$

则

$$h = C \times H$$

式中，C 便是仪器读数鼓轮刻度的分度值，它由仪器说明书给定，与仪器选装的物镜放大倍数有关，可查技术参数表得到。

光切显微镜的技术参数列于表 5-3。

表 5-3　光切显微镜的技术参数

物镜放大倍数 N	总放大倍数	系数 C/(mm/格)	视场直径/mm	物镜工作距离/mm	测量范围 Rz/μm
7×	60×	1.28	2.5	17.8	10～80
14×	120×	0.63	1.3	6.8	3.2～10
30×	260×	0.29	0.6	1.6	1.6～6.3
60×	520×	0.16	0.3	0.65	0.8～3.2

注：目镜上测微器分度值 C 的校正。

由前述可知，目镜测微器套筒上每一格刻度间距所代表的实际表面不平度高度的数值(分度值)与物镜放大倍率有关。由于仪器生产过程中的加工和装配误差，以及仪器使用过程中可能产生的误差，会使物镜的实际倍率与表 5-3 所列的公称值之间有某些差异。因此，仪器在投入使用前以及经过较长时间的使用后，或者在调修重新安装之后，需要用玻璃标准刻度尺来确定分度值 C，即确定每一格刻度间距所代表的不平度高度的实际数值。确定方法如下。

(1)将玻璃标准刻度尺置于工作台上，调节显微镜的焦距，并移动标准刻度尺，使在目镜视场内能看到清晰的刻度尺刻线。

(2)松开目镜锁紧螺钉，转动目镜测微器，使十字线交点移动方向与刻度尺影像平行，然后固紧目镜锁紧螺钉。

(3)按表 5-4 选定标准刻度尺刻线格数 Z，将十字线交点移至与某条刻线重合，在目镜测微

器上读出第一次读数 n_1，然后，将十字线交点移动 Z 格，读出第二次读数 n_2，两次读数差为

$$A=|n_2-n_1|$$

表 5-4 物镜标称倍率与标准刻度尺的对应关系

物镜标称倍率 N	7×	14×	30×	60×
标准刻度尺刻线格数 Z	100	50	30	20

(4)计算测微鼓轮刻度套筒上一格刻度间距所代表的实际被测值(即分度值)

$$C=TZ/2A$$

式中，T 为标准刻度尺的刻度间距(10μm)。

2. 干涉法及干涉显微镜

干涉法是指利用光学干涉原理来测量表面粗糙度的一种方法。

干涉显微镜是根据光学干涉原理设计的，图 5-40 为其光学系统示意图，图中可见由光源 1 发出的光线经聚光镜 2、反射镜 3 投射到孔径光阑 4 的平面上，照亮位于照明物镜 6 前的视场光阑 5，光线通过透镜 6 后成平行光线，射向半透半反射的分光镜 7 后分成两束；一束反射光线经滤光片、再通过物镜组 8 射到基准平面反射镜 P_1，被 P_1 反射到分光镜 7，光线通过 7 射向目镜 14；从分光镜透射的另一束光线通过补偿镜 9、物镜 10 射向工件表面 P_2，反射回的光线最后也射向目镜 14。由于两路光线有光程差，相遇时产生干涉现象，在目镜分划板 13 上产生明暗相间的干涉条纹。若被测表面粗糙不平，干涉条纹即成弯曲形状如图 5-41。由测微目镜可读出相邻两干涉带距离 a 及干涉带弯曲高度 b。由于光程差每增加半个波长，即形成一条干涉带，故被测表面微观不平度的实际高度为

$$H=\frac{b}{a}\times\frac{\lambda}{2}$$

式中，λ 为光波波长。

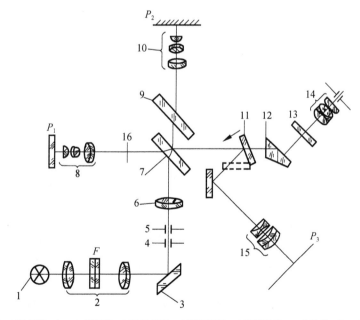

1-光源；2-聚光镜；3、11-反射镜；4-孔径光阑；5-视场光阑；6-照明物镜；7-分光镜；8、10-物镜；
9-补偿镜；12-转向棱镜；13-分划板；14-目镜；15-照相物镜；16-滤光片

图 5-40 光路系统

图 5-41　干涉条纹

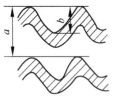

在取样长度内，测算 5 个最大的 H 并加以平均即得出 Rz 值，也可以测量评定 Ry 值。

干涉显微镜一般用于测量表面粗糙度参数较小的光亮表面，即粗糙度参数 Rz 值在 $0.025\sim0.8\mu m$ 的表面。

3. 针描法

1)针描法的测量原理

针描法又称触针法，它是一种接触式测量方法，是利用仪器的测针与被测表面相接触，并使测针沿其表面轻轻划过，感触到表面的实际形貌，通过数据采集处理得到测量表面粗糙度参数的一种测量法。

如图 5-42 所示是针描法的测量原理图，它是将一个很尖的触针(半径可以做到微米量级的金刚石针尖)垂直安置在被测表面上作横向移动，由于工作表面粗糙不平，因而触针将随着被测表面轮廓形状作垂直起伏运动。将这种微小位移通过电路转换成电信号并加以放大和运算处理，即可得到工件表面粗糙度参数值。也可通过记录器描绘出表面轮廓图形，再进行数据处理，进而得出表面粗糙度参数值。这类仪器垂直方向的分辨率最高可达到几纳米。

这种测量方法所测出的表面轮廓是否有失真，是否能测到表面轮廓的微细的变化，与触针的曲率半径有关，也与测量力有关。触针的曲率半径直接限制了仪器所能检测的表面粗糙度的最小参数。

1-被测工件；2-触针；3-传感器；4-驱动箱；
5-测微放大器；6-信号分离及运算；7-指示表；8-记录器

图 5-42　针描法测量原理

2)电动轮廓仪

电动轮廓仪的工作原理采用的是触针法原理。传感器与驱动箱连接后可通过铰链自由下垂，装入传感器前端的滑块使传感器支承在被测工件表面上。当驱动箱带动传感器沿被测表面以某一恒定的速度滑行时，传感器的触针就随着工件表面微观不平度而上下运动。这时触针的运动由传感器转换成电信号，经测微放大电路放大，该信号输入到记录器后绘出被测表面轮廓曲线放大图形，或者把该信号通过适当的分离和运算电路后，由显示器显示出某种表征参数，如 Rz、Rc、Rt、Ra、Rq、R_{sm} 等。

与光学机械式表面粗糙度测量仪器相比，电动轮廓仪主要特点是：显示直观；能测量多种形状的工件表面，如轴、孔件、锥体、球体、沟槽等；测量时间短，获得参数快；操作方便，便携式的电动轮廓仪能适用于现场测量；带有记录器的台式电动轮廓仪，还可以描绘出实际的表面轮廓曲线；带有微处理机的电动轮廓仪，更可以通过屏幕显示被测表面的外貌图形。由于上述特点，电动式轮廓仪广泛应用在工业生产、科学研究等领域。但由于电动轮廓仪均是接触式的测量方式，所以对质地较软工件的被测部位有可能引起不同程度的划伤。轮廓仪触针针尖曲率半径的限制，使得仪器的测量范围一般为 Ra 值在 $0.02\sim50\mu m$ 范围内。

电动轮廓仪按结构形式可分为台式和便携式。不同型号的台式电动轮廓仪总体构成是相同的。它们均由基座、传感器、驱动箱及记录器等组成。

新型的形貌检测仪附有计算机，数据记录储存、结果处理显示都由计算机完成。不仅可测量表面粗糙度所有参数，还可以得到波纹度的相关参数。

3)手持式表面粗糙度仪介绍

TR200 手持式表面粗糙度仪是时代集团公司的产品，采用电感式传感器，测量精度高，测试范围宽，操作简便，广泛适用于各种金属、非金属加工表面的检测。可快速、准确地计算、显示出各种表面粗糙度参数及轮廓图形。机内置串行接口驱动功能，遵守 RS232 标准，可与计算机连接。其外形如图 5-43 所示，它也可以安装固定在测量平台上使用，如图 5-44 所示。配上曲面传感器可测工件凸凹曲面上的表面粗糙度。

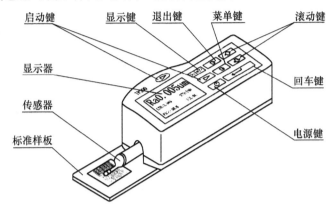

图 5-43　TR200 手持式表面粗糙度仪

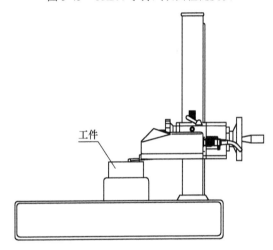

图 5-44　用机架安装的测量仪

主要技术参数如下。

测量参数及测量范围：Ra、Rq 为 0.005～16μm；Rz、Rc、Rt 为 0.02～160μm；Rz 为 0～100%；R_{sm} 为 1mm；R_{mr} 为 0～100%。

取样长度：0.25mm，0.80mm，2.50mm。

评定长度：可选。

重量：0.44kg。

5.4.2　表面粗糙度参数的测量操作

1. 用光切显微镜测量表面粗糙度的 Rz 和 R_{sm} 值

轮廓的最大高度 Rz 是在取样长度 l 内，从轮廓中线 m 起，测得至被测轮廓最高点(峰)的距离 Zp，再测得至最低点(谷)之间的距离 Zv，则

$$Rz = Zp + Zv$$

即在一个取样长度内，被测轮廓的最高峰顶至最低谷底的高度值，如图 5-45 所示。

轮廓单元的平均线高度 Rc 是在一个取样长度内轮廓单元高度 Zt 的平均值，如图 5-46 所示。即

$$Rc = \frac{1}{m} \sum_{i-1}^{m} Zt_i$$

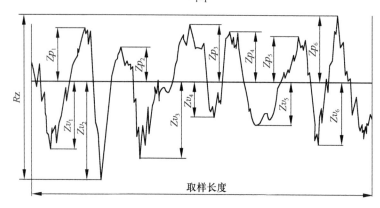

图 5-45　轮廓的最大高度测量

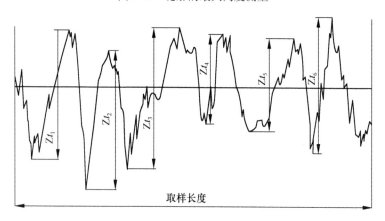

图 5-46　轮廓单元的高度测量

轮廓单元的平均宽度 R_{sm} 是在一个取样长度内轮廓单元宽度 Xs 的平均值。测得如图 5-47 所示 Xs_i，按下式计算：

$$R_{sm} = \frac{1}{m} \sum_{i-1}^{m} Xs_i$$

测量操作步骤如下。

(1)按图纸要求或根据对被测工件表面粗糙度的估计数值，由国家标准 GB/T 1031—2009 的规定选取取样长度和评定长度。按表 5-3 选择适当放大倍数的物镜组，并安装在投射光管和观察光管的下端(图 5-38)。

(2)接通电源，可调节灯光亮度。

(3)擦净被测工件，把它安放在工作台上，并使被测表面的切削痕迹的方向与光带垂直。当测量圆柱形工件时，应将工件置于 V 形块上。

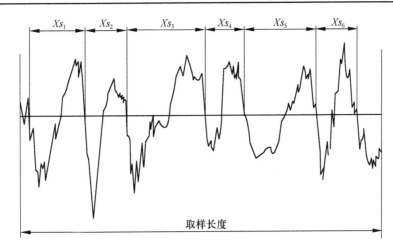

图 5-47　轮廓单元平均宽度测量

　　(4)粗调节：参看图 5-38，用手托住横臂，松开锁紧螺钉，缓慢旋转横臂升降螺母，使横臂上下移动，直到目镜中观察到绿色光带和表面轮廓不平度的影像，然后，将锁紧螺钉固紧。要注意防止物镜与工件表面相碰，以免损坏物镜组。

　　(5)细调节：缓慢而往复转动微调手轮，调节目镜调焦环和工件位置，使目镜中光带最狭窄，轮廓影像最清晰并位于视场的中央。

　　(6)松开目镜锁紧螺钉，转动目镜测微器，使目镜中十字线的一根线与光带轮廓中心线大致平行(此线即为平行于轮廓中线的直线)。然后，将目镜锁紧螺钉固紧。

　　(7)旋转目镜处测微鼓轮的刻度套筒，使目镜中十字线的一根线与光带轮廓一边边沿的峰(或谷)相切，如图 5-45 所示，并从测微器读出被测表面的峰(或谷)的数值。按此方法，在取样长度范围内测出最高点(峰)至最低点(谷)的距离值。然后计算出 Rz 的数值。

　　(8)纵向移动工作台及工件，使测量部位改变，按上述第 7 项测量步骤在新的取样长度内进行测量。可在被测工件表面内，观察 5 个取样长度，并测量得到轮廓的最大峰高 Rp 和轮廓的最大谷深 Rv，它们的和即为轮廓的总高度 Rt 值。

　　(9)表面轮廓单元的平均宽度 R_{sm} 值的测量，其轮廓影像的调节过程与上述相同，只是要求把图 5-39 中的十字刻线交叉点对准表面轮廓与中线的交点，即用测微目镜中的水平线作为轮廓中线，垂直线用于对准交点。旋动纵向移动千分尺移动工作台，在取样长度范围内，从工作台的纵向移动千分尺读取各个点的对应读数 X_i，计算出光带轮廓的 m 个 Xs，最后求得表面轮廓单元的平均宽度 R_{sm} 值。即

$$R_{sm}=\frac{1}{m}\sum_{i=1}^{m}Xs_i=\frac{|X_{m+1}-X_1|}{m}$$

2. 用 6JA 型干涉显微镜测量表面粗糙度参数值

1)仪器调整

测量之前，首先要调整仪器，仪器调整的过程如下。

　　(1)如图 5-48 所示，接通电源，使光源 7 灯泡亮。转动手轮 3 连通至目镜的光路(另一通路是至照相机)，转动手轮 15，使光路中的遮光板从光路中移开，此时从目镜 1 中可看到明亮的视场。如果视场亮度不均匀，可转动螺丝 6，调节灯泡的位置使视场亮度均匀。

　　(2)转动手轮 9，使目镜视场中弓形直边清晰，如图 5-49 所示。

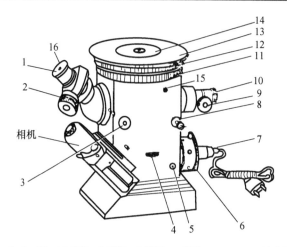

1-目镜；2-测微鼓轮；3、4、8、9、10、15-手轮；5-手柄；6-螺钉；7-光源；11、12、13-滚花轮；14-工作台；16-锁紧螺钉

图 5-48   6JA 干涉显微镜

(3)松开螺钉 16，取下测微目镜 1，直接从目镜管中观察，可以看到两个灯丝像。转动手轮 4，使孔径光阑开至最大，转动手轮 8，使两个灯丝像完全重合，同时调节螺丝 6，使灯丝像位于孔径光阑中央，如图 5-50 所示，然后装上测微目镜，旋紧螺丝 16。

图 5-49   焦距调整   图 5-50   光源调整

(4)在工作台 14 上放置好洗干净的被测工件。被测表面向下，对准物镜。转动手轮 15，使遮光板遮去光路中的参考标准镜。转动滚花轮 13 使工作台在任意方向移动，确定测量面位置，转动滚花轮 11，使工作台升降直到目镜视场中观察到清晰的工件表面影像，再转动手轮 15，使遮光板从光路中移开。

(5)在精密测量中，通常采用光波波长稳定的单色光(本仪器用的是绿光)，此时应将手柄 5 向左推到底，使图中的滤色片插入光路。当被测表面粗糙度数值较大而加工痕迹又不很规则时，干涉条纹将呈现出急剧的弯曲和断裂现象，这时则向右推动手柄，采用白光，因为白光干涉成彩色条纹，其中零次干涉条纹可清晰地显示出条纹的弯曲情况，便于观察和测量。如在目镜中看不到干涉条纹，可慢慢转动手轮 10 直到出现清晰的干涉条纹。

(6)转动手轮 8、9 以及滚花轮 11，可以得到所需的干涉条纹亮度和宽度。

(7)转动滚花轮 12 转动工作台，使加工痕迹的方向与干涉条纹垂直。

(8)松开螺丝 16，转动测微目镜 1，使视场中十字刻线之一与干涉条纹平行，然后拧紧螺丝 16，此时即可进行具体的测量工作。

2)仪器测量

调整好之后，在此仪器上，表面粗糙度可以用以下方法测量。

(1)转动测微目镜的测微鼓轮 2，使视场中与干涉条纹平行的十字线中的一条线对准一条干涉条纹峰顶中心，如图 5-51，这时在测微器上的读数为 N_1。然后再对准相邻的另一条干涉条纹峰顶中心，读数为 N_2。(N_1-N_2) 即为干涉条纹间距 b。为提高测量精度，最好在不同位置测量多个条纹间距值再取平均值。

(2) 对准一条干涉条纹峰顶中心读数 N_1 后，移动十字线，对准同一条干涉条纹谷底中心，读数为 N_3。(N_1-N_3) 即为干涉条纹弯曲量 a，这个干涉条纹弯曲量即为峰顶至谷底的距离。

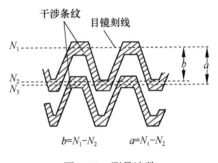

图 5-51　测量读数

按表面粗糙度参数值的定义，在取样长度范围内测量同一条干涉条纹的峰高和谷深，被测表面的高度参数为

$$R=\frac{a}{b}\times\frac{\lambda}{2}$$

采用白光时，$\lambda=0.55\mu m$；采用单色光时，则按仪器所附滤光片检定书载明的波长取值。

按评定长度要求，有些参数需作 5 个取样长度的 R 测量，才能作为评定表面粗糙度的合格性。

上述测量中，在各个取样长度范围内的最大峰值和最小谷值读数之差，则为各个取样长度内的轮廓最大高度 Rz 值，即选取其中最大峰值和最小谷值的差值 a_{max} 值，按下式计算轮廓最大高度 Rz 值为

$$Rz=\frac{a_{max}}{b}\times\frac{\lambda}{2}$$

同样，也可测量轮廓单元的平均线高度 Rc 和轮廓最大高度 Rt。

3. 用智能小型粗糙度仪测量表面粗糙度的各种参数值

此类仪器操作简便，只要按仪器说明书按动相应按键，即可测得所需参数。TR200 则有菜单式显示，可方便地选择测量参数项目、取样长度、评定长度、标准、量程等，调整好测量位置即可启动测量，在显示屏上直接显示出被测参数值。

电动轮廓仪及智能小型粗糙度仪，要经常对其示值进行校准。仪器附带有标准样件，仪器在测量之前，须用标准样件鉴定仪器示值是否正确，发现差异要及时按仪器的调校方法调准。

5.5　角度和锥度测量

机械零件中角度的测量涉及的范围较广泛，所使用的计量器具和测量方法也很多。测量的对象有平面的夹角、圆锥的锥角，它们可以是内夹角、外夹角、内锥角或外锥角。用于精密测量角度的仪器有工具显微镜、万能测角仪、光学分度头等，也可以用普通的测微表、量块组、正弦尺、钢球、圆柱等工具，采用间接测量的方法进行测量。

利用工具显微镜的测角目镜，可测量外夹角、外锥角，测量方法将在螺纹牙角测量中介绍，其他可在工具显微镜中观察到的夹角均可测量，测量方法均相同。下面介绍其他几种角度测量方法。

5.5.1　用光学分度头测量圆周分度的角度

光学分度头的规格型号较多，其刻度值一般为 1″、2″、5″ 和 10″。刻度值为 5″ 或 5″ 以下的

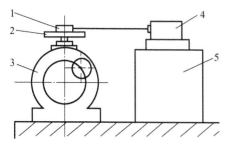

图 5-52　用光学分度头测角

分度头,其精度可保证在 10″ 以内。利用它与其他定位装置组合,可用于测量轴类、圆盘类零件的圆周分度的角度,也可用来测量角度块、角度样板以及多面棱体各个面的夹角。用自准直仪的光线定位则要求被测角度两侧面的表面粗糙度值较小,可反射光线,测量装置如图 5-52 所示,用分度头测量角度前,首先将分度头主体 3 转过 90°,使分度头主轴与工作台面垂直。在主轴锥孔中装上带有尾锥的小平台 2,在分度头基座上有支座 5,其上装有测量时定位用的分度值小于 1″ 的自准直仪 4。

若被测件 1 为角度块,放在小平台上,分度头主轴转动时角度块同步回转。测量时要仔细调节,应使被测件回转时每一个面都能把光线反射回自准直仪,在准直仪上以同一刻线定位。当第一个侧面对准自准直仪,在分度头上读取读数 Φ_1;继续转动分度头主轴,至被测件的另一个侧面与自准直仪对准,在分度头上读取第二个读数 Φ_2。两次读数之差为 Φ,则被测角度 $\alpha = 180 - \Phi$。

需要注意的是:Φ 取值有两种可能,$\Phi = \Phi_1 - \Phi_2$ 或 $\Phi = \Phi_2 - \Phi_1$,同时,由于分度头的 0° 刻度与 360° 刻度重合,因此,当两次读数分别在 0° 刻线的两侧时,两个读数中小的一个读数值须加上 360°。

为了提高测量精度,通常采用多次测量,用算术平均值求测量结果。

为了消除分度头本身的度盘偏心引起的误差,进一步提高测量精度,还可将被测件相对于分度头度盘依次安放在 3 个等分的位置上进行测量,取其平均值作为测量结果。这是由于度盘刻度具有圆周封闭的特点,若在一些刻度范围内为正误差,则在其他一些刻度范围内必定为负误差。

5.5.2　用长度测量仪器结合专用工具测量角度

一些内表面所夹的角度是难以用上述的测角仪器进行测量的,另外,对于非平面的交角如锥角,也难以采用上述的定位方法。当然,在测量精度要求不高的场合可用量角器测量这些角度,精度要求高时则达不到要求,此时,可利用量块、测微表、比较仪、工具显微镜等精密长度测量仪器加上一些专用工具,间接测量这类零件的角度。针对各种不同的零件形状结构,使用不同的辅助工具,可以设计出多种多样的测量方法。下面仅介绍几种常见的角度精密测量方法。

1. 用量块和圆柱测量内表面夹角

用两个直径相同、精密加工的圆柱加上量块,用如图 5-53 所示的方法,可以测量精密加工的两内表面夹角。若精密测量得到两圆柱的直径为 d,半径为 r,测量图中 AC 距离时的量块组尺寸为 t,则可利用三角函数关系求出两内表面交角 α,其关系为

$$\sin\alpha = \frac{O_2B}{O_1O_2} = \frac{BC+r}{2r} = \frac{t}{d}$$

$$\alpha = \arcsin\frac{t}{d}$$

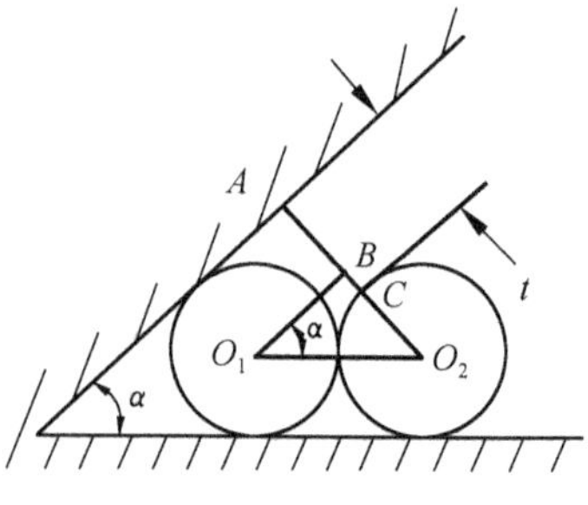

图 5-53　内角测量

2. 用比较仪和钢球测量内锥角

用两个不同直径的钢球作辅助测量内锥角,可用如图 5-54 所示的方法。两钢球经精密加工,在满足测量要求的情况下直径差越大越好。用比较仪或其他可能应用的仪器先后测出两

钢球的直径 d、D；测出两钢球顶至内锥基准面的距离 L_1、L_2；算出距离 $A=(L_1-L_2)$，最后用下列公式计算内锥角：

$$\sin\alpha=\frac{\dfrac{D}{2}-\dfrac{d}{2}}{A-\dfrac{D}{2}+\dfrac{d}{2}}$$

$$\alpha=\arcsin\left(\frac{\dfrac{D}{2}-\dfrac{d}{2}}{A-\dfrac{D}{2}+\dfrac{d}{2}}\right)$$

3. 用比较仪和正弦尺测量外锥角

正弦尺的外形如图 5-55 中所示，是带两个等直径圆柱腿的桥板，它的工作面与两圆柱的公切线平行。

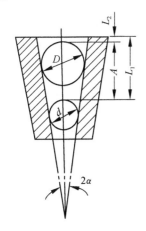

图 5-54 内锥角测量

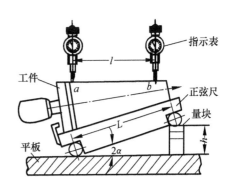

图 5-55 外圆锥角测量

一端和一侧面可有挡板，方便安放工件。按正弦尺工作面宽度 B 的不同，它分为宽型和窄型两种。两圆柱中心距 L 有 100mm 和 200mm 两种规格。正弦尺一般用于外圆锥角或外平面夹角的测量。整个装置就是图 5-53 所示，测量时，先按已知的被测公称圆锥角或平面的公称夹角和正弦尺两圆柱中心距 L，按正弦三角函数关系求出所需垫高正弦尺一端量块的尺寸，图中表示测量外圆锥，它的圆锥角为 2α，则所需量块的尺寸为

$$h=L\sin2\alpha$$

整个装置被安放在平板上，而被测圆锥工件放置在正弦尺的平面上，指示表安装在表座上可在平板上拖动。在锥体最顶的母线上，指示表在图示的 a、b 两处读得读数，如果这两个读数相同，则表明被测锥体的圆锥角正好等于正弦尺的倾斜角 2α，即被测圆锥体的上素线与平板平行。若指示表上读得的示值不相同，且分别为 M_a、M_b（mm），反映出被测外圆锥角与公称锥角有偏差，它的偏差值可按下式计算为

$$\Delta_{2\alpha}=\frac{M_a-M_b}{l}\quad(\text{rad})$$

或

$$\Delta_{2\alpha}=\frac{M_a-M_b}{l}\times2\times10^5\quad(^{\prime\prime})$$

式中，l 是 a、b 两点之间的距离。

若实际被测圆锥角 $2\alpha' > 2\alpha$，则 $M_a - M_b > 0$，$\Delta_{2\alpha} > 0$；若 $2\alpha' < 2\alpha$，则 $\Delta_{2\alpha} < 0$。

实际测量时，a、b 两点之间的距离 l 应尽可能大为好，可以减小测量误差，一般分别取距离圆锥面端面约 3mm 处。同时，重复测量三次，分别计算 a、b 两点的三次示值的平均值作为 M_a 和 M_b，然后，用上列公式计算圆锥角偏差，被测圆锥的实际圆锥角应由公称锥角加上圆锥角偏差求得，最后判断被测圆锥角的合格性。

测量过程中，要进行量块的组合操作，将组合好的量块放在正弦尺一端的圆柱下面，保证其安放平稳，然后将圆锥工件稳放在正弦尺的工作面上，并应使圆锥塞规轴线垂直于正弦尺的圆柱轴线。指示表在 a、b 两点处测量时，应垂直于锥体轴线作前后往复推移，在指示表指针不断摆动过程中记下最大读数，作为测得值。

5.6 螺 纹 测 量

螺纹测量的方法有两类：综合检验和单项测量。螺纹的综合检验用螺纹量规进行，通规能旋进通过，止规不能旋入或只能旋入少于特定的牙数，则被检螺纹合格。这种检验方法不论是在车间生产中，还是在用户验收时，都可以使用，它是一种完全符合螺纹验收原则的快速有效的方法。但为了对螺纹的加工误差进行分析，以提出改进工艺的措施，或对高精度螺纹，如螺纹量规、螺纹铰刀及精密螺旋副的质量检查，均需测出每个参数的实际值。螺纹的主要参数包括螺纹中径 $d_2(D_2)$、螺距 P 和牙型半角 $\alpha/2$。以下介绍几种常用的测量方法。

5.6.1 圆柱外螺纹中径 d_2 的测量

专用于测量螺纹中径的量具和工具有螺纹千分尺、牙型量头和螺纹量针。

1. 牙型量头法

在外螺纹轴线两边牙型上，分别卡入与螺纹牙型角规格相同的 V 槽形和圆锥形测头，如图 5-56 所示，与比较仪或千分尺结合使用，可用于测量外螺纹中径。若将外径千分尺的平测头改成可插式牙型量头，就构成了螺纹千分尺，它附有一套适应不同尺寸和牙型的成对的测量头。

被测螺纹具有半角误差，与量头的角度不一定吻合，加上其他多种因素的影响，使测得值误差较大，用绝对法测量时，误差达 0.1～0.15mm；用比较法测量则误差可在 0.032mm 左右。故此法只适用于测量精度较低的螺纹。

2. 量针法

量针法又称三针法、三线法。

量针是经精密加工的小圆柱，有各种不同规格大小，每三根为一套，其三根的直径是相同的。它的精度分成 0 级和 1 级两种，0 级用于测量中径公差为 4～8μm 的螺纹塞规，1 级用于测量中径公差大于 8μm 的螺纹塞规或螺纹工件。

测量时把所选的三根圆柱量针放在被测工件牙型内，然后，用相应的量具测出量针外母线间的跨距 M，再通过计算求出中径的实际尺寸。测量装置如图 5-57、图 5-58 所示。

可见，量针法实际上是一种精密的间接测量方法。测量时，根据不同情况，可用三针、两针或单针 3 种方法。三针量法测量结果稳定，应用最广。但当螺纹牙数很少（如螺纹量规止端），无法用三针时，可用两针量法。当螺纹直径大于 100mm 时，可用单针量法。以下仅以三针法为例介绍具体测量方法。

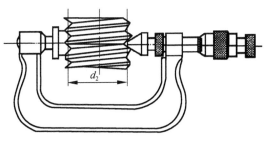

图 5-56　螺纹千分尺测量

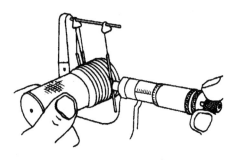

图 5-57　千分尺与三针测量

量针法测量时，三针的直径大小要保证能与被测螺纹牙面相切良好，且最好接触在中径附近，故应根据被测螺纹的螺距大小来选取，然后将其沿螺纹方向放置，如图 5-57、图 5-58 那样测得其 M 值。其测得值 M 与被测中径 d_2 的几何关系如图 5-59 所示。

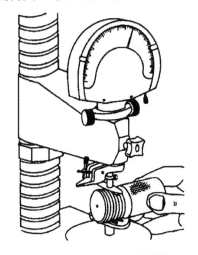

图 5-58　比较仪与三针测量

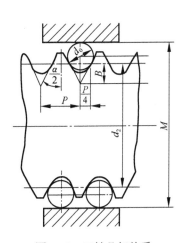

图 5-59　三针几何关系

根据图示的几何关系可得三针法的计算式为

$$d_2 = M - d_0\left(1 + \sin\frac{\alpha}{2}\right)$$

式中，d_2 为被测螺纹的实际中径值，此法测得的为单一螺纹中径；d_0 为三针直径；α 为螺纹的公称牙型角，对于公制螺纹为 60°。

三针直径的选取按下式计算为

$$d_0 = 0.5P\frac{1}{\cos\dfrac{\alpha}{2}}$$

式中，P 为被测螺纹的公称螺距；α 为螺纹的公称牙型角。

对于公制螺纹，其公称牙型角为 60°，因此，$d_0 = 0.577P$。为方便使用，可预先作计算列表供查阅，如表 5-5。

表 5-5　最佳三针选择表

公称螺距 P/mm	0.5	0.75	1	1.5	2	2.5	3	3.5	4	4.5	5	5.5	6
量针直径 d_0/mm	0.291	0.433	0.577	0.866	1.157	1.441	1.732	2.020	2.311	2.595	2.866	3.177	3.468

5.6.2　用工具显微镜测量螺纹各项参数

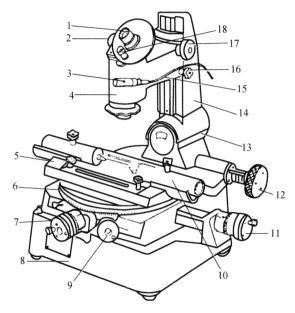

1-目镜；2-米字线旋转手轮；3-角度读数目镜光源；4-显微镜筒；
5-顶尖座；6-圆工作台；7-横向千分尺手轮；8-底座；9-圆工作台手轮；
10-顶尖；11-纵向千分尺手轮；12-立柱倾斜手轮；13-连接座；
14-立柱；15-支臂；16-锁紧螺钉；17-升降手轮；18-角度目镜

图 5-60　大型工具显微镜

用上述专用量具和工具只能测量中径一项参数，而用工具显微镜可以测量螺纹的各项参数。工具显微镜分为小型、大型和万能型等几种，用于精密测量外螺纹、轮廓样板以及其他机械零件等。小型、大型和万能工具显微镜的精度、量程大小各不相同，但它们的测量原理相同。下面以大型工具显微镜为例介绍螺纹各参数的测量。

图 5-60 为大型工具显微镜外形图。它由下列四部分构成：①底座——用来支撑整个量仪；②工作台——用来放置被测工件，可以作纵向和横向移动，移动的距离可以通过工作台的千分尺 11 和 7 的示值反映出来，还可以绕自身的轴线旋转；③显微镜系统——用来把被测工件的轮廓放大投影成像，通过目镜 1 来瞄准，由角度示值目镜

18 读取角度值；④立柱——用来安装显微镜筒等光学部件。

在工具显微镜上用影像法测量外螺纹是利用光线投射将被测螺纹牙型轮廓放大投影成像于目镜中，用目镜中的虚线来瞄准轮廓影像，并通过该量仪的工作台纵向、横向千分尺(相当于直角坐标系的 x、y 坐标)和角度读数目镜来实现螺纹中径、螺距和牙型半角的测量。

大型工具显微镜的光学系统如图 5-61 所示。由光源 1 发出的光束经光圈 2、滤光片 3、反射棱镜 4、聚光镜 5 和玻璃工作台 6，将被测工件的轮廓经物镜组 7、反射棱镜 8 投影到目镜 10 的焦平面米字线分划板 9 上，从而在目镜 10 中观察到放大的轮廓影像，从角度示值目镜 11 中读取角度值。另外，也可以用反射光源照亮被测工件；以该工件的被测表面上的反射光线，经物镜组 7、反射棱镜 8 投影到目镜 10 的焦平面米字

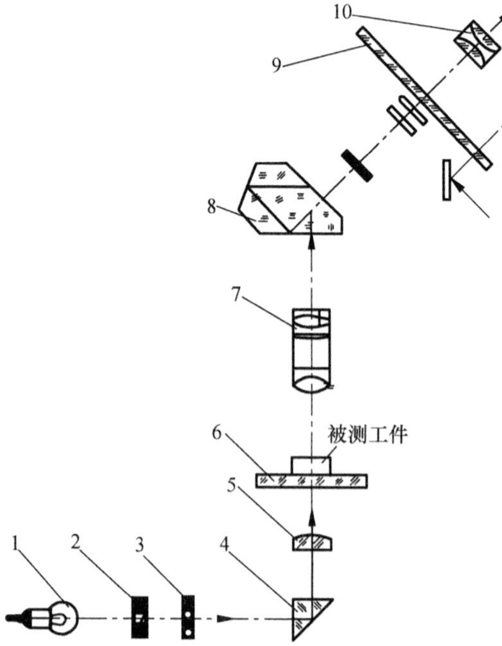

图 5-61　大型工具显微镜光路图

线分划板 9 上，同样可在目镜 10 中观察到放大轮廓影像。

1. 测量过程的初始操作

(1)接通电源，松开圆工作台锁紧装置，摇动手轮 9，把工作台 6 的圆周刻度对准示值零位。把被测工件安放在玻璃台面或牢固安装在两个顶尖 10 之间。

(2)根据被测件直径尺寸大小，参照量仪说明书调整光阑大小，或按表 5-6 提供的对应关系选择光阑直径。

表 5-6　螺纹中径与光阑直径的对应关系

螺纹中径/mm	10	12	14	16	18	20	25	30	40
光阑直径/mm	11.9	11	10.4	10	9.5	9.3	8.6	8.1	7.4

(3)用影像法测量螺纹时，由于螺旋角影响，当光线垂直于螺纹轴线射入物镜时，牙型轮廓影像就会有一侧模糊。为了获得清晰的牙形轮廓，必须摆动立柱使光线顺着螺旋线射入物镜，如图 5-62 所示。这时需转动手轮 12，使立柱 14 向右或向左倾斜一个角度，其值等于螺纹升角 $\psi = \arctan(P/\pi d_2)$，式中 P 为公称螺距，d_2 为公称中径。图 5-62 所示是观察靠近自己一侧的螺牙影像时的情形，立柱向左倾斜一个 ψ 角，当要观察背面一侧的螺牙影像时，由于螺牙的方向正好相反，此时，立柱应向右倾斜一个 ψ 角。

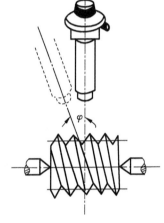

(4)转动目镜 1 上的焦距调节环，使视场中的米字线最清晰。松开螺钉 16，旋转手轮 17 使支臂 15 升降，调整量仪物镜的焦距，使被测轮廓影像清晰，然后旋紧螺钉 16。

(5)通过旋动 11、7 纵、横向千分尺，纵横移动工作台，使影像在目镜中移动，根据所需测量的位置，用目镜中的米字线瞄准目标。转动目镜 1 中米字线旋转手轮 2，可旋转米字线的倾斜角度，使中心虚线与影像轮廓线贴合，便于给工件定位，读取该位

图 5-62　显微镜物镜方向

置对应的 x、y 数值，同时还可以从角度目镜 18 中读取米字线中心虚线倾斜的角度。

2. 几种瞄准方法和措施

定位瞄准是测量过程的关键，若在用米字线对准被测轮廓时出现偏差，测量误差增大，出于这一考虑，仪器配有测量刀等附件，可采用不同的瞄准方法，以减少瞄准的误差。

1)影像法

就上述测量影像的情况，可采用如图 5-63 所示的两种对线方法。

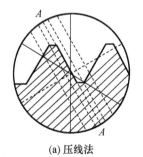

(a)压线法

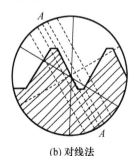

(b)对线法

图 5-63　瞄准方法

(1)压线法，米字线的中虚线 A—A 与牙形轮廓的一侧边重合，用于测量长度。

(2)对线法，米字线的中虚线 A—A 与牙形轮廓的一侧边间有一条宽度均匀的细缝，用于测量角度。

用影像法测量时，尽管显微镜立柱按螺旋升角方向倾斜，但螺纹是个螺旋面，使工件阴影的边界仍不够清晰，且得到的是法向影像，与螺纹标准定义(在轴截面上)不符，因此测量误差较大。为克服这一缺点，可以采用轴切法。

2)轴切法

轴切法是利用仪器的附件——测量刀，在被测螺纹的轴截面上进行测量的，测得的参数与螺纹标准定义符合。由于螺纹的倾斜遮挡不了量刀上的刻线，故立柱不需倾斜，直接把物镜焦距调到螺纹的轴截面上。

如图 5-64 所示，测量刀有一条斜角为 30° 的刃口，分为左、右斜刃两种，用以测量左、右牙侧。在测量刀表面刻有一条与刃口平行的细线，其与刃口的距离 l 有 0.3mm 和 0.9mm

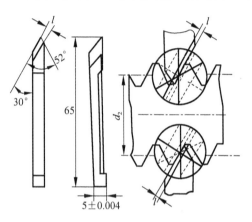

图 5-64　轴切法

两种，分别用以测量螺距小于 3mm 和大于 3mm 的螺纹。测量时，测量刀的安装高度应使其刃口与被测螺纹轴心线高度一致，然后使测刃贴紧螺牙侧面。当用 3 倍物镜将螺纹放大时，可用米字线中央虚线两旁的虚线(一条距中央 0.9mm，另一条距中央 2.7mm)来瞄准测量刀上的细刻线，瞄准后就表明中央虚线对准了螺牙侧面。测量读数的取得与影像法相同。

与影像法相比，轴切法的测量精度较高。但对操作技术要求较高，操作比较复杂，且测量刀刃口易碰伤和磨损。此外，高度调节误差也是影响测量精度的重要原因。

3)干涉带法

还有采用瞄准干涉带的方法，简称干涉带法。

干涉带法是利用螺纹牙侧影像外围的干涉条纹代替影像边缘，用米字线瞄准后进行测量，如图 5-65 所示。

采用干涉带法测量时，要将显微镜透射光路中的光圈调整到最小，或在光路中加一个小孔光阑，形成细光束照亮牙廓，此时，目镜中可看到在被测零件轮廓线附近有 3～5 条明暗相间的干涉条纹，其形状与检测牙廓边缘一致。测量时，用米字线与第一级干涉条纹对准，因对准较容易从而减小了对准误差，其精度可达 $\pm 0.5\mu m$。

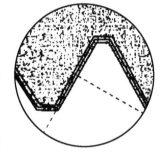

图 5-65　干涉带法

上述为采用平行光照明，它适用于测量半角和螺距。但测量中径时要做很麻烦的修正，因此不适于测量中径。

采用斜光束照明可以克服以上缺点。但这一方法需要在仪器原来的可变光阑处设置一特殊的斜照明装置，需要专业人员才能进行，在此不作介绍。此方法光源以与原主光轴成一斜角的平行光投向被测件，同样也可以产生干涉条纹，这时采用对准干涉条纹方法测量中径，不需进行修正。

4) 球接触法

球接触法是用球形量头接触螺纹牙槽来测量螺纹中径的。它其实是仿照量针测量法，用球头测量刀进行测量，如图 5-66 所示。此方法的原理与三针法相同，按选择三针直径的方法选择球的直径，使其尽量接近最佳针径。测量时，将球头伸入螺纹牙中与两牙侧面接触，然后用米字线瞄准球边缘的影像，求得两次瞄准在横向标尺上两读数之差为 N 值，再按下式计算中径：

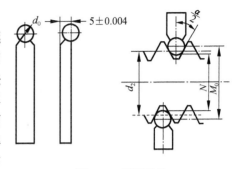

图 5-66　球接触法

$$d_2 = N - d_0\left(\frac{1}{\sin\dfrac{\alpha}{2}} - 1\right) + \frac{P}{2}\cot\frac{\alpha}{2}$$

3. 影像法测量螺纹参数

1) 中径测量

螺纹中径 d_2 是指把螺纹截成牙形切口宽与牙形沟槽宽度相等并和螺纹轴线同轴的假想圆柱面直径。对于单线螺纹，它的中径也等于轴截面内沿着与轴线垂直的方向量得的两个相对牙形侧面间的距离。

测量时，为了使轮廓影像清晰，需将立柱进行向左、向右各一次的倾斜。倾斜的角度为螺旋升角 ψ，倾斜方向应与螺纹的倾斜方向一致。

操作时，确保已向一侧倾斜了立柱，并进行了调焦，得到清晰的螺牙影像。开始转动纵向千分尺和横向千分尺手轮使工作台移动，在此同时，转动目镜 1 中米字线旋转手轮 2，旋转米字线的倾斜角度，使目镜中的中心虚线与螺纹螺牙影像轮廓的一侧重合，此时记下横向千分尺的第一次读数。然后，将显微镜立柱反向倾斜升角 ψ，转动横向千分尺(此时不得再转动纵向千分尺，米字线也不旋转)，使螺纹工件沿直径方向移动，在目镜中观察使中心虚线与螺纹直径上另一侧的牙形轮廓重合，记下横向千分尺第二次读数。两次读数之差，即为螺纹的实际中径。

被测螺纹若是放在工作台上，需要仔细调整安放的位置，应尽可能使它的轴向和径向分别与纵向和横向千分尺的测量方向一致，且轴线要水平，带有顶尖孔的螺纹则安装在两顶尖上。尽管如此，安装误差还必定会存在的，若螺纹轴线方向与仪器工作台纵向移动方向不一致，则径向方向也与工作台横向测量方向不一致，这将带来测量误差，造成在牙形轮廓一侧测得的结果大于实际值，而另一侧测得的结果则小于实际值，为了消除被测螺纹工件安装误差对测量结果的影响，根据误差出现的规律，可对螺纹牙两侧面均作测量，利用正负误差相消的原理作平均值处理。故整个测量过程须测出 $d_{2左}$ 和 $d_{2右}$，如图 5-67 所示，最后，取两者的平均值作为实际中径

$$d_2 = \frac{d_{2左} + d_{2右}}{2}$$

2) 测量螺距

螺距 P 是指相邻两牙在中径线上对应两点间的轴向距离。

测量时转动纵向和横向千分尺，以移动工作台，旋转目镜中的米字线中心虚线与螺纹影像轮廓的一侧重合，记下纵向千分尺第一次读数。然后，转动纵向千分尺手轮(横向千分尺手轮不动，镜中的米字线不旋转)，工作台纵向移动，使螺牙纵向移动 n 个螺距的长度，使沿轴线方向相距 n 个螺纹牙的同侧影像轮廓与目镜中的米字线中心虚线重合，记下纵向千分尺第

二次读数。两次读数之差,即为 n 个螺距的实际长度 $\sum P_{实际}$。对于单线螺纹,测量一个螺距时,则移动一个螺纹牙进行上述测量操作。

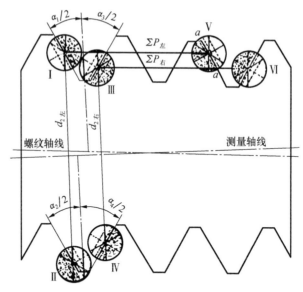

图 5-67 螺纹参数测量

为了消除被测螺纹安装误差的影响,同样要测量出 $\sum P_{左}$ 和 $\sum P_{右}$,如图 5-67 所示。然后,取它们的平均值作为螺纹 n 个螺距的实际尺寸:

$$\sum P_{实际} = \frac{\sum P_{左} + P_{右}}{2}$$

它与 n 个公称螺距的差值为 n 个螺距的累积偏差

$$\Delta P_{\Sigma} = \sum P_{实际} - nP$$

式中,P 为公称螺距。

螺纹的螺距常要用螺距累积误差来评价,螺距累积误差(实际为偏差)是指在螺纹全长上,实际累积螺距对其公称值的最大差值。由于在螺纹全长上,每个螺距的偏差可能有正有负,因此,不一定在全长处累积最大,有可能在中间某两个螺纹牙之间累积最大。为了寻找这一最大值,应按顺序测量出每个实际螺距的数值,并与公称螺距比较得出每个螺距的实际偏差,然后再作数据处理求得螺距的累积误差。具体方法如下。

若测量一个单线外螺纹,全长共有 8 个螺牙,可测得 7 个实际螺距,求得 7 个螺距的实际偏差,数值列于表 5-7 的测得值一栏。处理时要进行累加计算,所得值列于累加值一栏。在累加值一栏中找到最极端的两个值,它们的差值即为该螺纹的螺距累积误差 ΔP_{Σ}。从累加值可见,第一个螺纹牙到第八个螺纹牙之间的距离与 7 倍的公称螺距的差值仅 $-0.5\mu m$,而第三个螺纹牙到第七个螺纹牙之间的距离与 4 倍公称螺距的差值则是 $-5\mu m$。

表 5-7 单线外螺纹测量数据

螺纹牙序号	1	2	3	4	5	6	7	8
测得值/μm	0	+1	+1.5	−2	−1	−1	−1	+2
累加值/μm	0	+1	+2.5	+0.5	−0.5	−1.5	−2.5	−0.5

可用作图方法直观地找到螺距累积误差为 $-5\mu m$,如图 5-68 所示。

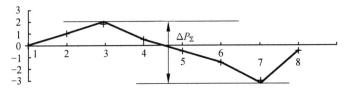

图 5-68　螺距累积误差

3) 测量牙形半角

螺纹牙形半角是指在螺纹牙形上，牙侧与螺纹轴线的垂线间的夹角。

测量时，转动纵向和横向千分尺调节手轮，同时旋转目镜中的米字线，使中心虚线与螺纹牙影像的某一侧面重合。此时，由角度读数目镜中显示的读数，即可算出该牙侧的半角数值。

图 5-69 所示为仪器的目镜外形图、中央目镜视场图、角度读数目镜视场图。在中央目镜视场中，可见米字形分划线，可旋转，常用中心虚线 $a\text{-}a$ 来对准测量目标。在角度目镜内无内部的光源，要靠反射镜 4 把外界的光反射进目镜中才能看见里面的刻度。调整好反射镜的角度后，在角度目镜视场中，可见到两种刻度和对应的数字，间隔较大的是度盘的度数刻度，$0°\sim360°$ 每一度一根刻线，并标有对应的数值，它会随着米字线的转动而移动，刻度较密的部分是固定游标，刻有 $0\sim60'$ 的分值刻度。转动手轮，可使刻有米字刻线和度值刻线的圆盘转动，它转过的角度可从角度读数目镜中读出。当角度读数目镜中固定游标的零刻线与分值刻线的零位对准时，角度读数为 $0°\ 0'$，米字线中心虚线 $a\text{-}a$ 正好垂直于仪器工作台的纵向移动方向。当米字线中心虚线 $a\text{-}a$ 倾斜，与被测螺纹牙影像一边贴合，则可从角度目镜中读得倾斜的角度，图中角度读数目镜视场的读数指示数值为：$121°\ 36'$。角度目镜中读得的数值，还不是螺纹牙的实际半角，要已知原来中心虚线竖直时的角度读数值，才能计算得到螺纹牙的半角数值，即两者的差值才是被测螺纹牙半角的角度值。例如，米字线中心虚线倾斜贴紧螺纹牙轮廓后读得数值为 $330°\ 4'$，则所测半角应为 $360°-330°\ 4'=29°\ 56'$。同理，当米字线中心虚线与被测螺纹牙影像另一边贴合时，则测得另一半角的数值。为了消除被测螺纹安装误差的影响，需分别测出如图 5-67 所示的 Ⅰ、Ⅱ、Ⅲ、Ⅳ四个实际半角为 $\alpha_1/2$、$\alpha_2/2$、$\alpha_3/2$、$\alpha_4/2$，并按下述方式处理：

$$\left(\frac{\alpha}{2}\right)_{左}=\frac{\dfrac{\alpha_1}{2}+\dfrac{\alpha_4}{2}}{2}$$

$$\left(\frac{\alpha}{2}\right)_{右}=\frac{\dfrac{\alpha_2}{2}+\dfrac{\alpha_3}{2}}{2}$$

将它们与牙形半角公称值(公制螺纹牙形角 $\alpha=60°$)比较，则得牙形半角偏差为

$$\Delta\left(\frac{\alpha}{2}\right)_{左}=\left(\frac{\alpha}{2}\right)_{左}-\frac{\alpha}{2}$$

$$\Delta\left(\frac{\alpha}{2}\right)_{右}=\left(\frac{\alpha}{2}\right)_{右}-\frac{\alpha}{2}$$

为了使轮廓影像清晰，测量牙形半角时，同样要使立柱倾斜一个螺纹升角 ψ。

用影像法测量的是法向牙型角，应按下式换算成轴向牙型角，再判断其合格性。

$$\tan\left(\frac{\alpha}{2}\right)_{轴向}=\tan\left(\frac{\alpha}{2}\right)_{法向}\times\cos\psi$$

式中，ψ 为螺纹升角。

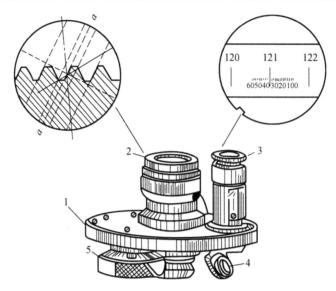

1-度盘装置；2-中央目镜；3-角度读数目镜；4-光源反射镜；5-米字线旋转手轮

图 5-69　测角目镜

当螺纹升角 ψ 不大、精度要求不高时，可以用法向测得值代替，而不必换算。

测量中径和螺距时，只需米字线瞄准牙侧中部最清晰的一段影像，较易瞄准。而测牙型半角时，则必须沿牙侧全长影像对线，因接近牙底处的影像清晰度变差，瞄准较为困难，尤其螺距小、牙型短时更困难。因此，通常取重复测量 3～8 次后求得的平均值作为最终的测量结果。

5.7　圆柱齿轮参数和误差测量

圆柱齿轮的参数较多，用于评定质量的误差参数也很多，可分为单项参数和综合参数，因此测量时有单项测量和综合测量两类方法。单项测量除用于成品齿轮的验收检验外，也常用于工艺检查，以判断被加工齿轮是否已达到规定的工序要求，分析在加工中产生误差的原因，及时采取必要的工艺措施，保证齿轮的加工精度。例如，通过测量基节偏差，可以查明齿轮刀具或砂轮的缺陷；测量公法线长度变动，可以判断切齿机床的误差；测量齿圈径向跳动，可以判断齿轮坯是否安装正确。综合测量的结果可以直观反映齿轮的质量，测量效率高，主要用于成批生产中评定已完工齿轮的合格性。

目前，齿轮单项误差的测量在生产中应用是很广泛的，以下介绍各种参数的测量方法。

5.7.1　圆柱齿轮齿距偏差的测量和齿距累积误差计算

圆柱齿轮齿距偏差也叫周节偏差，用符号 Δf_{pt} 表示，它是指在分度圆上，实际齿距与公称齿距之差(用相对法测量时，公称齿距是指所有实际齿距的平均值)。齿距累积误差 ΔF_p 是指在分度圆上，任意两个同侧齿面间的实际弧长与公称弧长之差的最大绝对值。

在实际测量中，由于被测齿轮的分度圆很难确定，因此允许在齿高中部进行测量。通常采用某一齿距作为基准齿距，测量其余的齿距对基准齿距的偏差，然后通过数据处理来求解齿距偏差 Δf_{pt} 和齿距累积误差 ΔF_p。测量每一个齿距时其测量点应在齿高中部同一圆周上，为达到这一要求，测量仪器应有定位装置，使它以齿轮的某一部位作定位。测量定位基准可选用齿轮内孔、齿顶圆或齿根圆。为了使测量基准与装配基准一致，以内孔定位最好，用心轴把被测齿轮安装在仪器上进行测量，用万能测齿仪测量齿距便是如此。用手持式齿距仪测量齿距一般是采用齿顶圆定位的。故在齿轮设计制造时，应根据所用量具的不同、采用的测量基准不同来确定基准部分的精度。齿轮孔的精度是必须保证的，若以齿顶圆作基准，则要控制齿顶圆对内孔轴线的径向跳动。

齿距偏差可用手持式齿距仪测量，也可用较大型的万能测齿仪配上齿距测量装置进行测量，它们都是利用测微表，先对某一齿距进行调零(这一齿距便为基准齿距)，然后用它测量每一个齿距，指示表指针对零位的偏离就是被测齿距对基准齿距的差值，因此，是采用相对法测量齿距偏差的。

1. 用手持式齿距仪测量

图 5-70 所示为手持式齿距仪的外形，图中是以齿顶圆作为测量定位基准的，指示表的分度值为 0.005mm，测量模数范围为 3～15mm。

齿距仪有两个定位脚，如图中 2 所指，用以与齿顶接触，使仪器的测量头处于齿轮的齿高中部。测量操作是：首先松开量爪固紧螺钉 6，根据被测齿轮的模数，调整固定测量头 4 至相应的模数刻线位置上，并把它固紧。然后，调整两定位脚的相互位置，使它们与齿顶圆接触，并使两测量头 3 和 4 分别与两相邻同侧齿面在齿高中部接触，两接触点距离两齿顶的高度应接近相等，即可将两个定位脚用 4 个螺钉 5 固紧。活动测量头 3 是与指示表相连的，活动量爪受压时，指示表指针会偏转。以被测齿轮的任一齿距作为基准齿距(注上标记)，在以齿顶定位的前提下，让两测量头压向齿面同时接触，要求活动量头 3 受压使指针有 1～2 圈的旋转，便可旋转指示表刻度盘使指针指向零位。重复几次对基准齿距进行测量，应保证读数均为零值不变，否则要检查所有固紧部分是否牢固。然后，逐齿测量其余的齿距，指示表的读数即为这些齿距与基准齿距之差，将测得的数据以列表的形式做好记录，直到测完一周所有的齿距。最后还应重复测量一次基准齿距，检查指示表是否还保持指向零位。

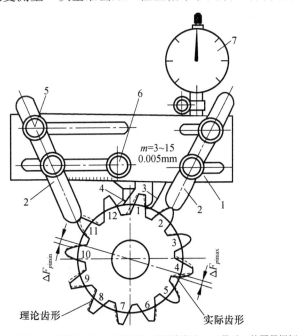

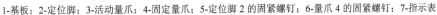

1-基板；2-定位脚；3-活动量爪；4-固定量爪；5-定位脚 2 的固紧螺钉；6-量爪 4 的固紧螺钉；7-指示表

图 5-70　齿距测量仪

2. 用万能测齿仪测量

万能测齿仪是应用比较广泛的齿轮测量仪器，除测量圆柱齿轮的齿距、基节、齿圈径向跳动和齿厚外，还可以测量圆锥齿轮和蜗轮。其测量基准是齿轮的内孔。

图 5-71 为万能测齿仪外形图。仪器的弧形机架可绕基座的垂直轴心线旋转，安装被测齿轮心轴的顶尖装在弧形架上，可以倾斜某一角度。支架 2 可以在水平方向作纵向和横向移动，工作台装在支架上，工作台上装有能够作指向被测齿轮直径方向移动的滑板，借锁紧装置 3 可将滑板固定在任意位置上，当松开锁紧装置，靠弹簧的作用，滑板能缓缓地移向齿轮的测量位置，往复动作进行逐齿测量。测量装置上有指示表，其分度值为 0.001mm。用这种仪器测量齿轮齿距时，其测量力是靠装在齿轮心轴上的重锤来保证的。

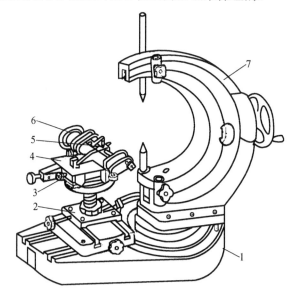

1-基座；2-支架；3-锁紧螺钉；4-工作台；5-测量装置；6-指示表；7-弧形机架

图 5-71 万能测齿仪

测量前，将齿轮借助心轴安装在两顶尖之间，调整测量装置，使球形测量爪位于齿轮分度圆附近，并与相邻两个同侧齿面接触。选定任一齿距作为基准齿距，将指示表调零。然后逐齿测量出其余齿距对基准齿距之差。

用万能测齿仪测量齿距的测量附加装置如图 5-72 所示，擦干净的被测齿轮安装在仪器的两顶尖上后，移动工作台支架 2，并调整测量装置 5 上两个量爪的位置，使它们处于被测齿轮的相邻两个齿间内，且使球形量头位于分度圆附近与相邻两个同侧齿面接触。在齿轮心轴上挂上重锤，重力使齿轮有顺时针方向旋转的趋势，使齿轮齿面紧靠在测量头上。

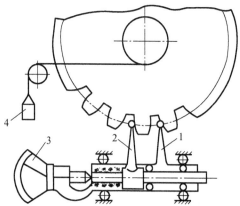

1-球头固定量爪；2-球头活动量爪；3-指示表；4-重锤

图 5-72 齿距测量附加装置

测量时，先以任一齿距为基准齿距，调整指示表的零位。然后将测量爪反复几次退出与进入被测齿面，以检查指示表对零的稳定性，若无误便可测量其他齿距。每次把测量装置往外拉出，仅让齿轮旋转一个齿距，测量装置靠弹簧力拉向齿轮测量另一齿距，逐齿测量各齿距，直至测完所有齿距。每次从指示表读出被测齿距与基准齿距的相对偏差，用记录表作数据记录，以备数据处理。测完一周后，应复查指示表示值零位是否有改变。

3. 测量数据处理

上述两种测量方法可测得被测齿距与基准齿距的相对偏差，要通过数据处理才能得到齿距偏差 Δf_{pt} 和齿距累积误差 ΔF_p 的数值。最后可按齿轮图样上给定的齿距极限偏差 $\pm f_{pt}$ 和齿距累积公差 F_p 判断被测齿轮该项的合格性。

根据指示表示值 $\Delta f_{pt\ 相对}$ 求解被测齿轮的齿距偏差 Δf_{pt} 和齿距累积误差 ΔF_p，可以用计算法或作图法求解。下面以实例说明其方法。

1）用计算法处理测量数据

为计算方便，可以列成表格形式。如表 5-8，第一列为被测量齿距的序号，测得的齿距相对偏差（$\Delta f_{pt\ 相对}$），记入表中的第二列。根据测得的 $\Delta f_{pt\ 相对}$ 逐齿累积，即将第 2 列的示值逐个齿距相加，计算出相对齿距累积误差，记入表中的第 3 列。根据圆周封闭性原理，圆周上齿距分布不均匀，若前半周是正偏差，则后半周必为负，或整周内正负相间，整一周所有齿距的偏差累加必为零。上述测量数据的累加一般就不为零了，这是因为基准齿距不等于公称齿距，第 3 列中的最后数值是基准齿距对公称齿距偏差存在于每一个相对齿距偏差中反复出现了 z（齿数）次累积的结果，把它除以齿数 z，得 $K=\sum\Delta f_{pt\ 相对}/z$，它便是基准齿距对公称齿距的偏差。将第 2 列中每一个值 $\Delta f_{pt\ 相对}$ 减去 K 填入第 4 列，此列中的数值表示各个实际齿距对公称齿距的偏差。其中绝对值最大者即为被测齿轮的齿距偏差 Δf_{pt} 的数值，以此评价该齿轮的精度。

表 5-8　计算法处理测量数据　　　　　　　　　　　　　　　　（μm）

齿距序号 n	$\Delta f_{pt\ 相对}$	$\sum\Delta f_{pt\ 相对}$	$\Delta f_{pt\ 相对}-k\,(\Delta f_{pt})$	$\sum(\Delta f_{pt\ 相对}-k)\,(\Delta F_p)$
1	0	0	−0.5	−0.5
2	−1	−1	−1.5	−2.0
3	−2	−3	−2.5	−4.5
4	−1	−4	−1.5	−6.0
5	−2	−6	−2.5	−8.5
6	+3	−3	+2.5	−6.0
7	+2	−1	+1.5	−4.5
8	+3	+2	+2.5	−2.0
9	+2	+4	+1.5	−0.5
10	+4	+8	+3.5	+3.0
11	−1	+7	−1.5	+1.5
12	−1	+6	−1.5	0

注：$k=+6/12=+0.5$，齿轮测量计算结果：$\Delta f_{pt}=+3.5\mu m$；$\Delta F_p=\Delta F_{pmax}-\Delta F_{pmin}=|(-8.5)-(+3.0)|=11.5\mu m$。

将第 4 列中的数值逐个齿距累加，填入第 5 列，得到齿距偏差在各齿处的累积值，由于齿距累积误差 ΔF_p 的定义是指在分度圆上，任意两个同侧齿面间的实际弧长与公称弧长之差的最大绝对值，因此，第 5 列数据中最大值与最小值之差即可认为是被测齿轮的齿距累积误差 ΔF_p 的数值。

2）用作图法处理测量数据

以横坐标代表齿序，纵坐标代表表 5-8 中第 3 列内的相对齿距累积误差，绘出如图 5-73 所示的折线。连接折线首末两点的直线作为相对齿距累积误差的变化线。然后，从折线的最高点与最低点分别作平行于上述首末两点连成的直线。这两条平行直线间在纵坐标上的距离即为齿距累积误差ΔF_p。

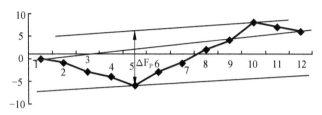

图 5-73　齿距累积误差

5.7.2　齿轮齿圈径向跳动的测量

齿轮齿圈径向跳动ΔF_r是指在被测齿轮一转范围内，测头在齿槽内与齿高中部双面接触，测头相对于齿轮基准轴线的最大变动量。齿圈径向跳动可以使用齿圈径向跳动测量仪或万能测齿仪测量。以下介绍卧式齿圈径向跳动测量仪进行测量的方法，其外形如图 5-74 所示。测量时，把被测齿轮用心轴安装在两顶尖架的顶尖之间(若为齿轮轴则直接装在两顶尖间)，用心轴轴线模拟体现该齿轮的基准轴线，使测头在齿槽内与齿高中部双面接触。测量头有球形、锥形等几种形式，其尺寸大小应与被测齿轮的模数相协调，以保证测头在齿高中部双面接触。球形或锥形测头安装在指示表的测杆上，可逐齿测量它相对于齿轮基准轴线的变动量，其中最大值与最小值之差即为齿圈径向跳动ΔF_r。

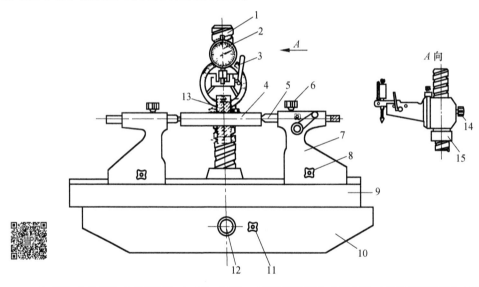

1- 立柱；2-指示表；3-操作手柄；4-心轴；5-顶尖；6-顶尖锁紧螺钉；7-顶尖架；8-顶尖架锁紧螺钉；9-滑台；
10-机座；11-滑台锁紧螺钉；12-滑台移动手轮；13-被测齿轮；14-表架锁紧螺钉；15-表架升降螺母

图 5-74　卧式齿圈径向跳动测量仪

测量操作步骤如下。

在顶尖 5 之间安装好被测齿轮，使心轴无轴向窜动，且能转动自如。根据被测齿轮的模数，选择尺寸合适的测头，把它安装在指示表 2 的测杆上。松开螺钉 11，转动手轮 12 使滑台 9 移动，从而使测头大约位于齿宽中间，然后再将螺钉 11 锁紧。

放下操作手柄 3，松开螺钉 14，转动螺母 15，并压缩测量头使指示表指针旋转 1～2 圈。然后将螺钉 14 固紧。转动指示表的表盘(圆刻度盘)，把零细线对准指示表的指针，则完成了量仪指示表示值零位的调整。

用上述调整好的仪器便可逐齿进行齿圈径向跳动的测量。利用操作手柄 3 把测量表抬起，让被测齿轮 13 能转过一个齿，然后放下指示表，使测头进入齿槽内，记下指示表的示值。这样逐齿测量所有的齿槽，从各次示值中找出最大示值和最小示值，它们的差值即为齿圈径向跳动ΔF_r。

5.7.3　齿轮齿形误差的测量

齿形误差Δf_f是在齿轮端截面上，齿形工作部分内(齿顶倒棱部分除外)包容实际齿形的两条设计齿形间的法向距离。由于设计齿形大多数是以渐开线为基础的，所以在一般情况下，齿形误差仍是以被测齿形与理论渐开线作比较，判定其误差。齿形误差测量仪器也就多称为渐开线检查仪。

齿形误差的测量仪器有许多种类，对于渐开线齿形的测量，是根据渐开线形成原理设计测量仪器的，可分为基圆盘式和基圆调节式两大类。其他设计齿形的齿形误差测量则用其他比较法和坐标测量法。

1. 单盘式渐开线检查仪测量齿形误差

单盘式渐开线检查仪是用机械方式展成理论渐开线轨迹作为测量基准的测量仪器，它是利用直尺和某种尺寸的基圆盘作纯滚动来获得标准渐开线，其结构如图 5-75 所示。测量时，被测齿轮 1 与可换基圆盘 2 装在同一心轴上，基圆盘直径应等于被测齿轮的理论基圆直径d_b。基圆盘在弹簧力作用下，与装在滑板 4 上的直尺 3 紧靠相切，当转动手轮 5 转动丝杆使滑板 4 移动时，直尺 3 沿箭头方向移动，当直尺与基圆盘作无滑动的纯滚动时，被测齿轮也跟着转动。测量前，测量杠杆 6 的测量端头已调整到直尺与基圆盘的切平面内，由于测量端头相对于基圆盘能描绘出理论渐开线轨迹，所以测量杠杆端头与被测齿廓接触时，可与被测齿形进行比较，如果被测齿形与理论渐开线有偏离，测量端头就会产生位移，指示表 5 就会指示读数或在记录仪上绘出齿形误差曲线。

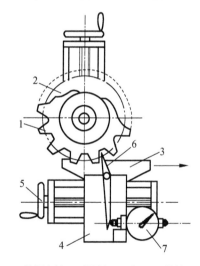

1-被测齿轮；2-基圆盘；3-直尺；4-滑板；
5-转动丝杆手轮；6-测量杠杆；7-指示表

图 5-75　单盘式渐开线检查仪

测量时，先将基圆盘 2 转动一展开角ϕ_1，旋转被测齿轮 1 直至齿廓与测量端头接触，并使指示表指零。摇动手轮 5 使直尺、基圆盘运动进行测量，整个测量过程中指示表显示的最大偏摆幅度即为齿形误差。为保证仪器的测量精度，要求基圆盘直径有较高的精度。为适应不同模数齿轮的测量，要配备各种不同规格的基圆盘以供选用。

这种仪器结构简单，测量链短，使用调整容易，测量精度较高，适用于测量 6 级精度以下的齿轮。缺点是每测量一种齿轮需要更换相应的基圆盘。

2. 用万能式渐开线检查仪测量齿形误差

为使渐开线检查仪不更换基圆盘，又能测量一定基圆直径范围内的渐开线齿形误差，只要在上述的直尺——基圆盘机构上增加一套具有放大缩小功能的杠杆机构，便能模拟出在一定基圆直径范围内的各种理论渐开线轨迹，这种仪器通常称为万能式渐开线检查仪。

我国哈尔滨量具刃具厂生产的万能式渐开线检查仪的工作原理如图5-76所示。被测齿轮1与固定圆盘2装在同一心轴上，两条钢带3的一端与圆盘2紧固，另一端紧固在滑板4上，以保证圆盘与滑板作无滑动的纯滚动。当滑板4移动时，一条钢带围着圆盘2卷绕，另一条钢带则放开，便能带动圆盘和被测齿轮同轴旋转。当滑板移动S距离，圆盘转动φ角，则在圆盘半径R上转过的弧长也是S。由于摆杆6可绕固定支点A摆动，在摆杆上又有两个滑动铰链5和7，铰链5与滑板4相连，其到支点的距离等于圆盘半径R，另一个铰链7与测量滑座9相连，其距离可随被测齿轮基圆半径r_b调节，并能使测量滑座9上的测量杠杆测量头位于被测齿轮的基圆半径r_b位置上。当滑块4移动时，通过铰链使摆杆6也转动ϕ角，摆杆的转动同时带动测量滑座移动距离S_0。其关系式为

$$\frac{S_0}{S}=\frac{r_b}{R} \quad 或 \quad s_0=\frac{r_b S}{R}$$

由于测量端头8相对被测齿轮的基圆展成一理论渐开线轨迹，而测量端头8又与被测齿廓接触，因此，当被测齿形有误差时，由指示表10指示读数，或由记录装置11显示出来。

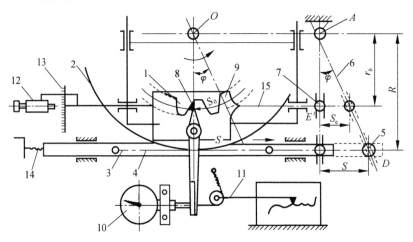

1-被测齿轮；2-固定圆盘；3-钢带；4-滑板；5-铰链；6-摆杆；7-铰链；8-测量端头；
9-测量滑座；10-指示表；11-记录装置；12-显微镜；13-刻度尺；14-丝杆；15-拉杆

图5-76　万能渐开线检查仪

万能式渐开线检查仪能在一定范围内测量各种基圆半径的齿轮，无需更换基圆盘，可测多种规格的渐开线齿轮的齿形误差，目前可测量4～7级精度的齿轮。测量时，利用显微镜12和刻度尺13，按被测齿轮1的基圆半径r_b调整拉杆15与AO直线之间的距离，使测量端头与滑块7的中心连线与被测齿轮基圆相切。安装好齿轮及测量端头后，缓缓转动丝杆14使导板4作移动一个距离S的测量操作，最后根据指示表读数或记录的曲线作误差的评定。

5.7.4　齿轮基节、齿厚、齿轮公法线的测量

齿轮的基节偏差、齿厚、公法线长度的测量一般使用专用的手持式仪器量具进行测量，

操作较为简单。

1. 齿轮基节偏差Δf_{pt}测量

齿轮的基节是指齿轮基圆切平面上的齿距，测量时要求仪器的测量端头应与被测齿轮相邻同侧齿廓接触，两齿面上接触点的连线应与基圆相切，其实这切线也正是两齿廓在接触点上的法线。

图 5-77(a)所示基节检查仪，可测量模数为 2～16mm 的齿轮，指示表的刻度值为 0.001mm。活动量爪 5 通过杠杆和齿轮同指示表 6 相连，旋转微动螺杆 1 可调节固定量爪 3 的位置，利用仪器附件和按被测基节的公称值 P_b 组合的量块组，调节量爪 3 与 5 之间的距离，并使指示表对零。测量时，将量爪 3 和辅助支脚 4 插入相邻齿槽(图 5-77(b))，利用螺杆 2 调节支脚 4 的位置，使它们与齿廓接触，使测量过程量爪的位置稳定，两量爪与两相邻同侧齿廓接触好后，指示表的读数即为实际基节对公称基节之差，在相隔 120°处对左右齿廓进行测量，取所得读数中的最大值作为被测齿轮的基节偏差Δf_{pt}。

4～6 级精度齿轮的基节偏差，可用万能测齿仪进行测量。对于小模数齿轮的基节偏差，可在万能工具显微镜上用投影法测量。

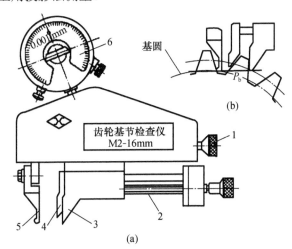

1-调节螺丝；2-螺杆；3-固定量爪；4-辅助支脚；5-活动量爪；6-指示表

图 5-77　齿轮基节检查仪

2. 齿轮齿厚测量

齿轮的齿厚是指分度圆处的齿厚，通常是测量齿轮轮齿在某一高度处的弦齿厚。在加工现场测量弦齿厚多用齿厚卡尺，常用的齿厚卡尺有光学测齿卡尺和游标测齿卡尺。这两种卡尺测量齿轮的弦齿厚时都以齿顶圆为基准。齿顶至分度圆处弦的高度称为弦齿高 h，根据几何关系，直齿圆柱齿轮的弦齿高可用下式进行计算：

$$h = m\left[1 + \frac{z}{2}\left(1 - \cos\frac{\pi}{2z}\right)\right]$$

式中，m 为模数；z 为齿数。

固定弦齿高处的弦齿厚为

$$S = mz\sin\frac{\pi}{2z}$$

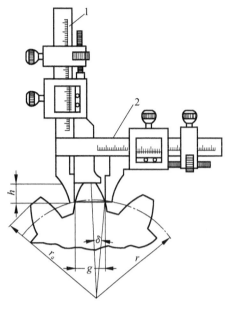

1-垂直游标尺；2-水平游标尺

图 5-78　齿轮齿厚卡尺

图 5-78 所示是用游标作齿厚测量，卡尺的高度尺 1 用竖向微调螺丝调整，使游标读数值为弦齿高 h。然后把齿厚卡尺置于齿轮上，以高度尺端面在被测齿轮的齿顶上定位，微调横向滚花螺帽使测齿卡尺的两量爪在水平方向与两侧齿廓呈线接触，当量爪与齿面接触后即可从横向游标尺上读得弦齿厚的测量结果。测得的实际弦齿厚与公称弦齿厚之差则为齿厚偏差，可进行重复多处、多次的测量，最后取其中差值最大者为齿厚偏差的测量结果。

精度要求高或齿轮的模数较小时，齿轮的齿厚常在投影仪或万能工具显微镜上采用影像法来测量。在万能工具显微镜上测量齿轮的弦齿厚有两种定位方法，一是以齿轮齿顶为基准，二是以中心孔为基准。

3. 齿轮公法线测量

测量齿轮公法线长度既可以用专用的公法线长度量具，也可以用通用的长度量仪，其测量方法简便。常用的公法线测量器具如图 5-79 所示。小模数齿轮的公法线长度常用投影仪、工具显微镜测量。

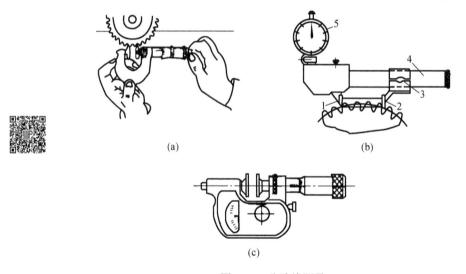

图 5-79　公法线测量

专用于公法线测量的量具通常都具有一对平行平面测量头。测量时，将该平行平面测量头置入被测齿轮的齿槽中，并跨 n 个齿在齿高中部与左、右齿面相切。公法线千分尺如图 5-79 (a) 所示，它与普通千分尺很相似，操作简便，可测得公法线的实际长度，常用于中等模数齿轮公法线的测量。测量公法线长度值的目的主要是想了解被测齿轮公法线的平均长度偏差 ΔE_{Wm}，以及公法线长度的变动量 ΔF_W。用测得的齿轮整周内所有公法线长度的平均值减去公称公法线长度则得到公法线平均长度偏差，评定时要求其不能超出公法线平均长度的上下偏差。把测得的所有公法线长度的最大值减去其最小值则得到公法线长度变动量，评定时则要求其不能大于公法线长度变动公差。

图 5-79(b)是公法线指示卡规，是采用比较法测量。测量时，先用量块组合成被测齿轮公法线长度的公称尺寸，置于两量爪平行面间，使两量爪测量面与量块组合体紧密接触，且压缩活动量爪移动 1mm 左右，将指示表的指针调到零位，并要多次按动按钮，检查零位是否稳定。然后用调零后的公法线卡规，在被测齿轮相隔 n 个齿的相对齿面上测量公法线偏差，要求卡规的测量面与齿廓相切，即要通过摆动该卡规，找出指示表转折点的读数，即为被测公法线长度的实际偏差 ΔE_W，所有实际偏差的平均值即为公法线平均长度偏差 ΔE_{Wm}。

用卡规测量公法线长度变动 ΔF_W 时，无需上述调零步骤，而是跨 n 个齿任选一个实际的公法线按上述方法将指示表调零。然后在齿轮一周范围内，测得所有的相对于调零公法线的公法线长度偏差。它们中最大值与最小值之差则为公法线长度变动量 ΔF_W。

公法线卡规适用于测量较大的中等精度齿轮公法线测量。

图 5-79(c)所示是公法线杠杆千分尺，比一般的千分尺多一个指示表，既可用于直接测量，也可用于比较测量。适用于公法线长度小于 50mm 的高精度齿轮测量。

万能测齿仪也可用来测量齿轮公法线，类似于齿轮齿距的测量，只是测量头的安装方法不同。

测量前，按齿轮大小选择测量头，将刀口相对的一对测量爪安装于测量托架上，并将活动量爪的测力方向通过托架上的滑轮作改变。应注意将两量爪的刀口调整到跨 n 个齿，且对称于被测齿轮中心的位置上。同样用量块把指示表调零，作比较测量。

测量标准直齿圆柱齿轮的公法线长度时，跨齿数 n 的计算按如下公式：

$$n = z\frac{\alpha}{180°} + 0.5$$

式中，z 为齿轮齿数；α 为基本齿廓角，标准齿轮为 20°。

n 的计算值通常不为整数，必须取整数才有意义，按最接近的数取整便可。

公法线长度公称值按下式计算：

$$W = m\cos\alpha[\pi(n-0.5) + z\mathrm{inv}\alpha]$$

式中，m 为齿轮模数；inv 为渐开线函数，inv20° = 0.0149。

5.7.5　齿轮双面啮合综合测量

齿轮综合测量是将被测齿轮与另一高精度的理想精确齿轮(或齿条、蜗杆等)，以单面或双面啮合转动，测得沿啮合线方向或直径方向齿轮的综合误差。由于齿轮综合误差是齿轮某些单项误差的合成结果，尤其是单啮综合测量，其测量过程较接近齿轮的实际工作状态，故齿轮综合测量能较好地反映齿轮的实际使用质量。而且这种测量是连续测量，效率高，容易实现自动检测，故特别适用于大批量生产齿轮的场合。

图 5-80 为齿轮双面啮合综合测量的示意图。被测齿轮安装在拖板 2 的心轴上，拖板 2 的位置可根据齿轮直径的大小调整后固定，理想精确齿轮(比被测齿轮的精度高 2~3 级)安装在浮动拖板 3 的心轴上，浮动拖板 3 可沿两齿轮心轴连线方向自由移动，在弹簧的作用下，两齿轮将作紧密无侧隙的双面啮合。当齿轮回转时，由于被测齿轮存在误差，双面啮合时的中心距将不断地变动，并可由指示表 1 读出，或用记录装置绘出其连续曲线如图 5-81 所示。

万能测齿仪也有相应的附加部件，如浮动拖板部分、测量表部分，可安装在万能测齿仪的工作台上组装成双面啮合测量装置。

在齿轮双面啮合综合检查仪(以下简称双啮仪)上可以测定以下内容。

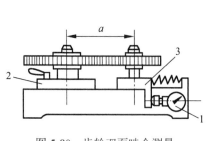

图 5-80　齿轮双面啮合测量

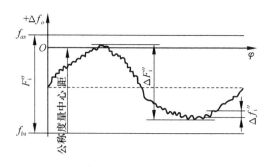

图 5-81　双啮误差曲线

(1)齿轮转动一转时的径向综合误差$\Delta F''_i$。它就是双啮中心距的最大变动量，反映了齿轮传递运动准确性精度中的径向误差部分。

(2)齿轮转过一个周节角时的径向一齿综合误差$\Delta f''_I$。它是误差曲线上重复出现的小波纹的最大幅值，用以评定齿轮的工作平稳性精度。

(3)齿面的接触精度。在精确齿轮上涂以一层薄薄的红丹粉油，在与被测齿轮滚动几圈以后，可按接触斑点区域的百分数来综合评定齿轮的接触精度。根据接触斑点在齿面上出现的印痕特征可分析齿轮存在的齿形误差、基节偏差及齿向误差。

仪器的操作需按公称中心距来调整双啮仪拖板 2 的位置，以保证指示表指针或记录笔在容许的范围内。具体位置可由仪器上游标刻度尺确定，或组合量块垫于二心轴间来确定，量块组尺寸是齿轮中心距减去两心轴的实际半径所得的值。

双面啮合综合测量与齿轮工作时的单面啮合状态不一致，测得的误差项目不能很好地反映齿轮的切向误差，故仅按此项误差来评定齿轮质量是不够充分的。且由于仪器及测量方法精度的限制，故不适用于高精度齿轮的测量。但是，由于所测得的$\Delta F''_I$直观反映了加工过程中几何偏心的影响，通过它可方便地发现加工过程工艺上存在的问题，这正是双面啮合综合测量的优点。由于双啮仪使用方便，成本低，测量效率高，易于实现自动化，故在大量生产中仍得到广泛应用。通常双啮仪能测量 7 级以下精度的齿轮，如对双啮仪的导轨、记录装置等加以改进和提高精度，则可得到更精确的测量结果。

第6章 机械运动和动力参数测试

6.1 概 述

机械系统的运动和动力参数反映了机械系统的工作性能。为了认识、改进和提高机械系统的工作性能，必须测试和分析机械系统的运动和动力参数。由于机械系统正向着高速、重载、高精度的方向发展，因此对机械零部件的运动、动力性能也提出了更高的要求。机械的运动、动力性能能否完成预定的功能要求，构件能否实现预定的运动轨迹或预定的运动规律，这些都需要通过实验来检验和分析。

6.1.1 机械运动参数的测量

机械系统构件的运动参数包括线位移、速度、加速度、角位移、角速度、转速、角加速度等，它们都是分析机械系统运动和承载能力必不可少的参数。通过对这些参数的测试，可以验证理论分析的正确性，评价设计方案的合理性，并对进一步改进机械系统提供依据。

1. 机械位移测量

在工程技术领域里经常需要测量机械位移。机械位移包括线位移和角位移。位移是指构件上某一点在一定方向上的位置变动。位移是向量，包括大小和方向。测量时应使测量方向与位移方向一致，这样才能真实地测量出位移量的大小。

测量位移的方法很多，表 6-1 列出了机械位移测量常用方法及其主要性能。

表 6-1 机械位移测量常用方法

类型		测量范围	精确度	线性度	特点
电阻式					
滑线式	线位移	$1\sim300\text{mm}$	0.1%	±0.1%	分辨率较高，可用于静、动态测量，机械
	角位移	$0°\sim360°$	0.1%	±0.1%	结构不牢固
变阻器	线位移	$1\sim1000\text{mm}$	0.5%	±0.5%	
	角位移	$0\sim60$ 周	0.5%	±0.5%	分辨率低、电噪声大，机械结构牢固
应变片式					
非粘贴式		±0.15%应变	0.1%	±0.1%	不牢固
粘贴式		±0.3%应变	2%～3%		牢固、需要温度补偿和高绝缘电阻
半导体式		±0.25%应变	2%～3%	满刻度±20%	输出大、对温度敏感
电容式					
变面积		$10^{-3}\sim100\text{mm}$	0.005%	±1%	易受温度、湿度变化的影响，测量范围小，
变极距		$10^{-3}\sim10\text{mm}$	0.1%		线性范围也小，分辨率很高
电感式					
自感变间隙式		±0.2mm	1%	±3%	限于微小位移测量
螺管式		0.5～2mm			方便可靠、动态特性差
特大型		$200\sim300\text{mm}$		0.15%～1%	
差动变压器式		±0.08～75mm	±0.5%	±0.5%	分辨率很高，有干扰磁场时需屏蔽

类型	测量范围	精确度	线性度	特点
电涡流式	0~100mm	±1%~3%	<3% ±0.05	分辨率很高,受被测物体材质、形状、加工质量影响
同步机	360°			对温度、湿度不敏感,可在120r/min转速下工作
微动同步器	±10°	±0.1°~0.7°	±0.05%	
旋转变压器	±60°		±0.1	非线性误差与电压比及测量范围有关
感应同步器				模拟和数字混合测量系统
直线式	10^{-3}~10^4mm	2.5μm/250mm		数显,直线式分辨率可达1μm
旋转式	0~360°	0.5″		
光栅				
长光栅	10^{-3}~10^4mm	3μm/m		工作方式与感应同步器相同, 直线式分辨率可达0.1~1μm
圆光栅	0~360°	0.5″		
磁栅				
长磁栅	10^{-3}~1000mm	5μm/m		测量工作速度可达12m/min
圆磁栅	0~360°	1″		
轴角编码器				
绝对式	0~360°	10^{-6}/r		分辨率高,可靠性好
增量式	0~360°	10^{-3}/r		
霍尔元件				
线性型	±5mm	0.5%	1%	结构简单、动态特性好,分辨率可达1μm,
开关型	>2m		1%	对温度敏感、量程大
激光	2m			分辨率0.2μm
光纤	0.5~5mm	1%~3%	0.5%~1%	体积小、灵敏度高,抗干扰;量程有限,制造工艺要求高
光电	±1mm			高精度、高可靠、非接触测量,分辨率可达1μm;缺点是安装不便

表 6-1 中的电容式位移传感器、差动电感式位移传感器和电阻应变式位移传感器,一般用于小位移的测量(几微米到几毫米)。差动变压器式传感器用于中等位移的测量(几毫米到100毫米左右),这种传感器在工业测量中应用得最多。电位器式传感器适用于较大范围位移的测量,但精度不高。

2. 速度的测量

速度量分为线速度、转速或角速度,其测量方法如下。

1)线速度的测量

(1)测量位移 s 和时间 t,然后通过求导得到速度

$$v=\mathrm{d}s/\mathrm{d}t$$

(2)利用速度和某些物理量呈比例的关系,通过该物理参数来获得速度值。例如,对于由磁钢、线圈和衔铁组成的磁电式变换器,当衔铁在活动构件带动下运动时,衔铁和磁钢之间的间隙发生变化,利用线圈中感应电动势与磁隙的变化速度呈正比的关系,通过测量感应电动势便可得到活动构件的运动速度。

(3)通过加速度或位移的测量,利用积分电路或微分电路求得对时间的积分或微分,由此得到运动速度。

2)转速的测量

测量转速的方法很多,根据转速转换方式的不同,常用转速的测量方法如表 6-2 所示。

表 6-2　常用转速测量方法

	形式	测量方法	适用范围	特点	备注
计数式	机械式	通过齿轮转动数字轮	中、低速	简单、价廉	与秒表并用，也可在机构中加入计时仪
	光电式	利用来自被测旋转体上光线，使光电管产生脉冲	中、高速，最高可测 25000r/min	无扭矩损失，简单	数字式转速计
	电磁式	利用磁电转换器将转速变换成电脉冲	中、高速		数字式转速计
模拟式	机械式	利用离心力与转速平方成正比的关系	中、低速	简单	陀螺测速仪
	发电机式	利用电机的直流或交流电压与转速成正比的关系	最高可测 10000r/min	可远距离指示	测速发电机
	电容式	利用电容充放电回路产生与转速成正比的电流	中、高速	简单，可远距离指示	
同步式	机械式	转动带槽的圆盘，目测与旋转体同步的转速	中速	无扭矩损失	
	闪光式	利用已知频率闪光测出与旋转体同步的频率	中、高速	无扭矩损失	闪光测速仪

3. 加速度的测量

构件的加速度直接影响机械系统的运动性能和动力性能，因此常将加速度作为运动参数测量的主要内容之一。构件的加速度可分为线加速度和角加速度。测量构件加速度的方法很多。例如，可通过测量构件的位移或速度，然后通过微分电路获得加速度值。也可通过直接用加速度传感器把运动构件的加速度转换成电量，然后再进行检测。

6.1.2　机械动力参数的测量

机械动力参数包括构件质心位置，构件绕质心的转动惯量、作用在构件上的力、力矩等，它们都是分析机械系统时的重要参数。通过对动力参数的测量，可以确定设计方案是否合理、能否实现预定的设计目标，并可验证理论分析是否正确。

1. 构件质心位置的测量

1）支点法

支点法可用来确定几何形状对称的构件轴线上的质心 S。如图 6-1 所示，通过移动支撑刀口的位置，使构件 BC 平衡时的位置为质心的位置。

2）挂线法

挂线法通常用于形状比较复杂的零件。如图 6-2 所示，分别在 A、C 两点处挂线，可得垂线 AB、CD，两条垂线的交点 S 即为此构件的质心。

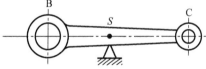

图 6-1　质心位置的测量方法

3）天平法

若零件的形状较复杂，很难用上述两种方法来测量构件的质心位置时，可使用天平法。如图 6-3 所示，先把构件 AB 放在天平上，再通过添加砝码 G_g，使天平处于水平状态，可得下面两个方程：

$$G_A + G_B = G, \qquad G_g + G_B = G_A$$

因

$$G_A a = G_B b, \qquad b + a = L$$

由此得

$$a = L(1 - G_g/G)/2 \qquad b = L(1 + G_g/G)/2$$

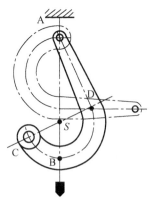

图 6-2 挂线法测质心

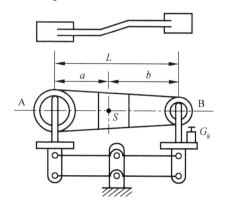

图 6-3 天平法测质心

2. 构件转动惯量的测量

由于构件转动惯量的大小将直接影响构件的惯性力矩和机械系统动力响应时间的长短，因此，它是一个很重要的动力学参数。测量构件转动惯量的方法很多，现介绍下面两种方法。

1) 轴颈支承法

采用轴颈支承法测定构件转动惯量的原理如图 6-4 所示。

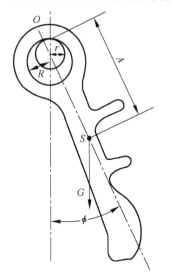

图 6-4 轴颈支承法测量构件的转动惯量

在这种测量方法中，构件的摆动周期为

$$T = 2\pi\sqrt{\dfrac{J_O}{GA\left[1 + \dfrac{Rr}{(R-r)A}\right]}} \qquad (6\text{-}1)$$

式中，J_O 为构件相对于支承接触点 O 的转动惯量；A 为构件重心 S 至支承接触点 O 的距离；r 为轴颈的半径；R 为轴孔的半径。

由式(6-1)得

$$J_O = \dfrac{T^2}{4\pi^2}GA\left[1 + \dfrac{Rr}{(R-r)A}\right] \qquad (6\text{-}2)$$

则可得构件绕质心的转动惯量为

$$J_S = J_O - \dfrac{G}{g}A^2 \qquad (6\text{-}3)$$

式中，g 为重力加速度。

2) 飞轮转动惯量的测定

测定飞轮转动惯量的实验装置如图 6-5 所示。飞轮 B 安装于轴 O 上，电机通过带轮和离合器 C 及 A 使飞轮以等角速度 ω 回转。若突然拉开离合器 A，则飞轮 B 的角速度 ω 将逐渐降低，直至停止运转。其动能方程式为

$$A_{Mg} - A_{MC} = E - E_0 \qquad (6\text{-}4)$$

当松开离合器 C 时，机械的动能 $E_0 = \dfrac{J\omega^2}{2}$，而完全停止运转时，机械的动能 $E = 0$，此时

轴 O 的角位移为 φ_1，而驱动力矩 Mg 为零，故 $A_{Mg}=0$；阻力矩 M_C 为 M_T（略去空气阻力不计），故 $A_{MC}=M_T\varphi_1$，因此式（6-4）为

$$-M_T\varphi_1=-\frac{J\omega^2}{2} \tag{6-5}$$

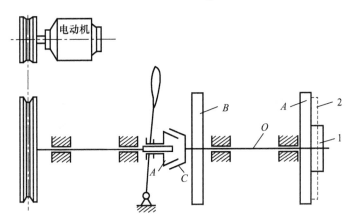

图 6-5　测定飞轮转动惯量的示意图

若设角速度为常数，则

$$\varphi_1=\frac{\omega t_1}{2} \tag{6-6}$$

又 $J=J_B+J_O+J_1$，则

$$(J_B+J_O+J_1)\,\omega=M_T t_1 \tag{6-7}$$

式中，J_B 为飞轮 B 的转动惯量；J_1 为圆环 1 的转动惯量；J_O 为除去飞轮 B 及圆环 1 后其他固联于轴 O 的全部零件的转动惯量；t_1 为松开离合器到完全停止运转时所需的时间。

现将圆环 1 换上同样重量的圆环 2，其转动惯量为 J_2。先合上离合器，当轴 O 达到等角速度 ω 后再松开离合器，轴 O 将逐渐减速直至完全停止，所需时间为 t_2，同样可得

$$(J_B+J_O+J_2)\,\omega=M_T t_2 \tag{6-8}$$

则飞轮的转动惯量为

$$J_B=\frac{J_2 t_1-J_1 t_2}{t_2-t_1}-J_O \tag{6-9}$$

式中 J_O 的值可用上述同样的方法求得

$$J_O=\frac{J_2 T_1-J_1 T_2}{T_2-T_1} \tag{6-10}$$

式中，T_1、T_2 分别为装置圆环 1 和圆环 2 时轴 O 从角速度 ω 到完全停止回转所需的时间。圆环 1 和圆环 2 的转动惯量可由下列公式计算

$$J_1=\frac{G_1}{8g}(D_1^2+r_1^2) \tag{6-11}$$

$$J_2=\frac{G_2}{8g}(D_2^2+r_2^2) \tag{6-12}$$

式中，D_1 和 D_2 分别为圆环 1 和圆环 2 的外径；r_1 和 r_2 分别为圆环 1 和圆环 2 的内径；g 为重力加速度。

3. 构件上作用力的测量

力的测量方法主要有直接比较法和间接比较法两种。

1) **直接比较法**

直接比较法是与基准量直接比较的方法。直接比较法是将被测力直接或通过杠杆系统与标准质量的重力进行平衡的方法。这种方法基于静态重力或力矩平衡，适用于静态测量。

2) **间接比较法**

间接比较法测量时，首先将被测力通过各种传感器转换为电量，然后再与基准量进行比较。这种方法根据系统的特性可用于静态或动态力的测量。常用的测力传感器主要有应变式力传感器、差动变压器式力传感器、压磁式力传感器、压电式力传感器等。

4. 构件上扭矩的测量

测量构件上扭矩的方法很多，大多数测量方法的依据是测量两截面之间的相对扭转角或扭转应力。通常采用的传感器有感应式扭矩传感器、光电式扭矩传感器和电阻应变式传感器、压磁式扭矩传感器等。

6.2 回转件的平衡

6.2.1 回转件平衡的目的

机械中有许多构件是绕固定轴线回转的，这类做回转运动的构件称为回转件(或称转子)。如果回转件的结构不对称、制造不准确或材质不均匀，这些因素都可能使其中心惯性主轴与回转轴线不重合而产生离心惯性力。这种惯性力引起的附加动压力会增加运动副的摩擦和磨损，降低机械的效率和寿命，使机械及其基础产生振动，严重时可能使机器遭到破坏。

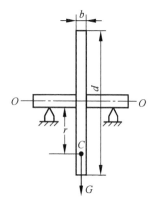

图 6-6 等角速转子

如果每个回转件都可看作由若干质量组成的，如图 6-6 所示为一等角速度 ω 转动的转子，其质心到回转中心 O 的距离为 r，质量为 m，当转子以角速度转动时，所产生的离心力 P 为

$$P = mr\omega^2 \tag{6-13}$$

可见，由于离心力的存在，而且其方向随着回转件的转动而发生周期性的变化并在轴承中引起一种附加的动压力，使整个机械产生周期性的振动。这种机械振动往往引起机械工作精度和可靠性的降低，零件材料的疲劳损坏以及令人厌倦的噪声。此外，附加动压力对轴承寿命和机械效率也有直接的不良影响，近代高速重型和精密机械的发展，使上述问题显得更加突出。因此，调整回转件的质量分布，使回转件工作时离心力系达到平衡，以消除附加动压力，尽可能减轻有害的机械振动，就是回转件平衡的目的。

6.2.2 回转件的平衡计算

1. 静平衡

对于轴向尺寸很小的回转件，如叶轮、飞轮、砂轮等圆盘类零件，其质量的分布可以近似地认为在同一回转面内。因此，当该回转件匀速转动时，这些质量所产生的离心力构成同一平面内汇交于回转中心的力系。如果该力系不平衡，则它们的合力不等于零，根据力系平衡条件可知，如欲使其达到平衡，只要在同一回转面内加一质量(或在相反方向减一质量)，以便使它产生的离

心力与原有质量所产生的离心力之总和等于零，此回转件就达到平衡状态，即平衡条件为

$$P = P_b + \sum P_i = 0 \qquad\qquad (6\text{-}14)$$

式中，P、P_b 和 $\sum P_i$ 分别表示总离心力、平衡质量的离心力和原有质量离心力的合力。式(6-14)可写成

$$me\omega^2 = m_b r_b \omega^2 + \sum m_i r_i \,\omega^2 = 0 \qquad\qquad (6\text{-}15)$$

消去公因子 ω^2，可得

$$me = m_b r_b + \sum m_i r_i = 0 \qquad\qquad (6\text{-}16)$$

式中，m、e 为回转件的总质量和总质心的向径，m_b、r_b 为平衡质量及其质心的向径，m_i、r_i 为原有各质量及其质心的向径，如图 6-7 所示。

式(6-16)中质量与向径的乘积称为质径积，它表示各个质量所产生的离心力的相对大小和方向。

式(6-16)表明，回转件平衡后，$e = 0$，即总质心与回转轴线重合，此时回转件质量对回转轴线的静力矩 $mge = 0$，该回转件可以在任何位置保持静止，而不会自行转动，因此这种平衡称为静平衡(工业上也称单面平衡)。由上述可知，静平衡的条件是：分布于该回转件上各个质量的离心力(或质径积)的向量和等于零，即回转件的质心与回转轴线重合。

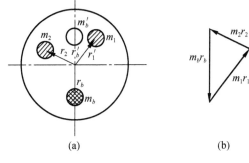

图 6-7　静平衡

2. 动平衡

对于轴向尺寸较大的回转件，如多缸发动机曲轴、电动机转子、汽轮机转子和机床主轴等，其质量的分布不能再近似地认为是位于同一回转面内，而应看作分布于垂直于轴线的许多互相平行的回转面内。这类回转件转动时所产生的离心力系不再是平面汇交力系，而是空间力系。因此，单靠在某一回转面内加一平衡质量的静平衡方法并不能消除这类回转件转动时的不平衡。例如，在图 6-8 所示的转子中，设不平衡质量 m_1、m_2 分布于相距 l 的两个回转面内，且 $m_1 = m_2$，$r_1 = -r_2$。该回转件的质心虽落在回转轴上，而且 $m_1 r_1 + m_2 r_2 = 0$，满足静平衡条件，但因 m_1 和 m_2 不在同一回转面内，由该图可见，当回转件转动时，在包含回转轴的平面内存在着一个由离心

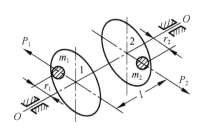

图 6-8　两个回转面的动平衡

力 P_1、P_2 组成的力偶，该力偶使回转件仍处于动不平衡状态。因此，对轴向尺寸较大的回转件，必须使其各质量所产生的离心力的合力和合力偶矩都等于零，才能达到平衡。

如图 6-9(a)所示，设回转件的不平衡质量分布在 1、2、3 三个回转面内，依次以 m_1、m_2、m_3 表示，其向径各为 r_1、r_2、r_3。某平面内的质量的 m_i 可由任选的两个平行平面 T' 和 T'' 内的另两个质量 m_i' 和 m_i'' 代替，且 m_i' 和 m_i'' 处于回转轴线和 m_i 的质心组成的平面内。现将平面 1、2、3 内的质量 m_1、m_2、m_3 分别用任选的两个回转面 T' 和 T'' 内的质量 m_1'、m_2'、m_3' 和 m_1''、m_2''、m_3'' 来代替。上述回转件的不平衡质量可以认为完全集中在 T' 和 T'' 两个回转面内。对于回转面 T'，其平衡方程为

$$m_b' r_b' + m_1' r_1 + m_2' r_2 + m_3' r_3 = 0$$

作向量图如图 6-9(b) 所示。由此求出质径积 $m'_b r'_b$。选定 r'_b 后即可确定 m'_b。同样，对于回转面 T''，其平衡方程为

$$m''_b r''_b + m''_1 r_1 + m''_2 r_2 + m''_3 r_3 = 0$$

作向量图如图 6-9(c) 所示。由此求出质径积 $m''_b r''_b$。选定 r''_b 后即可确定 m''_b。

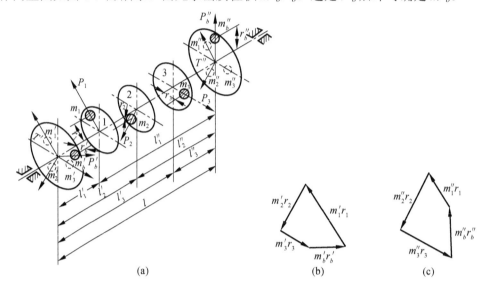

(a)   (b)   (c)

图 6-9   多个回转面的动平衡

由以上分析可以推知，不平衡质量分布的回转面数目可以是任意个。只要将各质量向所选的回转面 T' 和 T'' 内分解，总可在 T' 和 T'' 面内求出相应的平衡质量 m'_b 和 m''_b。因此可得结论如下：质量分布不在同一回转面内的回转件，只要分别在任选的两个回转面(即平衡校正面)内各加上适当的平衡质量，就能达到完全平衡。这种类型的平衡称为动平衡(工业上称双面平衡)。所以动平衡的条件是：回转件上各个质量的离心力的向量和等于零；而且离心力所引起的力偶矩的向量和也等于零。

显然，动平衡包含了静平衡的条件，故经动平衡的回转件一定也是静平衡的。但是，必须注意，静平衡的回转件却不一定是动平衡的。对于质量分布在同一回转面内的回转件，因离心力在轴面内不存在力臂，故这类回转件静平衡后也满足了动平衡条件。磨床砂轮和水泵叶轮等回转件，可看作质量基本分布在同一回转面内，所以经静平衡后不必再作动平衡即可使用。也可以说，第一类回转件属于第二类回转件的特例。

6.3   回转件的平衡实验原理简介

不对称于回转轴线的回转件，可以根据质量分布情况计算出所需的平衡质量，使它满足平衡条件。这样，它就和对称于回转轴线的回转件一样在理论上达到完全平衡；可是由于计算、制造和装配误差以及材质不均匀等原因，实际上往往仍达不到预期的平衡，因此在生产过程中还需用实验的方法加以平衡。根据质量分布的特点，平衡实验法也分为两种。

6.3.1   静平衡实验法

由前所述可知，静不平衡的回转件，其质心偏离回转轴，产生静力矩。利用静平衡架找

出不平衡质径积的大小和方向、并由此确定平衡质量的大小和位置，使质心移到回转轴线上以达到静平衡，这种方法称为静平衡实验法。

对于圆盘形回转件，设圆盘直径为 D，其宽度为 b，当 $D/d<5$ 时这类回转件通常经静平衡实验校正后，可不必进行动平衡。

图 6-10 所示为导轨式静平衡架。架上两根互相平行的钢制刀口形(也可以作成圆柱形或棱柱形)导轨被安装在同一水平面内。实验时将回转件的轴放在导轨上。如回转件质心不在包含回转轴线的铅垂面内，则由于重力对回转轴线的静力矩作用，回转件将在导轨上发生滚动。待到滚动停止时，质心 S 即处在最低位置，由此便可以确定质心偏移方向。

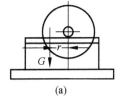

图 6-10　静平衡架

然后再用橡皮泥在质心相反方向加一适当的平衡质量，并逐步调整其大小和径向位置，直到该回转件在任意位置都能保持静止。这时所加的平衡质量与其向径的乘积即为该回转件到达静平衡需加的质径积。根据该回转件的结构情况，也可在质心偏移方向去掉同等大小的质径积来实现静平衡。

导轨式静平衡架简单可靠，其精度也能满足一般生产需要，其缺点是它不能用于平衡两端轴径不等的回转件。

6.3.2　动平衡实验法

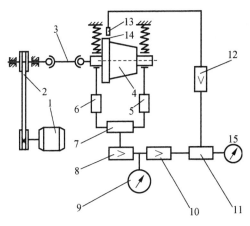

图 6-11　动平衡机工作原理图

由动平衡原理可知，轴向尺寸较大的回转件，必须分别在任意两个回转平面各加一个适当的质量，才能使回转件达到平衡。令回转件在动平衡实验机上运转，然后在两个选定的平面内分别找出所需平衡质径的大小和方位，从而使回转件达到动平衡的方法称为动平衡实验法。对于 $D/b>5$ 的回转件或有特殊要求的重要回转件一般都要进行动平衡实验。图 6-11 所示为一种机械式动平衡机的工作原理图。

被实验工件 4 放在两弹性支承上，由电动机 1 通过带传动 2 驱动，转子与带轮之间用双万向联轴节 3 连接。实验时，转子上的偏心质量所产生的惯性力使弹性支承产生振动，而此机械振动通过传感器 5 与 6 转变为电信号，而由传感器 5、6 得到振动电信号的同时被传到解算电路 7，通过该电路对信号进行处理，可消除两平衡基面之间的相互影响，而只反映一个平衡基面(如平衡基面Ⅱ)中偏心质量引起的振动电信号，然后经选频放大器 8，将信号放大，并由仪表 9 显示出不平衡质径积的大小。而放大后的信号又经过整形放大器 10 转变为脉冲信号，并将此信号送到监相器 11 的一端。监相器的另一端接收的是基准信号。基准信号来自光电头 13 和整形放大器 12，它的相位与转子上的标记 14 相对应，即与转子转速相同的频率变化。监相器两端信号的相位差由相位表 15 读出。以标记 14 为基准，根据相位表的读数，确定出偏心质量的相位。

在将一个平衡基面中应加平衡质量的大小、方位确定后，再以同样方法确定另一平衡基面中应加的平衡质量的大小及方位。

6.4　回转构件动平衡实验

1. 实验目的

(1)加深对刚性转子动平衡原理的理解。

(2)通过实验掌握利用 CYYQ-5TNB 型动平衡机对刚性转子进行动平衡的方法。

2. 设备及工具

(1)CYYQ-5TNB 型计算机显示硬支承平衡机。

(2)校验转子、托盘天平、磁铁加重块、工业橡皮泥、直尺。

3. 动平衡机结构原理简介

1) 结构概述

本动平衡机由机座、左右支承架、皮带传动装置、光电检测器支架、摆动传感器、计算机检测及显示系统等部件组成。

各主要部件的结构如图 6-12 所示。

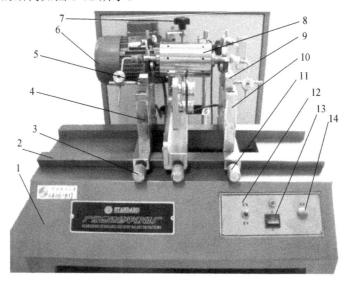

1-机座；2-导轨；3-左摆架松紧螺钉；4-左支承架；5-左 V 形支承架；6-电机；7-传动皮带调节手轮；8-校验转子；
9-右 V 形支承架；10-右支承架；11-右摆架松紧螺钉；12-电机运转设定；13-电源；14-电机启动按键

图 6-12　动平衡机结构图

(1)左右支承架。支承架是本机的重要部件，在左右支承架上各装有一个 V 形支承块。松开紧定螺钉，旋转升降螺钉，可以调节 V 形支承块的高低，调节好之后必须把紧定螺钉紧定。在支承架的立柱上装有摆动传感器，仪器出厂前摆动传感器已经固封，切勿自行拆卸。左右摆架若需要移动时，可将左右摆架松紧螺钉松开，左右摆架即可在机座上左右移动，当左右摆架的位置确定以后，应将松紧螺钉拧紧。

(2)传动系统。传动系统安装在机座上，由电动机带动传动轮转动，转动手轮，可以调节传动架的上下位置，传动转子转动使用内切圆传动。动平衡机在出厂时电动机的转向是按内切圆方向(被测试件是按顺时针方向旋转)接线。

2) 电测原理

当试件在 V 形支承块上高速旋转时，由于试件存在偏重而产生离心力，V 形支承块在水平方向受到该离心力的周期性作用，通过支承块传递到支承架上，使支承架的立柱发生周期性摆动，安装在摆架上的摆动传感器因此产生感应电动势，其频率为试件的旋转频率；其电动势是按余弦规律变化的。

该电动势输入计算机测量系统进行测量，该系统由阻抗隔离器、选频放大器、放大整流滤波器、锁相脉冲发生器、相位处理器、光电检测电路和直流稳压电源等构成的信号处理电路和计算机系统组成。当系统检测的数据达到精度要求时能自动停止测量并记忆测量结果。

4. 操作界面

实验用动平衡机的操作界面如图 6-13 所示。

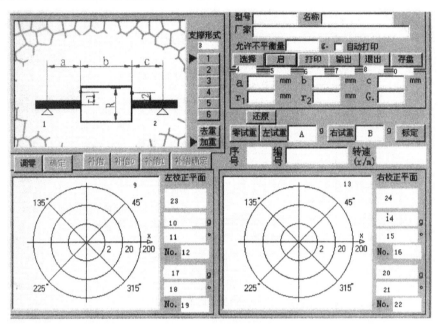

图 6-13　动平衡机操作界面

界面包含有：支承形式示意图、支承形式选择按键、打印内容输入窗口、各种功能按键、数据库显示窗口、模拟矢量表、测量点不平衡量及所在角度位置显示窗口等。操作界面各部位的功能说明如表 6-3 所示。

表 6-3　操作界面说明

序号	说明
1	平衡机左摆架支承点
2	平衡机右摆架支承点
a	左支承点到被测工件左测量点的水平距离(mm)
b	工件左右测量点的水平距离(mm)
c	右支承点到被测工件右测量点的水平距离(mm)
r_1	工件左测量点半径(mm)
r_2	工件右测量点半径(mm)
3	支承形式选择按键，下方六个按键分别代表不同的支承形式
4	数据库选择按键
5	测试系统启动、停止按键
6	测量数据打印按键

序号	说明
7	打印输出按键
8	测试系统退出按键
0	还原按键(调试机器失误后使用)
G	圆周等分数窗口
调零	机器调零按键
确定	机器确定按键
零试重	零试重按键
左试重	左试重按键
A	已知加重块重量输入窗口
右试重	右试重按键
B	已知加重块重量输入窗口
标定	标定按键
补偿	准备补偿按键
补偿 0	首次补偿按键
补偿 1	工件旋转 180 度后第 2 次补偿按键
补偿确定	补偿确定按键
序号	打印序号窗口
编号	打印编号窗口
转速	工件转速窗口(r/min)
9	左矢量表
10	工件左面测量点不平衡量数据窗口
11	工件左面不平衡点所在角度位置数据窗口
12	工件左面不平衡点对应圆周等分位置数据窗口
13	右矢量表
14	工件右面测量点不平衡量数据窗口
15	工件右面不平衡点所在角度位置数据窗口
16	工件右面不平衡点对应圆周等分位置数据窗口
17	保留上次测量(10)项数据窗口
18	保留上次测量(11)项数据窗口
19	保留上次测量(12)项数据窗口
20	保留上次测量(14)项数据窗口
21	保留上次测量(15)项数据窗口
22	保留上次测量(16)项数据窗口
23	左测量面 OK、NG 显示窗口
24	右测量面 OK、NG 显示窗口

5. 实验步骤

1)平衡机的准备工作

(1)把机座的电缆分别连接到计算机主机箱后板的插座上,传感器线连接到机座的左右传感器上,检查无误后,再把计算机和机器的电源插头插到 220V/50Hz 的交流电源上,为防止触电事故和避免电磁波干扰,机座和计算机必须接地良好。

(2)松开左右支承架的固定螺钉,根据工件的长短拉好左右支承架的距离,将工件放上支承架,把固定螺钉拧紧,再根据工件或夹具的半径调节传动带的高低,调节后传动带要保持水平。

(3)在转子上用油性笔涂上零度标记,并调节激光光头使光点能照射到标记上并能反射回光头处。

(4)按下计算机主机的电源开关,"POWER"指示灯亮,仪器预热 5~10min。

(5)用鼠标指向 动平衡机测试 图标,双击两下鼠标左键,计算机运行动平衡机测量系统程序。

(6)鼠标指向支承方式窗口，选择对应的支承方式和配重要求。

(7)鼠标指向命令窗口，选择 选择 按钮，屏幕显示一个参数表窗，可以在表中选定某种型号的电机，再选择 确定 按钮，则该型号电机的测量参数自动填入对应的参数窗口。

(8)也可以用鼠标指向对应的参数窗口，填入相应的参数。

(9)把被测工件放在传动轴上，将被测工件定位好。

(10)鼠标指向命令窗口，选择 启/停 按钮，并启动电机使被测工件转动，在虚拟瓦特表上显示两个校正平面的不平衡矢量，左右校正平面窗口分别显示左右测量点的不平衡量和所在位置，r/min 数字窗显示旋转零件的转速。

2)机器调零

为了保证机器的测量精度，在未测量工件前必须对机器进行调零和标定。

调零指消除机器或夹具残余不平衡量对工件测试的影响。

请按以下步骤对机器进行调零。

(1)选定对应支承形式，选择待测工件的型号数据，对好光电头；

(2)按 启 按键，启动机器，看工件是否匀速旋转；

(3)拔开左右传感线，启动机器，待工件自动停止后按 调零 按键；

(4)再启动机器，待自动停止后按一下 确定 按键，调零步骤完成；

(5)再启动一次机器，自动停止后左右不平衡量应为 0 或接近 0；

(6)插回左右传感线，注意左右传感线不要插错。

3)机器标定

标定指调试机器的精确度。每测一种工件之前必须对机器进行一次标定，其方式有双面测量标定和单面测量标定。

(1)双面测量标定步骤如下。

① 松开左右支承架的固定螺钉，根据工件的长短拉好左右支承架的距离，将工件放上支承架，把固定螺钉拧紧，再根据工件或夹具的半径调节传动带的高低，调节后传动带要保持水平。

② 按 启 按键，将开/关旋钮开关打到"开"的位置，常开/自动 旋钮开关打到"常开"的位置，电动机拖动工件转动，待工件匀速旋转后，将 常开/自动 拨动开关拨到"自动"的位置，机器会停下来。

③ 按 去重 按钮，使旁边红色箭头指向去重状态。

④ 将一已知重量的加重块的重量数值分别输入到 A、B 窗口内，然后将此加重块放到工件左测量平面自定 0 度位置上，按 启 按钮，机器转动数秒钟后停下来，用鼠标按一下 左试重 按钮，取下左面加重块，把它放到工件右测量平面自定 0 度位置上，按 启 按钮，机器转动数秒钟后停下来，用鼠标按一下 右试重 按键，取下右面加重块，在左右都没有加重时按 启 按键，机器转动数秒钟后停下来，用鼠标按一下 零试重 按键，最后用鼠标按一下 标定 按键，机器完成标定。

⑤ 机器正确标定后，14 窗口显示值应该与 A、B 窗口数值相同，15 窗口显示 0 或 360，而 10 窗口显示值是 14 窗口显示值的 1/10 以下为佳，否则应检查原因后再次进行标定。

⑥ 机器完成标定后，为避免在正常工作中再重复标定，标定 按键会隐藏起来。如果机器需要重新标定，只要按第④项重新操作，标定 按键就会重新显示出来。

⑦ 机器完成标定后，不改变工作条件，相同的工件可进行动平衡检测。

(2) 单面测量标定步骤如下。

① 按 启 按键，将 开/关 旋钮开关打到"开"的位置，把 常开/自动 旋钮开关打到"常开"的位置，电动机拖动工件转动，待工件匀速旋转后，将 常开/自动 拨动开关拨到"自动"的位置，机器会停下来。

② 按 去重 按钮，使旁边红色箭头指向去重状态。

③ 在 A、B 窗口分别输入标定磁铁的重量，装上工件。

④ 将磁铁放在工件测量半径 0 度位置上，启动机器，待停止后按 左试重 按键和 右试重 按键。

⑤ 拿开磁铁，启动机器，待停止后按 零试重 按键，再按 标定 按键，标定完成。

⑥ 机器完成标定后，为避免在正常工作中再重复标定，标定 按键会隐藏起来。如果机器需要重新标定，只要按第②项重新操作，标定 按键就会重新显示出来。

⑦ 正确标定后，14 窗口显示值应该与 A、B 窗口数值相同，15 窗口显示 0 或 360，否则应检查原因后再次进行标定。

机器完成标定后，不改变工作条件，相同的工件可进行动平衡检测。

(3) 如有以下之一的工作条件改变，机器必须进行重新标定。

① 光电头位置发生变化。

② 工件转速发生变化。

③ 左右支承架的位置变化。

④ 换测不同的工件。

⑤ 单面测量转为双面测量或双面测量转为单面测量。

当调零和标定步骤完成后，请按 退出 按键，退出的过程也是存盘的过程，然后再打开测试系统，选择合适的配重方式对工件进行测试和配重。

如果在调零和标定过程中不按正确步骤操作而出现重大错误，机器将呈现失常状态，此时可按 还原 按键，在对话框中按指示操作，再重新进行调零和标定。

4) 工件平衡

(1) 根据工件的配重要求(加重或去重)按 去重 或 加重 按键。

(2) 选定对应支承形式，把工件放到专用夹具上，按 启动 按钮，机器运转，机座旁边有 常开/自动 旋钮，当选择 自动 挡时，机器运行几秒钟之后会自动停止，同时锁定各项数据，此时的各项数据就是测量的所需数据。如果不选择自动停机，按 常开 挡，机器就不会停下来，当上述窗口显示的数据基本不跳动时，鼠标指向命令窗口，选择 启/停 按钮，则上述窗口显示的数值也会被锁定。

(3) 按照上述窗口显示的数值，在两校正平面上的对应相位按配重要求配重。为了不损伤转子，本实验中通常采用加重方式，根据窗口显示重量，揑取并在天平上称量尽可能准确的工业橡皮泥，将称量好的工业橡皮泥搓成尽量小的圆球，并将工业橡皮泥用力黏压在相应相位。当每次按 启动 按钮时，上一次的测量数据会被保存下来。

(4) 重复步骤(2)、(3)，直到被检测工件达到动平衡要求的精度。工件在接近完全平衡时，其相位角的指示会不太稳定，可以认为平衡已经完成。

(5) 平衡配重过程中，如果左面或者右面的剩余不平衡量数值大于所设定的允许不平衡量时，左面或右面会显示"NG"，表示平衡未达到要求，如果左面或右面剩余不平衡量数值小于所设定的允许不平衡量，左面或右面会显示"OK"，表示平衡已达到要求。

(6)实验过程中千万注意不要站在平衡块的切线上,防止转子高速旋转的过程中平衡块飞出伤人。

(7)黏压平衡配重时注意不要将平衡配重(或去重位置)放在挡住激光光斑的位置。实验过程中不要触碰光电测量头。

(8)在环境温度较低时工业橡皮泥可能较硬,会影响黏性,此时应当将工业橡皮泥适当加热后进行实验。

5)实验结果记录

将左右校正平面加重(减重)的重量及其对应位置、角度等详细资料填入实验报告中。

思　考　题

6-1　动平衡至少需要多少个平衡平面?静平衡、动平衡的力学条件是什么?

6-2　某电机转子的平衡精度级为 G6.3,转子最高转速为 $n=3000\text{r/min}$,转子的总质量为 5kg,问平衡后的最大允许不平衡量是多少?当校正半径为 20mm 时,其剩余不平衡质量 m 是多少?

6-3　请指出影响平衡精度的因素是什么?

6.5　凸轮检测技术

由于凸轮机构结构简单、紧凑、设计方便,而且能准确实现既定的从动杆运动规律,因此,凸轮在各种机械、仪表以及自动控制中得到广泛应用。凸轮廓线设计与制造正确与否,是凸轮机构运动性能能否达到设计要求的关键性因素。凸轮廓线的检测是凸轮检验的必要环节。而且,通过检测,还能改善机构的运动性能。

凸轮检测的主要内容是凸轮廓线检测。各种凸轮廓线的检测一般包括两方面的内容,一是测绘和检测凸轮实际廓线的坐标;二是测绘和检验凸轮机构从动杆的位移曲线。凸轮从动杆位移曲线直接与凸轮机构的工作要求相关联,而且从位移曲线还能得到从动杆的速度和加速度曲线,因而,在凸轮廓线的检测中,从动杆位移曲线的检测更为重要,应用也更广泛。

凸轮机构的类型很多,按凸轮的形状分,常见的有盘形凸轮、位移凸轮和圆柱凸轮,如图 6-14 所示。

其中盘形凸轮由于结构简单、制造方便,应用最广泛,是凸轮的基本形式。按从动杆的形状可分为尖顶从动杆、滚子从动杆、平底从动杆,如图 6-15 所示。根据从动杆的运动形式,又可分为直动从动杆和摆动从动杆。

将不同类型的凸轮和从动杆组合起来,就可以得到各种不同的凸轮机构。凸轮廓线检测主要包括上述两方面的内容。

对于盘形凸轮,无论采用何种形式的从动杆,凸轮实际廓线的检测都是按对心直动尖顶从动杆盘状凸轮检测原理进行的,如图 6-16 所示。对心直动尖顶从动杆盘形凸轮实际廓线上各点极径值与起始位置的差值,就是从动杆的位移,因而在检测实际廓线的同时,也可直接得到从动杆的位移曲线。但这仅仅是对对心直动尖顶从动杆盘形凸轮而言。对于滚子从动杆、平底从动杆或偏心直动从动杆盘形凸轮机构,测得的极径值并不直接反映从动杆的位移。在这种情况下,要测量从动杆的位移,应使凸轮检测工况与其实际工况相一致。

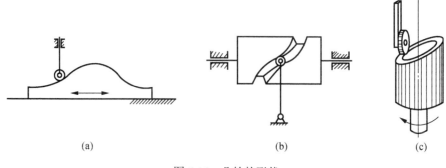

(a)　　　　　　　　　　(b)　　　　　　　　　　(c)

图 6-14　凸轮的形状

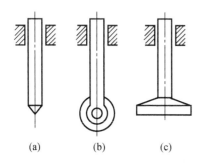

(a)　　　(b)　　　(c)

图 6-15　凸轮从动杆的形状

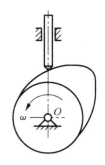

图 6-16　盘形凸轮

　　在检测摆动从动杆盘形凸轮机构的从动杆位移时,由于目前的检测设备还不能与它们的工况相同,因而一般先按对心直动从动杆位移曲线检测方法进行测量,再将检测结果按一定的公式计算,就能得到它们的位移曲线。

　　凸轮机构的其他部分的结构尺寸,包括偏置直动从动杆的偏心距离、摆动从动杆的长度、摆动从动杆的回转中心至凸轮轴中心的距离以及滚子从动杆的滚子半径等,与凸轮廓线的检测精度直接有关,它们的误差将直接导致凸轮廓线的检测误差,因此在检测时要加以注意。

6.6　凸轮轮廓检测实验

1. 实验目的

(1) 了解凸轮轮廓检测的原理和基本方法;

(2) 比较不同形式从动杆对位移的影响;

(3) 比较偏距及滚子半径对位移的影响。

2. 实验设备和工具

(1) 凸轮轮廓线检测实验仪;

(2) 0～30mm 的百分表;

(3) 被检测的凸轮轴试件以及尖顶、滚子和平底从动杆;

(4) 自备记录纸和常用文具。

3. 实验原理与步骤

1) 实验原理

凸轮轮廓线的检测方法一般分为两类:一是检测出凸轮轮廓线的极坐标;二是检测出凸

轮轮廓线所决定的从动杆位移曲线图。图 6-17 是凸轮轮廓线检测仪的示意图，可测出直动从动杆盘状凸轮机构的位移。本实验所要检测的项目如下。

(1)检测滚子半径 $r_r=0$，偏距 $e=0$ 的对心直动尖顶从动杆盘状凸轮机构的位移；

(2)检测 $r_r=10\text{mm}$、$e=0$ 的对心直动滚子从动杆盘状凸轮机构的位移；

(3)检测 $r_r=10\text{mm}$、$e=+5\text{mm}$ 的偏置直动滚子从动杆盘状凸轮机构的位移；

(4)检测 $r_r=\infty$、$e=0$ 的对心直动平底从动杆盘状凸轮机构的位移。

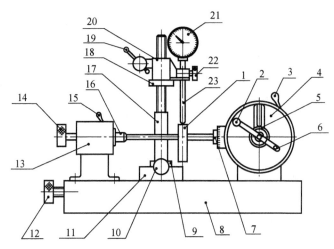

1-被测凸轮；2-分度手柄；3-固紧手柄；4-分度头；5-定位仪；6-定位销；7-分度头主轴；8-底座；9、10-横向丝杆；11、12-纵向丝杆；13、14-丝杆；15-手柄；16-顶针；17-支架；18-螺母；19-手柄；20-升降螺母；21-百分表；22-锁紧手轮；23-从动杆

图 6-17　凸轮轮廓线检测仪

2)实验步骤

(1)松开手柄 15，转动丝杆 14，使顶针 16 伸缩，将被检测凸轮 1 安装在分度头主轴 7 与顶针 16 上，然后进行校正，使凸轮轴线与分度头主轴线重合。

(2)将百分表 21 装夹在支架 17 的升降螺母 20 的侧孔内，锁紧手轮 22。然后转动纵向丝杆 12，使支架 17 左右移动，从而使从动杆 23(即百分表测量杆)移动到凸轮的正上方，松开手柄 19，慢慢转动螺母 18，使从动杆 23 接触凸轮轮廓面，并锁紧手柄 19。然后再转动横向丝杆 10，使支架 17 前后移动，按实验要求调节从动杆 23 的偏距 e(其数值可从横向底座的标尺上读出)，并调整好从动杆与凸轮的相对位置。

(3)松开分度头的固紧手柄 3，拉起定位销 6，慢慢正反转动分度手柄 2，使凸轮 1 随分度头的主轴 7 转动。找出测量凸轮廓线的升程开始位置(凸轮上有标记)，插下定位销 6，转动百分表 21 的刻度盘使其指针置于 0，并对应记录凸轮转角 $\phi=0°$，从动杆位移 $S=0$。

(4)凸轮的分度采用简单分度法，分度头 4 内的蜗轮蜗杆传动比为 1∶40，设凸轮所需的等分数为 z，如果利用分度盘上的 54 孔圈来分度，则可以计算出凸轮每转过 10°（即 36 等分)时手柄 2 所转过的孔数为 60 孔(一圈加 6 个孔)。具体做法是：由定位销 6 开始，逆时针数 60 个孔，并将定位仪 5 拨到第 60 个孔，然后拉起定位销 6，逆时针方向转动分度手柄 2，定位销 6 插入第 60 个孔中，然后从百分表 21 读出从动杆的位移量(百分表每小格刻度值为 0.01mm)。并对应记录 ϕ 与 S 值。如此重复，直到凸轮转回到起始位置，就可测得 36 对 ϕ 与 S 的对应值。

(5)根据实验原理(1)～(4)，重复实验步骤(1)～(4)，则先后测得其余三组凸轮机构的 ϕ 与 S 值(并将实验数据填入表中)。

第7章　力学性能及工作能力测定实验

7.1　概　　述

机械零部件的性能和工作能力直接影响机械产品的质量。

机械零部件的性能和工作能力与运动学和动力学特性、承载能力、精确度等密切相关，由于机械零件在加工制造过程的很多问题难以进行精确的理论分析和定量研究，因此必须通过实验方法进行机械零部件的性能和工作能力的测试。工程设计中许多系数和工作能力的确定都是在大量实验的基础上得出的。力学性能和工作能力的测试项目和内容十分广泛，需根据具体情况而定。

机械零部件工作能力和性能的试验方法一般分为台架试验和现场实际运行试验两大类。试验项目根据具体机械的类型、要求和结构而定。例如，齿轮的检测包括运动精度、传动平稳性、接触精度、齿侧间隙等。滑动轴承实验是测量滑动轴承轴套与转轴间隙中的油膜的压力分布。带传动实验主要是测定弹性滑动和打滑，并求出带传动的工作效率。带传动效率实验是在带的圆周速度 V、预紧力 F_0 一定的条件下，测量工作载荷 F 由小到大过程中，其效率的变化情况。

本章主要介绍几个机械基础实验，以便了解力学性能和工作能力测试的实验原理、装置、方法和技能。实验过程还应注意下面几点。

(1)实验原理和方案的正确性、可能性和合理性。

(2)实验设备能满足实验目的和要求，并具有合适的准确度、足够的强度和刚度。

(3)实验条件应尽量符合实际工况，并尽量节省人力、物力。

(4)加载部件是实验机的关键部分，要正确标定，并能实现空载启动、加载准确、可靠、稳定，在运转中能改变加载的大小和方向，便于测量。

(5)合理设计和准备试件。

(6)注意观察和采集数据，实验完毕要正确撰写实验报告。

7.2　齿轮检测技术

齿轮机构是各种机构中应用最广泛的一种机构。齿轮检测的内容包括运动精度、传动平稳性、接触精度、齿侧间隙等。本节以直齿圆柱齿轮为例介绍有关齿轮的检测技术，主要包括齿轮基本参数的测定和范成法加工齿轮的技术。

7.2.1　齿轮参数的补充说明

变位系数 *x*：用范成法加工齿轮时，当齿条刀具的中线不与齿轮轮坯的分度圆相切，而是靠近或远离轮坯的转动中心，这样加工出来的齿轮称为变位齿轮。齿条刀具中线与齿轮轮坯分度圆的距离 *xm* 称为移距。*x* 为变位系数，当刀具远离齿轮轮坯中心时，称为正变位，*x* 为正值，这样加工出来的齿轮为正变位齿轮。当刀具靠近齿轮轮坯中心时，称为负变位，*x* 为负值，这样加工出来的齿轮为负变位齿轮。

7.2.2　齿轮基本参数的检测实验(机械类)

1. 实验目的

(1)掌握用游标卡尺测量渐开线齿轮的有关尺寸，确定齿轮的基本参数；

(2)通过测量和计算，掌握齿轮各部分尺寸与基本参数的关系，理解渐开线齿轮的特点；

(3)通过测量齿轮的变位系数，了解变位齿轮的形成过程及齿轮轮廓的变化规律，掌握标准齿轮与变位齿轮的基本判别方法。

2. 实验设备与工具

(1)被测量齿轮；

(2)游标卡尺；

(3)学生自备计算器、纸和铅笔等文具。

3. 实验原理

齿轮各部分尺寸与齿轮的齿数 z、模数 m、压力角 α、齿顶高系数 h_a^* 和变位系数 x 等基本参数之间有确定的关系，所以通过测量齿轮的有关尺寸，可以计算出齿轮的基本参数。

本实验利用游标卡尺测量齿轮的齿顶圆直径，齿根圆直径和公法线长度，从而计算出齿轮基本参数。如图 7-1 所示，用游标卡尺两量爪的测量平面与渐开线齿廓相切，所测量的跨距称为齿轮的公法线长度，以 w 表示。卡脚与齿廓的切点位置与跨测齿数 n 有关，如果卡测齿数过多，则卡脚可能与两齿顶相接触而不是与分度圆相切；相反，如果卡测齿数过少，则两卡脚可能与齿根接触，也不一定是相切，这时所测出的两触点间的距离不是真正的公法线长度。测量公法线长度时，应使两卡脚与两齿廓的切点大致落在分度线附近。游标卡尺的两量爪所跨测的齿数 n 由齿轮的齿数 z 决定，可查表 7-1。

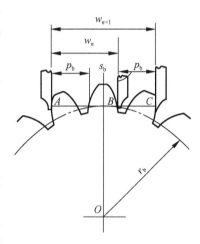

图 7-1　两量爪与齿廓相切

表 7-1　游标卡尺两量爪所跨测的齿数

齿数 z	12~18	19~26	27~36	37~45	46~54	55~63	64~72	73~81
跨测齿数 n	2	3	4	5	6	7	8	9

由图 7-1 可得齿轮公法线长度 w_n 为

$$w_n=(n-1)p_b+s_b \tag{7-1}$$

同理，如果跨测齿数为 $(n+1)$，其公法线长度为

$$w_{n+1}=np_b+s_b \tag{7-2}$$

由式(7-2)减式(7-1)得

$$p_b=w_{n+1}-w_n \tag{7-3}$$

又因

$$p_b=p\cos\alpha=\pi m\cos\alpha$$

对上两式联立求解，可得齿轮模数

$$m = \frac{w_{n+1} - w_n}{\pi \cos\alpha} = \frac{p_b}{\pi \cos\alpha} \tag{7-4}$$

4. 实验步骤

1)确定齿轮的模数 m 和压力角 α

(1)记录被测齿轮的编号和齿数 z，根据 z 查表 7-1 可得跨齿数 n。

(2)用游标卡尺测量跨 n 个和 $(n+1)$ 个齿的公法线长度各三次，每次测量不同的齿廓，而且必须使量爪的测量平面与齿廓相切，然后记下每次的读数，并填入实验报告书的表格中，取三次测量值的平均值作为公法线长度 w_n 和 w_{n+1}。

(3)将 w_n、w_{n+1} 和压力角 $\alpha=20°$ 或 $\alpha=15°$ 代入式(7-4)，计算出模数 $m_{\alpha=20°}$ 和 $m_{\alpha=15°}$，然后把它们与标准模数系列表(GB/T 1357—2008)比较，选取其中与某标准模数同值或与其接近的标准模数作为该齿轮的模数 m(标准化)，而它所对应的压力角就是齿轮的压力角 α。

2)确定齿轮的变位系数 x

根据齿轮基圆齿厚公式

$$s_b = m\left(\frac{\pi}{2} + 2x\tan\alpha\right)\cos\alpha + mz\cos\alpha\,\mathrm{inv}\alpha \tag{7-5}$$

将公式(7-3)代入式(7-2)整理得

$$s_b = nw_n - (n-1)w_{n+1} \tag{7-6}$$

将上两式联立整理后，得到变位系数

$$x = \frac{\left(\dfrac{s_b}{m\cos\alpha} - \dfrac{\pi}{2} - z\,\mathrm{inv}\alpha\right)}{2\tan\alpha} \tag{7-7}$$

3)确定齿顶高系数 h_a^* 和顶隙系数 c^*

用游标卡尺尽量精确地测量齿顶圆直径 d_a' 和齿根圆直径 d_f' 各三次，并取其平均值作为 d_a' 和 d_f' 填入表格中。当齿数 z 为偶数时，可直接量出 d_a' 和 d_f'。当齿数 z 为奇数时

$$d_a' = d_0 + 2H_1 \tag{7-8}$$

$$d_f' = d_0 + 2H_2 \tag{7-9}$$

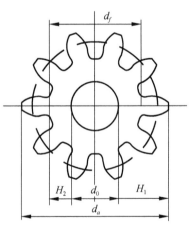

H_1 和 H_2 分别为从齿轮孔壁到齿顶和齿根的距离(图7-2)。

计算分度圆直径 $d = zm$，并利用齿顶高公式

$$h_a = \frac{d_a' - d}{2} \tag{7-10}$$

又因

$$h_a = m(h_a^* + x) \tag{7-11}$$

由式(7-10)和式(7-11)得齿顶高系数

$$h_a^* = \frac{d_a' - d}{2m} - x \tag{7-12}$$

由式(7-12)计算出的齿顶高系数 h_a^* 应符合标准值，然后查表 7-2 取其对应的标准顶隙系数 c^*。

图 7-2 齿轮顶圆和根圆的测量

表 7-2 由 h_a^* 查 c^*

齿轮类别	齿顶高系数 h_a^*	顶隙系数 c^*
正常齿	1	0.25
短齿	0.8	0.3

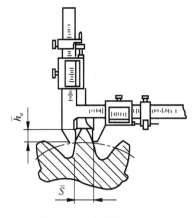

图 7-3 齿厚测量示意图

4)齿厚测量

齿厚测量通常是切齿过程用于测量和检验切削用量以及控制齿侧间隙的一种方法。

圆柱齿轮齿厚测量常用公法线长度或分度圆弦齿厚（或固定弦齿厚）。公法线长度的测量原理和它所用的工具如前所述。测量时，卡测齿数 n 及公法线长度 W_n 的理论值可由表 7-3 求得。分度圆弦齿厚 $\overline{S}$ 的测量可用齿轮游标卡尺来进行(图 7-3)。齿轮游标卡尺实际上是由垂直和水平方向上的两把游标卡尺组成的。测量时，分度圆弦齿高 $\overline{h}_o$ 按表 7-4 求得，以齿顶为基准，并按 $\overline{h}_o$ 调整垂直方向上的游标卡尺。然后在水平游标卡尺上读出分度圆弦齿厚 $\overline{S}$ 。

表 7-3 标准直齿圆柱齿轮公法线长度 W_n 与卡测齿数 $n(\alpha=20°)$

z	12	18	25	33	34
$W_{no}(m=1mm)$	4.582	4.680	7.730	10.795	10.809
n	2	2	3	4	4

注：(1)当 $m \neq 1$ 时，公法线长度：W_n 等于表中数值乘以该齿轮模数而得。

(2)变位直齿圆柱齿轮公法线长度 $W_n=(W_{no}+0.684x)m$；卡测齿数 $n'=0.111z+0.5+1.75x$。

表 7-4 标准圆柱齿轮分度圆弦齿厚 $\overline{S}$ 和弦齿高 $\overline{h}_o$ $(\alpha=20°，m=1mm，h_o^x=1)$

z	12	18	25	33	34
$\overline{S}$	1.5663	1.5688	1.5698	1.5702	1.5702
$\overline{h}_o$	1.559	1.0342	1.0247	1.0187	1.0181

注：当 $m \neq 1$ 时，实际的 $\overline{S}$ 和 $\overline{h}_o$ 值可用表中数值乘以该模数 m 而得。

7.2.3 齿轮基本参数的检测实验(非机类)

1. 实验目的

同机械类实验。

2. 实验设备与工具

同机械类实验。

3. 实验原理

同机械类实验。

4. 实验步骤

1)确定齿轮的模数 m 和压力角 α

同机械类实验。

2) 变位系数 x

根据测得的公法线长度 W'_n 和 W_n(由表 7-3 求得),则可得齿轮变位系数

$$x=\frac{W'_n-W_n}{2m\sin\alpha} \tag{7-13}$$

根据计算结果:如果 $x=0$,则为标准齿轮;如果 $x>0$,则为正变位齿轮;如果 $x<0$,则为负变位齿轮。

3) 确定齿顶高系数 h_a^* 和顶隙系数 c^*

同机械类实验。

7.2.4 齿轮范成实验

1. 实验目的

(1) 掌握用范成法切制渐开线齿轮齿廓的基本原理;

(2) 了解渐开线齿轮产生根切现象的原因及避免根切的方法;

(3) 分析和比较标准齿轮和变位齿轮的异同点。

2. 实验设备和工具

(1) 齿轮范成仪;

(2) 自备齿轮毛坯纸一张(图 7-6)、绘图圆规及三角板、计算器和铅笔等文具。

3. 实验原理

用齿轮范成仪来显示齿条刀具与齿轮毛坯之间的范成运动,并用铅笔将刀刃的各个位置画在纸制毛坯上,这样就可以清楚地观察到齿轮范成的全过程。如图 7-4 所示。

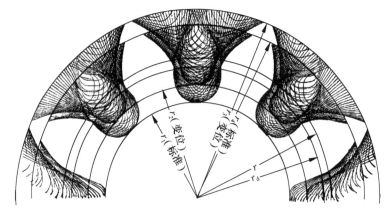

图 7-4 齿轮范成

图 7-5 是齿轮范成仪的示意图,其中扇形盘 2 绕固定轴 O 转动,用压板 1 和螺母 7 将代表齿轮毛坯的图纸固定在扇形盘 2 上,拧松螺钉 6,可调整齿条刀具 3 与齿轮毛坯之间的径向距离,螺钉 6 将齿条刀具 3 固定在滑板 4 上,滑板可沿固定轨道 5 做往复横向移动,为了保证扇形盘 2 与滑板 4 作相对纯滚动,范成仪的扇形盘与滑板采用齿轮齿条啮合传动。当齿条刀具分度线与纸制齿轮毛坯分度圆相切并作纯滚动时,就可以绘制出标准齿轮的齿廓。

4. 实验前的准备工作

(1) 首先根据范成仪的基本参数(如表 7-5,各实验室所用的范成仪不一定相同,因此参数也不相同)计算出标准齿轮、正变位齿轮的分度圆、基圆、齿顶圆和齿根圆的直径,并将它们填入实验报告中。

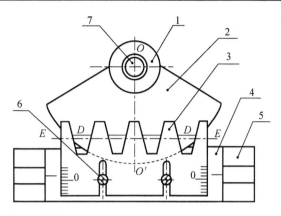

1-压板；2-扇形盘；3-齿条刀具；4-滑板；5-固定轨道；6-螺钉；7-螺母

图 7-5　齿轮范成仪示意图

表 7-5　范成仪的基本参数

序号	齿条刀具参数	被加工齿轮	
		主要参数	类型
1	$m=8$mm，$\alpha=20°$，$h_a^*=1$，$C^*=0.25$	$z=20$，$x=0$	标准
2	$m=16$mm，$\alpha=20°$，$h_a^*=1$，$C^*=0.25$	$z=10$，$x=0$	标准
3	$m=16$mm，$\alpha=20°$，$h_a^*=1$，$C^*=0.25$	$z=10$，$x=0.4375$	正变位

(2)如图 7-6，在图纸上作出基圆、分度圆，并把它们分为三等份(即每部分的圆心角均为120°)。为了对心方便，需分别画出这三等分圆心角的角平分线，再作这些角平分线的垂线

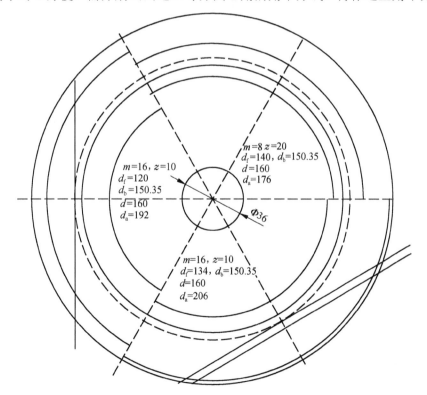

图 7-6　齿轮加工毛坯尺寸

（垂足为角平分线与分度圆的交点）。然后，分别在这三等分上画出两个标准齿轮($m_1=8\text{mm}$，$z_1=20$；$m_2=16\text{mm}$，$z_2=10$)、一个正移距变位齿轮($m=16\text{mm}$，$z=10$)的顶圆和根圆。（上述步骤必须在实验之前做好，并按外径$\varPhi210$、孔径$\varPhi36$将图纸剪成一穿孔圆纸片，实验时带来。）

5. 实验步骤

(1)先绘制$m=8$，$z=20$的齿廓。将范成仪滑板移动到中间，将扇形盘下部零刻度与滑板零刻度对齐。将范成仪的螺母7拧松，拿下压板1，把毛坯中心的圆孔套在O轴上。然后使毛坯和扇形盘2对心，松开螺钉6并调整齿条刀具3和轮坯之间的径向距离，使代表标准齿轮毛坯部分的角平分线及其垂线分别与扇形盘2的中线OO'及其垂线DD重合，然后放下压板1，锁紧螺母7。松开螺钉6，上下移动刀具3，使其中线EE与毛坯分度圆相切(即EE线与DD线重合)，即调好了毛坯与刀具间的径向距离，然后锁紧螺钉6。

(2)将固连在滑板4上的刀具3推移到右或左端，然后向另一端慢慢移动，每移动一小段距离(2~3mm)，则用削尖的铅笔描画出刀具3的刀刃(每画一笔，相当于刀具切削轮坯的齿槽间一刀)，如此重复，直至刀具移到另一端，就可在毛坯纸上描画出3~4个完整的标准齿轮齿廓。这样描绘出的刀具刀刃在各个位置时的轨迹包络线，就形成了渐开线齿廓。

(3)拧松螺母7，将毛坯转过$120°$，重复以上步骤(1)和(2)绘出$m=16$，$z=10$的标准齿廓。

(4)拧松螺母7，再将毛坯转过$120°$，依据步骤(1)，调整轮坯与扇形盘对心，并保证EE线与DD线重合，然后将刀具3向外移动xm毫米，锁紧螺钉6，并左右移动刀具，观察其顶线是否依次切于毛坯根圆，否则，应轻轻拧松螺钉6，进行微调，直至满足上述要求。重复步骤(2)，可在轮坯纸上描画出3~4个完整的正变位齿轮的齿廓曲线。

思 考 题

7-1　齿轮根切现象是如何产生的？如何避免？在图形上如何判断齿轮是否根切？

7-2　齿条刀具的齿顶高和齿根高为什么都等于$(h_a^*+c^*)m$？

7-3　用齿条刀具加工标准齿轮时，刀具和轮坯之间的相对位置和相对运动有何要求？

7-4　为什么说齿轮的分度圆是加工时的节圆？

7.3　机械传动性能综合实验

1. 实验目的

(1)通过测试常见机械传动装置(如带传动、链传动、齿轮传动、蜗杆传动等)在传递运动与动力过程中的参数曲线(速度曲线、转矩曲线、传动比曲线、功率曲线及效率曲线等)，加深对常见机械传动性能的认识和理解；

(2)通过测试由常见机械传动装置组成的不同传动系统的参数曲线，掌握机械传动合理布置的基本要求；

(3)通过实验认识机械传动综合实验台的工作原理，掌握计算机辅助实验的新方法，培养进行设计性实验与创新性实验的能力。

2. 实验原理

机械传动性能综合实验台的工作原理框图如图7-7所示。变频电机、扭矩传感器、机械传动装置、扭矩传感器、负载调节装置之间用联轴器连接。工控机控制变频电机线性调节转速，变频电机的输出转矩和转速由扭矩传感器测量，变频电机通过扭矩传感器驱动机械传动装置，机械传动装置后也连接有扭矩传感器，并且系统末端有加载装置，负载可通过工控机进行调节。两个扭矩传感器的测量数据通过工控机进行计算和显示。

3. 实验设备

本实验在"机械传动性能综合实验台"上进行。实验台采用模块化结构，由不同种类的机械传动装置、联轴器、变频调速电机、加载装置和工控机等模块组成，学生可以根据选择或设计的实验类型、方案和内容，自己动手进行传动连接、安装调试和测试，进行设计性实验、综合性实验或创新性实验。

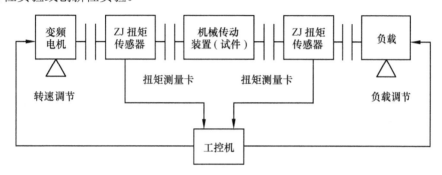

图 7-7 实验台的工作原理

1) 实验台硬件说明

机械传动性能综合实验各硬件组成部件的结构布局如图 7-8 所示。

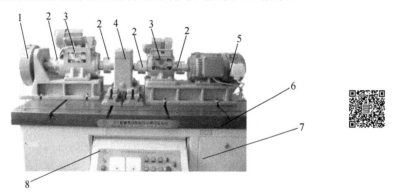

1-加载与制动装置；2-联轴器；3-转矩转速传感器；4-传动装置；
5-变频调速电机；6-台座；7-变频器；8-电器控制柜面板

图 7-8 实验台的结构布局

实验台组成部件的主要技术参数如表 7-6 所示。

表 7-6 实验台组成部件的主要技术参数

序 号	组成部件	技术参数	备 注
1	变频调速电机	550W	YP-50-0.55-4-B3
2	ZJ 型转矩转速传感器	Ⅰ.规格 5N·m； 输出信号幅度不小于 100mV Ⅱ.规格 50N·m； 输出信号幅度不小于 100mV	

续表

序　号	组成部件	技术参数	备　注
3	机械传动装置(试件)	直齿圆柱齿轮减速器 $i=5$ 蜗杆减速器 $i=10$ V 带传动 齿形带传动　$P_b=9.525$，$Z_b=80$ 套筒滚子链传动　$Z_1=17$，$Z_2=25$	WPA50-1/10 O 型带 3 根 08A 型 3 根
4	磁粉制动器	额定转矩：50N·m 激磁电流：2A 允许滑差功率：1.1kW	
5	工控机	PC-500	

各主要搭接件中心高及轴径尺寸如表 7-7。

表 7-7　搭接件参数表

YP-50-0.55 变频电机	中心高 80mm	轴径 $\Phi 19$
ZJ10 转矩转速传感器	中心高 60mm	轴径 $\Phi 14$
ZJ50 转矩转速传感器	中心高 70mm	轴径 $\Phi 25$
FZ-5 磁粉制动器	法兰式	轴径 $\Phi 25$
WPA50-1/10 蜗轮减速器	输入轴中心高	轴径 $\Phi 12$
	输出轴中心高	轴径 $\Phi 17$
齿轮减速器	中心高 120mm	轴径 $\Phi 18$　中心距 85.5mm
轴承支承	中心高 120mm	轴径(a) $\Phi 18$ 轴径(b) $\Phi 14$、$\Phi 18$

为了提高实验设备的精度，实验台采用两个扭矩测量卡进行采样。

2)实验台硬件连接

(1)先接好工控机、显示器、键盘和鼠标之间的连线，显示器的电源线接在工控机上，工控机的电源线插在电源插座上。

(2)将主电机、主电机风扇、磁粉制动器、ZJ10 传感器(辅助)电机、ZJ50 传感器(辅助)电机与控制台连接，其插座位置在控制台背面右上方(图 7-10)。

(3)输入端 ZJ10 传感器的信号口Ⅰ、Ⅱ接入工控机内卡 TC-1(300H)的信号口Ⅰ、Ⅱ(图 7-9)。输出端 ZJ50 传感器的信号口Ⅰ、Ⅱ接入工控机内卡 TC-1(340H)的信号口Ⅰ、Ⅱ(图 7-9)。

(4)将控制台 37 芯插头与工控机连接，即将实验台背面右上方标明为工控机的插座与工控机内 IO 控制卡相连(图 7-9、图 7-10)。

(5)注意：各线缆应当整理整齐，不能与旋转部件相接触。

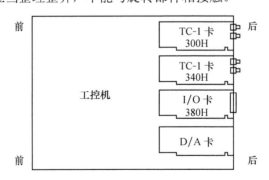

图 7-9　工控机插卡示意图

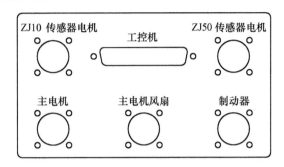

图 7-10   控制台背板接线图

3) 控制面板操作介绍

控制面板如图 7-11 所示。

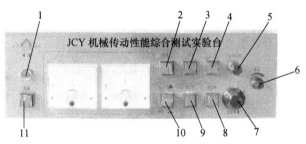

1-电源指示灯；2-主电机开关(开启、关闭变频电机)；3-I 正转开关，输入端 ZJ10 型传感器电机正向转动的开启、关闭；
4-I 反转开关，输入端 ZJ10 型传感器电机反向转动的开启、关闭；5-电流微调开关，FZ50 型磁粉制动器加载微调；
6-调速开关，手动调整主电机转速；7-电流粗调开关，FZ50 型磁粉制动器加载粗调；8-II 正转开关，输出端 ZJ50 型传感器电机
正向转动的开启、关闭；9-II 反转开关，输出端 JZ10 型传感器电机反向转动的开启、关闭；
10-选择操作方式为自动或手动的开关；11-电源开关，接通、断开电源及主电机冷却风扇

图 7-11   控制面板介绍

机械设计综合实验台采用自动控制测试技术设计，所有电机为程控启动、停止，转速程控调节，负载程控调节，用扭矩测量卡替代扭矩测量仪，整台设备能够自动进行数据采集处理，自动输出实验结果，是高度智能化的产品。其控制系统主界面如图 7-12 所示。

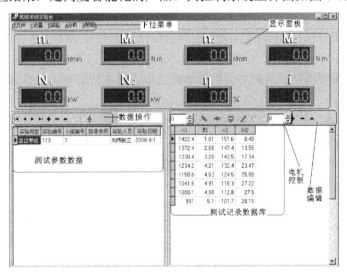

图 7-12   实验台控制系统主界面

4)软件控制介绍

在工控机的屏幕桌面上双击程序图标进入如图 7-12 所示实验台控制系统主界面。主界面主要由下拉菜单、显示面板、电机控制操作面板、数据编辑面板、被测参数数据库、测试记录数据库六部分组成。其中：电机控制操作面板主要用于控制实验台架；下拉菜单中可以设置各种参数；显示面板用于显示实验数据；测试记录数据库用于存放并显示临时测试数据；被测参数数据库用来存放被测参数。数据编辑面板主要由数据导航控件组成，其作用主要是对被测参数数据库和测试记录数据库中的数据进行操作。

(1)电机操作介绍。电机操作面板如图 7-13 所示。

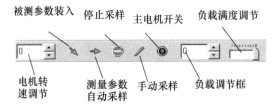

图 7-13　电机操作面板

① 电机转速调节框：通过调节框内数值可改变变频器频率，进而调节电机转速，变频器最高频率由变频器设置。

② 被测参数装入按钮：根据被试件参数数据库表格中的"实验编号"，装入与编号相符的实验数据，并在下面表格中显示。

③ 测试参数自动采样按钮：实验台开始运行后，按下此按钮，由计算机根据设定的间隔时间自动进行采样并记录采样点的各参数，用户对数据的采样无需干预。

④ 停止采样按钮：按下此按钮，计算机停止对实验数据进行采样。

⑤ 手动采样按钮：如果用户选择手动采样方式，那么在整个实验期间，用户必须在认为需要采集数据的时刻按下此按钮，计算机会将该时刻采集的实验数据填入下面表格中，显示并等待用户进行下一个采样点的采样。

⑥ 主电机电源开关：按下此按钮可以通、断主电机电源，并且通过图像显示当前电机电源状态。

⑦ 电机负载调节框：控制此调节框，计算机将控制电机负载的大小(用磁粉制动器实现)。调节框数值为 0～100 可调，负载满度由后面的满度调节滑竿控制。

⑧ 负载满度调节滑竿：限制可调负载的最大值，最左边满度为硬件满度的 1/10，最右边为硬件满度。

(2)设置基本实验常数。单击屏幕窗口左上方的 设置 出现图 7-14 的下拉菜单，单击 基本试验常数 ，在弹出图 7-15 的设置报警参数窗口中设置报警参数。通常第一报警参数为输出转速 n_2 的下限为 0，上限为 1500r/min；第二报警参数为输出转矩，下限为 0，上限为 40N•m。 定时记录数据 框内数据为计算机对实验数据采样的时间，单位为分钟，采样周期为计算机自动采样时连续采集两个采样点时间隔的时间。

C设置
S基本试验常数
W选择测试参数
T设定转矩转速传感器参数
Q配置流量传感器串口参数
P设定压力温度等传感器参数

图 7-14　设置窗口

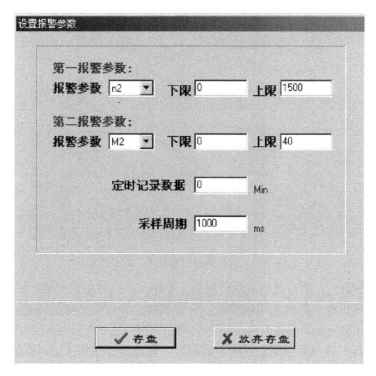

图 7-15　报警参数设置

(3)设置测试参数。在设置下拉菜单中单击 选择测试参数 ，在弹出的菜单中可以设定测量的参数(图 7-16)。本实验通常设置测量输入转速、输入转矩、输出转速、输出转矩、输入功率、输出功率、效率和速比。

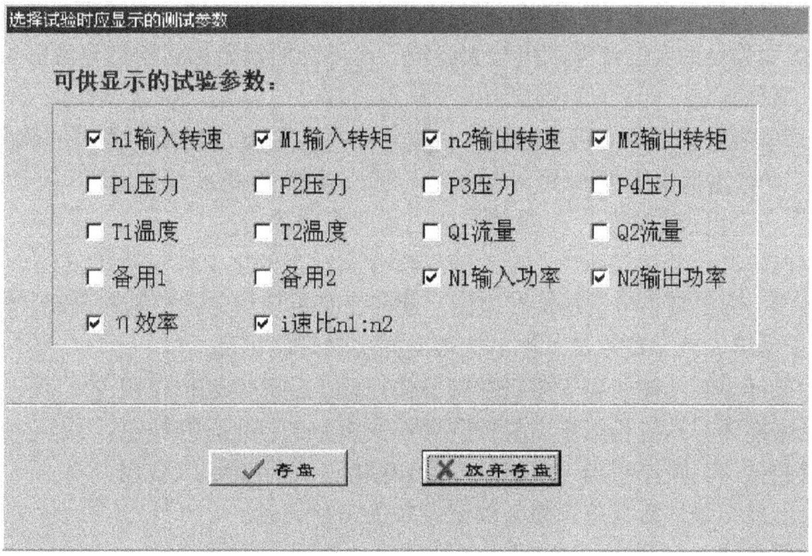

图 7-16　设置测试参数菜单

(4)设定转矩转速传感器参数。选择"设定转矩转速传感器参数"时,系统弹出"设置扭矩传感器参数"对话框,用户应根据传感器铭牌上的标识正确填写各参数(图 7-17)。

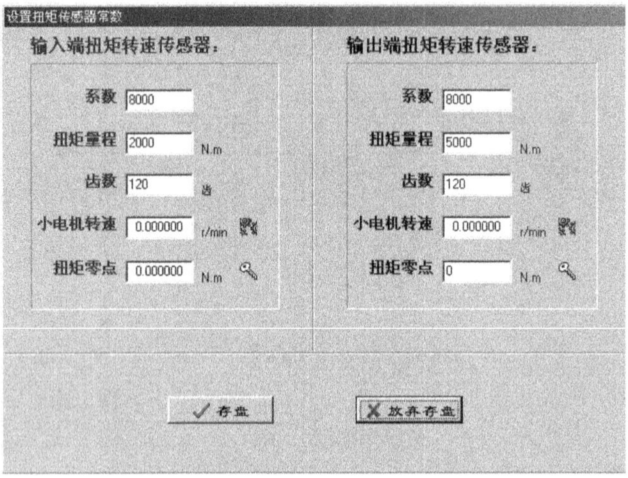

图 7-17　设定转矩转速传感器参数菜单

　　填写小电机转速时，用户必须启动传感器上小电机，此时测试台架主轴应处于静止状态，按下小电机转速显示框旁的齿轮图标按钮，计算机将自动检测小电机转速，并填入该框内。当主轴转速低于 100r/min，必须启动传感器上的小电机，且小电机转向必须与主轴转向相反。机械台架每次重新安装后都需要进行扭矩的调零，但是没必要每次测试都进行调零。调零时要注意，输入和输出一定要分开调零。调零分为精细调零和普通调零，当进行精细调零时，要先断开负载和联轴器，再使主轴开始转动，进行输入调零，然后接好联轴器，主轴转动，进行输出调零。当进行普通调零时则无须断开联轴器，直接开动小电机进行调零就可以了。但小电机转动方向必须与主轴转动方向相反，处于零点状态时用户只需按下调零框右边的钥匙状按钮，便可自动调零。

　　设定转矩转速传感器参数，配置流量传感器串口参数，设定压力温度等传感器参数菜单项的设定会对实验台的实验精度产生较大影响，这部分的设定由实验指导教师执行。

　　(5)实验菜单。

　　实验主菜单内包括"主电机电源"，"输入端小电机 p 正转电源"，"输入端小电机 p 反转电源"，"输出端小电机 p 正转电源"，"输出端小电机 p 反转电源"，"开始采样"，"停止采样"，"记录数据"，"覆盖当前记录"菜单项。

　　① 主电机电源，其功能相当于电机控制操作面板上的主电机电源按钮。

　　② 输入端、输出端小电机正反转电源，此四个菜单项可分别控制输入端、输出端传感器上小电机的正反转，以保证测试时小电机转向同主轴转向相反。

　　③ 开始采样，其功能相当于电机控制操作面板上的开始采样按钮。

　　④ 停止采样，其功能相当于电机控制操作面板上的停止采样按钮。

　　⑤ 记录数据，其功能相当于电机控制操作面板上的手动记录数据。

　　⑥ 覆盖当前记录，此菜单项将新的记录替换当前记录。

　　(6)分析菜单项。

　　分析主菜单包括"设置曲线选项"，"绘制曲线"，"打印试验表格"菜单项。

　　① 打开绘制曲线选项，系统会弹出"绘制曲线选项"对话框，用户可根据自己的需要选择要绘制曲线的参数项，其中，标记采样点的作用是在曲线图上用小圆点标记出数据的采样点，曲线拟合算法是用数学方法将曲线进行预处理，以便分析实验数据。

② 绘制曲线选项，即根据用户的选择绘制出整个实验采样数据的曲线图，在曲线图右上方有打印按键，单击后用系统打印机打印曲线图。

③ 打印项，在选定的打印机上打印参数表格。

④ 设置打印机，设定打印机的参数。

4. 实验步骤

1) 实验前的准备

(1) 搭接实验装置前、应仔细阅读本实验台的使用说明书，熟悉各主要设备的性能、参数及使用方法，正确使用仪器设备及测试软件。

(2) 确定实验类型与实验内容，根据教师设置的实验题目选择实验。

(3) 布置、安装被测机械传动装置。搭接实验装置时，由于电动机、被测传动装置、传感器、磁粉离合器的中心高均不一致，组装、搭接时应选择合适的垫板、支承板、联轴器，确保传动轴之间的同轴线要求；调整好设备的安装精度、以使测量的数据精确。

(4) 在有带、链传动的实验装置中，为防止张紧压轴力直接作用在传感器上、影响传感器测试精度、一定要安装本实验台的专用轴承支承座。

(5) 在搭接好实验装置后，用手转动电机轴、如果装置运转自如，即可接通、开启电源进入实验操作。否则、重调各连接轴的中心高、同轴度，以免损坏转矩转速传感器。

(6) 本实验台可进行手动或自动操作。手动操作可通过按动实验台正面控制面板上的按钮，即可完成实验全过程。

2) 实验操作测试

(1) 自动操作。

① 打开实验台电源总开关和工控机电源开关。

② 按下控制台电源按钮、接通电源，同时选择电机自动工作方式。

③ 单击程序图标显示测试控制系统主界面，熟悉主界面的各项内容；下拉菜单设置部分，根据要求在弹出的"设置报警参数"、"选择试验时应显示的测试参数"对话框中选择报警参数、试验时应显示的测试参数。

④ 键入实验教学信息：实验类型、实验编号、小组编号、实验人员、指导老师、实验日期等。

⑤ 单击"设置"，确定实验测试参数：转速 n_1、n_2 扭矩 M_1、M_2 等。

⑥ 单击"分析"，确定实验分析所需项目：曲线选项、绘制曲线、打印表格等。

⑦ 启动主电机，进入"试验"。通过软件运行界面的电机转速调节框调节电机速度，使电机转速加快至接近要求转速后，进行加载。

⑧ 如输出转速在 100r/min 以下，应开动传感器辅助电机，否则可不开动。通过电机负载调节框和手动采样按钮缓慢加载、采样。加载时要缓慢平稳，否则会影响采样的测试精度；待数据显示稳定后，即可进行数据采样；分级加载、分级采样，采集数据 10 组左右即可。

⑨ 从"分析"中调看参数曲线，确认实验结果；

⑩ 打印实验结果。

⑪ 结束测试。注意逐步卸载，关闭电源开关。

(2) 手动操作。

① 打开实验台电源总开关和工控机电源开关。

② 按下控制台电源按钮、接通电源，选择手动、开动主电机。

③ 单击 Test 显示测试控制系统主界面,熟悉主界面的各项内容;下拉菜单设置部分,根据要求在弹出的"设置报警参数""选择试验时应显示的测试参数"对话框中选择报警参数、实验时应显示的测试参数。

④ 键入实验教学信息:实验类型、实验编号、小组编号、实验人员、指导老师、实验日期等。

⑤ 单击"设置",确定实验测试参数:转速 n_1、n_2,扭矩 M_1、M_2 等。

⑥ 单击"分析",确定实验分析所需项目:曲线选项、绘制曲线、打印表格等。

⑦ 启动主电机,进入"试验"。用操作面板电机转速调节旋钮 6 调节电机速度,使电动机转速加快至接近要求转速后,进行加载。

⑧ 如输出转速在 100r/min 以下,应开动传感器辅助电机,否则可不开动。通过转动控制台电流粗调按钮 7、电流微调按钮 5 缓慢加载、采样。加载时要缓慢平稳,否则会影响采样的测试精度;待数据显示稳定后,即可进行数据采样。分级加载、分级采样,采集数据 10 组左右即可。

⑨ 从"分析"中调看参数曲线,确认实验结果。

⑩ 打印实验结果。

⑪ 结束测试。注意逐步卸载,关闭电源开关。

3) 实验结果分析

① 对实验结果进行分析;分析不同机械传动装置传递运动的平稳性和传递动力的效率;分析不同的布置方案对传动性能的影响。

② 整理实验报告;实验报告的内容主要有测试数据(表)、参数曲线;对实验结果的分析;实验中的新发现、新设想或新建议。

5. 注意事项

(1)电源接通后参加实验的人员必须与实验台保持一定距离。

(2)本实验台采用的是风冷式磁粉制动器、注意其表面温度不得超过 80℃,实验结束后应及时卸除载荷。

(3)在施加实验载荷时,"手动"工作方式应平稳地旋转电流微调旋钮 5、"自动"工作方式也应平稳地加载,并注意输入传感器的最大转矩不应超过其额定值的 120%。

(4)先启动主电机后再加载荷,严禁先加载荷后开机。

(5)在实验过程中,如遇电机转速突然下降或者出现不正常的噪声和震动时,必须卸载或紧急停车(关掉电源开关),以防电机温度过高,烧坏电机、电器及导致其他意外事故。

(6)变频器出厂前设定完成,若需更改,必须由实验技术人员或熟悉变频器的技术人员担任,不适当的设定将造成人身安全和损坏机器等意外事故。

7.4　机组运转及飞轮调节实验

1. 实验目的

(1)熟悉机组运转工作阻力的测试方法;

(2)理解机组稳定运转时速度出现周期性波动的原因;

(3)掌握机器周期性速度波动的调节方法和设计指标;

(4)掌握飞轮设计方法;

(5) 能够熟练利用实验数据计算飞轮的等效惯量。

2. 实验系统

1) 实验系统框图

如图 7-18 所示，本实验系统由以下部分组成。

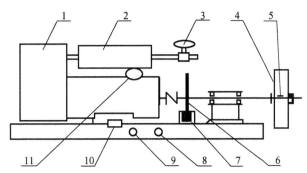

1-空气压缩机；2-储气罐；3-排气阀口；4-飞轮；5-平键；6-分度盘片；7-同步脉冲信号传感器；
8-同步脉冲信号传感器输出口；9-压力传感器输出口；10-动力开关；11-压力表

图 7-18　实验系统框图

(1) 0～0.7MPa 小型空气压缩机组 (DS-Ⅱ型飞轮实验台)；

(2) 主轴同步脉冲信号传感器 (已安装在 DS-Ⅱ型飞轮实验台中)；

(3) MPX700 系列无补偿半导体压力传感器 (已安装在 DS-Ⅱ型飞轮实验台中)；

(4) 实验数据采集控制器 (DS-Ⅱ动力学实验仪)；

(5) 计算机及相关实验软件。

2) DS-Ⅱ型动力学实验台

如图 7-18 所示，DS-Ⅱ型动力学实验台由空压机组、飞轮、传动轴、机座、压力传感器、主轴同步脉冲信号传感器等组成。压力传感器已经安装在空压机的压缩腔内，9 为其输出接口。同步脉冲发生器的分度盘 7 (光栅盘) 固装在空压机的主轴上，与主轴曲柄位置保持一个固定的同步关系，同步脉冲传感器的输出口为 8。开机时，改变储气罐压缩空气出口阀门 3 的大小，就可改变储气罐 2 中的空气压强，因而也就改变了机组的负载，压强值可从储气罐上的压力表 11 直接读出。根据实验要求，飞轮 4 可以随时从传动轴上拆下或装上，拆下时注意保管好轴上的平键 5，在安装飞轮时应注意放入平键，并且将轴端面固定螺母 6 拧紧。

本实验台采用的压力传感器结构及接线如图 7-19 所示，其敏感元件为半导体敏感器材 (膜片)，压敏部分采用一个 X 型电阻四端网络结构，替代由四个电阻组成的电桥结构。在气压的作用下，膜片产生变形，从而改变电桥的电阻值，输出与压强相对应的电压信号。为了让用户使用方便，该传感器的内部电路已经将电压放大和传感器热补偿电路集成在一起，常温情况下，在 5V 供电电压时，相对于 0～700kPa 空气压强的输出电压为 0.2～4.5V。

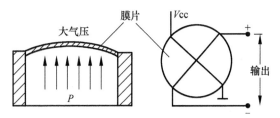

图 7-19　压力传感器原理图

3) DS-Ⅱ型动力学实验仪

DS-Ⅱ动力学实验仪内部由单片机控制，它完成气缸压强和同步数据的采集与处理，同时将采集的数据传送到计算机进行处理。它的面板如图 7-20 所示。打开电源，指示灯亮，表示仪器已经通电。复位键是用来对仪器进行复位的。如果发现仪器工作不正常或者与计算机的通信有问题，可以通过按复位键来消除。仪器的背面如图 7-21 所示，有两个 5 芯航空插头，分别标明压强输入和转速输入，将动力学实验台的相应插头插入插座即可。标明 "放大" 字样的调节螺钉是用于调节压力传感器输出信号增益的。一般当空压机储气罐达到最大压力时应控制压力传感器输出电压≤4.8V，一般取 4.5V 左右。输出电压可通过 "压强输入" 插座上方的端子来测量。设备出厂时已调好，一般不要对这两个调节螺钉进行调节，以免使系统标定产生混乱。背面上还有两个通信接口，一个是标准的 9 针 RS232 接口，用于仪器与计算机直接连接，另一个是多机通信口，用于将仪器与多机通信转换器连接，通过多机通信转换器再接入计算机。这两个接口中的任一个均可与计算机通信。

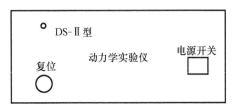
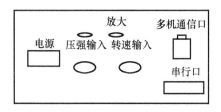

　　图 7-20　动力学实验仪面板　　　　　　图 7-21　动力学实验仪背面

3. 实验原理

飞轮设计的基本问题是根据机器实际所需的平均速度 $\bar{\omega}$ 和许可的不均匀系数 δ 来确定飞轮的转动惯量 J。当设计飞轮时，因为研究的范围是在稳定运动时期的任一个运动循环内，所以假定在循环开始和循环结束时系统的状态是一样的，对回转机械来说，也就是在循环开始和结束时它们的速度是一样的，这时驱动力提供的能量全部用来克服工作阻力(不计摩擦等阻力)所做的功，在这样的前提下，我们就可以用盈亏功的方法来计算机械系统所需要的飞轮惯量。具体来说，计算一个运动周期中驱动力矩所做的盈功和阻力矩所做的亏功，最大盈功和最小亏功的差就是系统的最大能量变化，用这个能量变化就可以计算机械系统所需要的飞轮惯量。

4. 实验操作步骤　

1) 连接 RS232 通信线

本实验必须通过计算机来完成，要将计算机 RS232 串行口，通过标准的通信线，连接到 DS-Ⅱ动力学实验仪背面的 RS232 接口。

2) 启动机械教学综合实验系统(图 7-22)

将实验系统的实验数据采集控制器(DS-Ⅱ动力学实验仪)后背的 RS232 与计算机的串行口(COM1 或 COM2)直接连接，在系统主界面右上角串口选择框中选择相应计算机串口号(COM1 或 COM2)。在主界面左边的实验项目框中单击 "飞轮" 键，在主界面中就会启动 "飞轮实验系统" 应用程序(图 7-23)。

3) 拆卸飞轮，对实验系统标定

将飞轮从空压机组上拆卸下来，并注意保存连接所用的平键。单击图 7-24 进入 "飞轮机构实验台主窗体，单击串口选择菜单，根据接口实际连接情况，选择 COM1 或 COM2，如图 7-24 所示。

图 7-22　机械教学综合实验系统主界面

图 7-23　飞轮实验系统初始界面

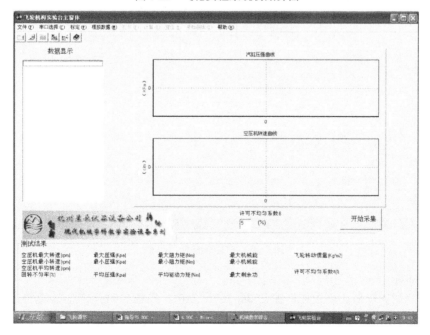

图 7-24　飞轮机构实验台主窗体

在实验系统第一次应用前，或者必要时，应该对系统进行标定。单击飞轮实验机构主窗体上的标定菜单，首先进行大气压强的标定。根据提示，关闭飞轮机组，打开储气罐阀门，并单击确定，如图7-25所示。

大气压强标定以后，将出现第二个界面，如图7-26所示，提示对气缸压强进行标定。启动空压机组，适当关闭阀门，让储气罐压力达到0.3MPa左右，在方框内输入此压力值，单击确定即可完成标定。

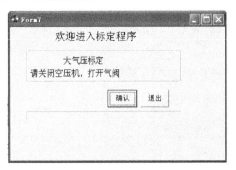

图7-25　大气压力标定界面

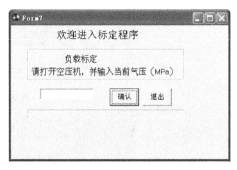

图7-26　气缸压强标定界面

4)数据采集

系统标定以后，用数据采集按钮对实验数据进行采集。数据采集显示界面如图7-27所示。界面左边显示气缸压强值和主轴回转速度值，本实验数据以主轴(曲柄)的转角为同步信号采集，每一点的采集间隔为曲柄转动6°。右边用图表曲线显示气缸压强和主轴转速。

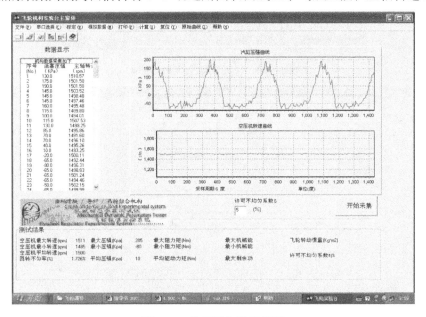

图7-27　数据采集显示界面

5)分析计算

数据采集完成以后，就可以对空压机组进行分析，单击分析按钮，系统将出现第二个界面，如图7-28所示。在这个界面中，将显示空压机组曲柄的主动力矩(假设为常数)、空压机阻力矩曲线和系统的盈亏功曲线。下方的文字框中将显示最大阻力矩、平均驱动力矩、最大机械能、最小机械能、最大剩余功等数据，以及根据输入的许可不均匀系数计算得到系统所需的飞轮转动惯量(请先进行计算再打印数据)。

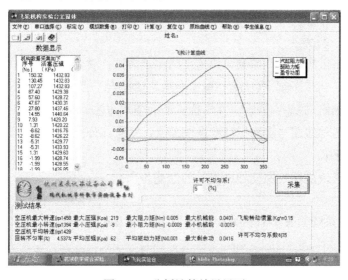

图 7-28　分析计算结果界面

6)关闭飞轮机组，安装飞轮，重新启动飞轮机组

得到以上数据以后，可以关闭飞轮机组，将飞轮安装到机组上，重新启动空压机组，单击数据采集按钮，查看主轴的速度曲线，就会发现由于飞轮的调节作用，主轴的运转不均匀系数已经有明显下降，主轴运转稳定。图 7-29 为未加飞轮时电机转速曲线，可看到有较大的速度波动，图 7-30 为加了飞轮后的速度曲线，可看到速度明显平稳了。

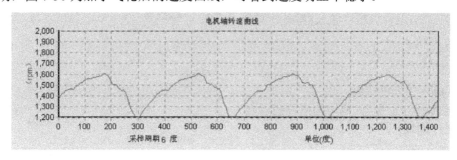

图 7-29

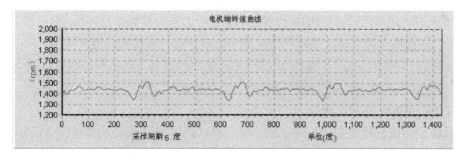

图 7-30

注：实验过程中，应使空压机储气罐压力始终≤0.3MPa，以免损坏机构。

7.5　曲柄滑块、导杆、凸轮组合实验

1. 实验目的

(1)通过实验，了解位移、速度、加速度的测定方法；转速及回转不匀率的测定方法。

(2)通过实验，初步了解"QTD-Ⅱ型组合机构实验台"及光电脉冲编码器、同步脉冲发生器(或称角度传感器)的基本原理，并掌握它们的使用方法。

(3)比较理论运动线图与实测运动线图的差异，并通过分析其原因，增加对速度量衡特别是加速度的感性认识。

(4)比较曲柄滑块机构与曲柄导杆机构的性能差别。

2. 实验设备

本实验的实验系统如图 7-31 所示，它由以下设备组成。

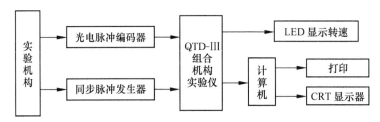

图 7-31　曲柄滑块导杆组合机构运动参数测试实验系统

(1)实验机构——曲柄滑块导杆组合机构；

(2)QTD-Ⅲ组合机构实验仪(单片机控制系统)；

(3)打印机；

(4)计算机；

(5)光电脉冲编码器；

(6)同步脉冲发生器(或称角度传感器)。

3. 工作原理

1) 实验机构

本实验机构只需更换少量零部件，就可分别构成曲柄滑块机构、曲柄导杆机构、平底直动从动杆凸轮机构和滚子直动从动杆凸轮机构。其动力采用直流调速电机，电机转速可在 0～3000r/min 范围内作无级调速，经蜗杆蜗轮减速器减速后，机构的曲柄转速为 0～100r/min。

本实验机构是利用往复运动的滑块推动光电脉冲编码器，输出与滑块位移相当的脉冲信号，经测试仪处理后将可得到滑块的位移、速度及加速度。

2) QTD-Ⅲ型组合机构实验仪

以 QTD-Ⅲ型组合机构实验仪为主体的整个测试系统的原理框图如图 7-32 所示。

实验仪由单片机系统组成，外扩 16 位计数器，接有 3 位 LED 数码显示器可实时显示机构运动时曲柄轴的转速，同时可与计算机进行通信。

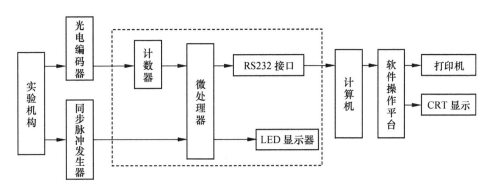

图 7-32　测试系统原理框图

在实验机构动态运动过程中，滑块的往复移动通过光电脉冲编码器转换输出具有一定频率(频率与滑块往复速度成正比)、0~5V 电平的两路脉冲，接入微处理器外扩的计数器计数，通过微处理器进行初步处理运算并送入计算机进行处理，计算机通过软件系统在显示器上可显示出相应的数据和运动曲线图。

3)光电脉冲编码器(图 7-33)

光电脉冲编码器又称增量式光电编码器，它是采用圆光栅通过光电转换将轴转角位移

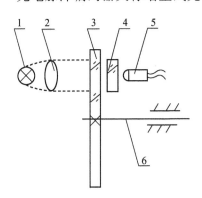

1-发光体；2-聚光镜；3-光电盘；
4-光栅板；5-光敏管；6-主轴

图 7-33　光电脉冲编码器图

转换成电脉冲信号的器件。它由发光体、聚光透镜、光电盘、光栅板、光敏管和光电整形放大电路组成。光电盘和光栅板是用玻璃材料经研磨、抛光制成的。在光电盘上用照相腐蚀法制成有一组径向光栅，而光栅板上有两组透光条纹，每组透光条纹后都装有一个光敏管，它们与光电盘透光条纹的重合性差 1/4周期。光源发出的光线经聚光镜聚光后，发出平行光。当主轴带动光电盘一起转动时，光敏管就接收到光线亮、暗变化的信号，引起光敏管所通过的电流发生变化，输出两路相位差 90°的近似正弦波信号，它们经放大、整形后得到两路相差 90°的主波 d 和 d'。d 路信号经微分后加到两个与非门输入端作为触发信号；d'路经反相器反相后得到两个相位相反的方波信号，分送到与非门剩下的两个输入端作为门控信号，与非门的输出端即为光电脉冲编码器的输出信号端，可与双时钟可逆计数的加、减触发端相接。当编码器转向为正时(如顺时针)，微分器取出 d 的前沿 A，与非门 1 打开，输出一负脉冲，计数器作加计数；当转向为负时，微分器取出 d 的加一前沿 B，与非门 1 打开，输出一负脉冲，计数器作减计数。某一时刻计数器的计数值，即表示该时刻光电盘(即主轴)相对于光敏管位置的角位移量(图 7-34)。

机构中还有两路信号送入单片机最小系统，那就是角度传感器(同步脉冲发生器)送出的两路脉冲信号。其中一路是光栅盘每 2°一个角度脉冲，用于定角度采样，获取机构运动线图；另一路是零位脉冲，用于标定采样数据时的零点位置。

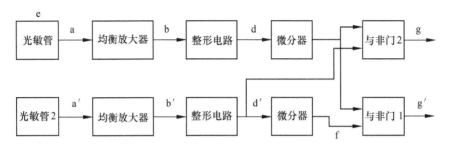

(a) 光电脉冲编码器电路原理框图

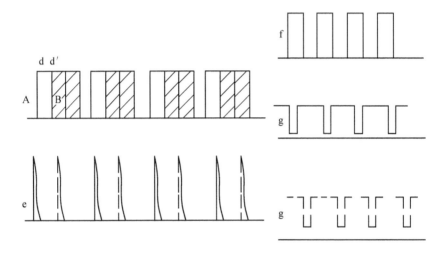

(b) 光电脉冲编码器电路各点信号波形图

图 7-34　光电脉冲编码器原理图

在本实验机构中的标定值是指光电脉冲编码器每输出一个脉冲所对应滑块的位移量(mm)。也称作光电编码器的脉冲当量,它是按以下公式计算出来的:

$$M = \pi\phi /N = 0.05026mm /脉冲 \quad (取为 0.05) \tag{7-14}$$

式中,M 为脉冲当量;ϕ 为齿轮分度圆直径(现配齿轮 $\phi=16mm$);N 为光电脉冲编码器每周脉冲数(现配编码器 $N=1000$);

机构的速度、加速度数值由位移经数值微分和数字滤波得到。

4. 实验操作步骤

实验操作步骤包括系统连接及启动、组合机构实验操作。其中组合机构实验包括曲柄滑块运动机构实验、曲柄导杆滑块运动机构实验、平底直动从动杆凸轮机构实验等。

1)系统连接及启动

(1)连接 RS232 通信线。

本实验必须通过计算机来完成。将计算机 RS232 串行口,通过标准的通信线连接到 QTD-III 型组合机构实验仪背面的 RS232 接口。

(2)启动机械教学综合实验系统(图 7-35)。

在程序界面的右上角串口选择框中选择合适的通道号(COM1 或 COM2)。根据运动学实验所接的通道口,单击"重新配置"按钮,选择该通道口的应用程序为运动学实验,配置结束后，在主界面左边的实验项目框中，单击该通道"运动学"按钮，此时，运动学实验系统应用程序将自动启动，如图 7-36 所示。单击图 7-36 中间的运动机构图像，将出现如图 7-37 的运动学机构实验系统界面，单击"串口选择"，正确选择(COM1、COM2)，并单击"数据选择"按钮，等待数据输入。

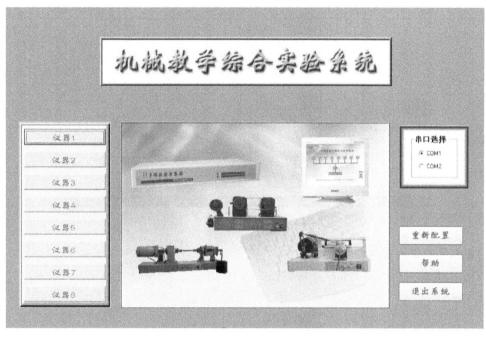

图 7-35　机械教学综合实验系统主界面

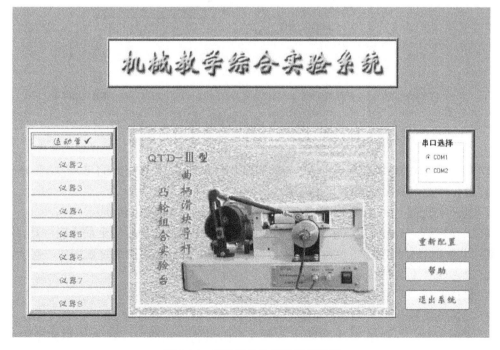

图 7-36　运动学机构实验系统界面

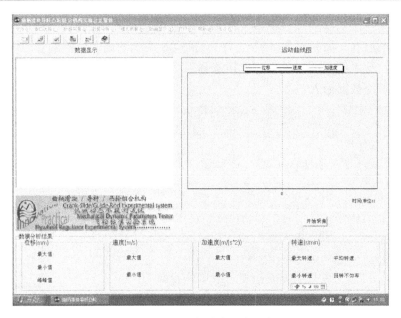

图 7-37　运动学机构实验台主窗体

2)曲柄滑块运动机构实验

按图 7-38 将机构组装为曲柄滑块机构。

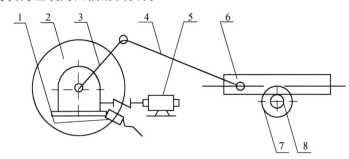

1-同步脉冲发生器；2-蜗轮减速器；3-曲柄；4-连杆；5-电机；6-滑块；7-齿轮；8-光电编码器

图 7-38　曲柄滑块机构

(1)滑块位移、速度、加速度测量。

① 将光电脉冲编码器输出的 5 芯插头及同步脉冲发生器输出的 5 芯插头分别插入 QTD-Ⅲ组合机构实验仪对应接口上。

② 打开实验仪上的电源，此时带有 LED 数码管显示的面板上将显示"0"。

③ 启动机构，在机构电源接通前应将电机调速电位器逆时针旋转至最低速位置，然后接通电源，并顺时针转动调速电位器，使转速逐渐加至所需的值(否则易烧断熔丝，甚至损坏调速器)，显示面板上实时显示曲柄轴的转速。

④ 机构运转正常后，就可在计算机上进行操作了。

⑤ 熟悉系统软件的界面及各项操作的功能。

⑥ 选择好串口，并在弹出的采样参数设置区内选择相应的采样方式和采样常数。可以选择定时采样方式，采样的时间常数有 10 个选择挡(分别是：2ms、5ms、10ms、15ms、20ms、25ms、30ms、35ms、40ms、50ms)，如选采样周期 25ms；也可以选择定角度采样

方式，采样的角度常数有 5 个选择挡(分别是 2°、4°、6°、8°、10°)，如选择每隔 4°采样一次。

⑦　在"标定值输入框"中输入标定值 0.05。

⑧　按下"采样"按钮，开始采样(等若干时间，此时实验仪正在进行对机构运动的采样，并回送采集的数据给计算机，计算机对收到的数据进行一定的处理，得到运动的位移值)。

⑨　当采样完成后，在界面将出现"运动曲线绘制区"，绘制当前的位移曲线，且在左边的"数据显示区"内显示采样的数据。

⑩　按下"数据分析"按钮。则"运动曲线绘制区"将在位移曲线上再逐渐绘出相应的速度和加速度曲线。同时在左边的"数据显示区"内也将增加各采样点的速度和加速度值。

⑪　打开打印窗口，可以打印数据和运动曲线。

(2)转速及回转不匀率的测试。

①　与"滑块位移、速度、加速度测量"的①～⑤步相同。

②　选择好串口，并单击"数据采集"按钮，在弹出的采样参数设计区内，选择最右边的一栏，角度常数选择有 5 挡(2°、4°、6°、8°、10°)，选择一个你想要的一挡，如选择 6°。

③　与"滑块位移、速度、加速度测量"的⑦、⑧、⑨步相同，不同的是"数据显示区"不显示相应的数据。

④　打印。

3) 曲柄导杆滑块运动机构实验

按图 7-39 组装实验机构。

按上述 2)中(1)、(2)的步骤操作，比较曲柄滑块机构与曲柄导杆滑块机构运动参数的差异。

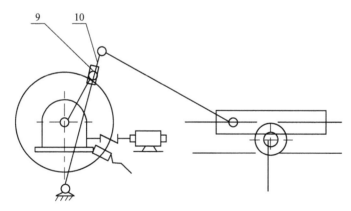

9-滑块；10-导杆

图 7-39　曲柄导杆滑块运动机构

4) 平底直动从动杆凸轮机构实验

按图 7-40 组装实验机构。

按上述 2)中(1)的操作步骤，检测其从动杆的运动规律。

注：曲柄转速应控制在 40r/min 以下。

5) 滚子直动从动杆凸轮机构实验

按图 7-41 组装实验机构。

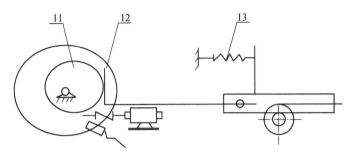

11-凸轮；12-平底直动从动件；13-回复弹簧

图 7-40 平底直动从动杆凸轮机构

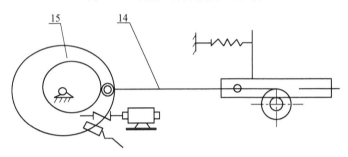

14-滚子直动从动件；15-光栅盘

图 7-41 滚子直动从动杆凸轮机构

按上述 2)中(1)的操作步骤，检测其从动杆的运动规律，比较平底接触与滚子接触运动特性的差异。

调节滚子的偏心量，分析偏心位移变化对从动杆运动的影响。

注：曲柄转速应控制在 40r/min 以下。

7.6 液体动压滑动轴承实验

1. 实验目的

(1)观察径向滑动轴承液体动压润滑油膜的形成过程和现象。

(2)测定和绘制径向滑动轴承径向和轴向油膜压力分布曲线，并计算轴承的轴向端泄影响系数 Y，以加深对油膜承载原理的理解。

(3)观察载荷和转速改变时油膜压力的变化情况。

(4)测定并绘制轴承的特性系数曲线(f-λ曲线)，以加深理解滑动轴承的单位压力、滑动速度、润滑油黏度和摩擦系数之间的关系。

2. 油压表式实验台的结构与工作原理

实验台的构造如图 7-42 所示。

1)实验台的传动装置

直流电机 1 通过 V 带传动 2 驱动轴 10 沿顺时针(面对实验台面板)方向转动,由无级调速器实现轴 10 的无级调速。本实验台轴的转速范围为 3～500r/min,轴的转速由左边的数码管 16 直接读出。

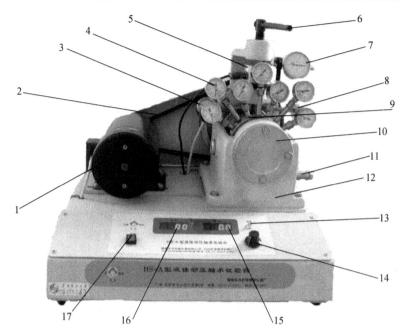

1-直流电机；2-V 带传动；3-轴向油压表；4-径向油压表；5-压力传感器；6-加载手柄；7-百分表；8-平衡配重；9-轴瓦；10-轴；
11-放油孔；12-油箱；13-油膜显示装置；14-调速旋钮；15-载荷显示表；16-转速显示表；17-电源开关

图 7-42　实验台传动装置图

主轴瓦外圆被加载装置(图中未画出)压住，旋转加载杆 6 即可对轴瓦加载，加载的大小由负载传感器 5 通过面板上右边的数码管 15 显示。

主轴瓦上装有测力杆，通过测力计装置可由百分表 7 读数值计算出摩擦力大小。

主轴瓦前端装有 7 只测径向压力的油压表 4，油的进口在轴瓦的 $\frac{1}{2}$ 处。

2) 轴与轴瓦间的油膜压力测量装置

轴的材料为 45 号钢，经表面淬火、磨光，由滚动轴承支承在箱体上，轴的下半部浸泡在润滑油中。在轴瓦的一个径向平面内沿上半圆周钻有 7 个小孔，每个小孔沿圆周相隔 20°，每个小孔连接一个压力表，用于测量该径向平面内相应点的油膜压力，由此可绘制出径向油膜压力分布曲线。沿轴瓦的一个轴向剖面装有第 8 个压力表，用于观察有限长滑动轴承沿轴向的油膜压力情况。

3) 加载装置

油膜的径向压力分布曲线是在一定载荷和一定转速下绘制的。当载荷改变或轴的转速改变时所测出的压力值是不同的，所绘出的压力分布曲线的形状也是不同的。本实验台采用螺旋加载(图 7-42)，转动螺旋即可改变载荷的大小，所加载荷通过传感器用数字显示，可直接在实验台操纵面板上读出(取中间值)。这种加载方式的主要优点是结构简单、可靠、使用方便、载荷的大小可任意调节。

4) 摩擦系数 f 测量装置

摩擦系数 f 之值可通过测量轴承的摩擦力矩而得到。轴转动时，轴对轴瓦产生周向摩擦力 F，则摩擦力矩为 $F \cdot d/2$，摩擦力矩使轴瓦 9 翻转，翻转力矩的大小通过固定在弹簧片上的百分表 7 测出弹簧片的变形量 Δ，并经过以下计算可得到摩擦系数 f 值。

根据力矩平衡条件得

$$\frac{Fd}{2} = LQ \tag{7-15}$$

式中，L 为测力杆的力臂长度(本实验台 $L=120\text{mm}$)；Q 为百分表对轴瓦施加的反力。

设作用在轴上的螺旋加载为 W，则

$$F = \frac{F}{W} = \frac{2LQ}{Wd} \qquad (7\text{-}16)$$

而 $Q=K\Delta$(K 为测力计的刚度系数 N/格，$K=0.14\text{N/格}$)，则

$$F = \frac{2LK\Delta}{Wd} \qquad (7\text{-}17)$$

式中，Δ 为百分表读数(格数)。

如图 7-43 所示，由于边界摩擦状态时，f 随特性系数 λ 的增大而变化很小(由于转速 n 很小时电机很难调速，建议用手慢慢转动轴)，进入混合摩擦状态后，λ 的改变引起 f 的急剧变化，在刚形成液体摩擦时 f 达到最小值，此后，随 λ 的增大油膜厚度亦随之增大，因而 f 亦有所增大。

5)摩擦状态指示装置

指示装置的原理如图 7-44 所示。当轴不转动时，可看到灯泡很亮；当轴在很低的转速下转动时，轴可将润滑油带入轴和轴瓦之间的收敛性间隙内，但由于此时的油膜厚度很薄，轴与轴瓦之间部分微观不平度的凸峰处仍在接触，故灯忽亮忽暗；当轴的转速达到一定值时，轴与轴瓦之间形成的压力油膜厚度完全大于两表面之间微观不平度的凸峰高度，油膜完全将轴与轴瓦隔开，灯泡将熄灭。

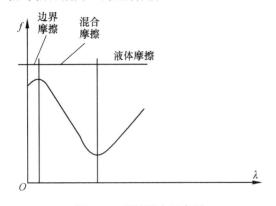

图 7-43　摩擦状态示意图

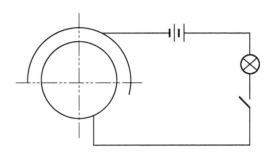

图 7-44　摩擦状态指示装置原理图

3. 实验方法和步骤

1)油膜压力分布的测定

(1)启动电机，将轴的转速调整到一定值(取 200r/min)，注意观察从轴开始运转至 200r/min 时灯泡亮度的变化情况，待灯泡完全熄灭，此时已处于完全液体润滑状态。

(2)用加载装置加载至 600N(实验台显示为 60kgf)。

(3)待各压力表的压力值稳定后，由左至右依次记录 8 个压力表的压力值。

(4)将轴颈直径($d=70\text{mm}$)按 1：2 比例绘在方格纸上，沿着圆周表面从左到右画出角度分别为 30°、50°、70°、90°、110°、130°、150° 的放射线并将 1~7 个压力表读数按比例标出(如图 7-45(a)所示，建议压力以 0.1MPa=5mm)。将压力向量连成一条光滑曲线，即得轴承的一个径向截面的油膜压力分布曲线。

同理可绘出如图 7-45(b)所示的轴向油膜分布曲线。图中第 4′ 和第 8′ 点的压力分别由第 4 和第 8 个压力表读出，由于轴向两端端泄影响，两端压力为零。光滑连接 0′、8′、4′、8′ 和 0′ 各点，即得轴向油膜压力分布曲线。

(5)卸载，关机。

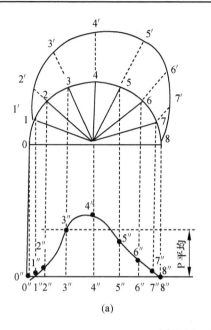

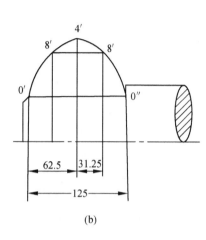

图 7-45　油膜压力分布曲线

2) 轴向端泄影响系数 Y 的测定

由径向油膜压力分布曲线可求得轴承中央剖面上的平均压力 $P_{平均}$。方法如下：将圆周上各点 0, 1, 2, …, 7, 8 投影到一水平直线上(图 7-45(a))。在相应点的垂直线上标出对应的压力值。将其端点 0, 1′, 2′, …, 7′和 8 点联成一光滑曲线，用数方格的近似法求出此曲线所围的面积。然后取 $P_{平均}$ 使其所围的矩形面积与所求得的面积相等。此 $P_{平均}$ 值即为轴承中央径向剖面上的平均单位压力，故此，设没有轴向端泄影响时(无限长轴承)，则轴承油膜压力的承载量(理论值)为 $P_{平均}Bd$，引入端泄影响系数 Y，则得 $YP_{平均}Bd=W$，故轴向端泄影响系数为

$$Y=\frac{W}{P_{平均}Bd} \tag{7-18}$$

Y 值越小，说明轴向端泄对轴承承载能力的不利影响越严重。一般认为轴向油压近似为二次抛物线规律分布时，$Y\approx0.67(0.70)$。

3) 轴承特性曲线的测定

反映摩擦系数 f 与特性系数 λ 关系的曲线称为轴承特性系数曲线(图 7-46)。可按式(7-19)求得特性系数

$$\lambda=\frac{\mu n}{p}=\frac{\mu nBd}{W} \tag{7-19}$$

式中，μ 为润滑油的动力黏度(Pa·s)，按公式

$$\mu=\frac{(n/60)^{-1/3}}{10^{7/6}} \tag{7-20}$$

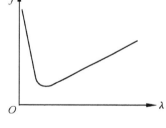

图 7-46　轴承特性曲线

进行估算；n 为轴的转速，r/min；W 为轴上的载荷，N；B 为轴瓦的宽度(本实验台 B=125mm)；d 为轴的直径(本实验台 d=70mm)。

测定方法如下：

(1) 启动电动机，将转速调至 n=400r/min，对轴承施加 W=600N 的载荷。

(2) 依次将转速 n 调至(单位是 r/min)400、350、300、250、200、150、100、80、50、20、10、5(临界值附近转速可依具体情况选择)，记录 Δ-百分表读数(格数)。

(3)列表计算各转速下的摩擦系数 f 及轴承特性值 λ，在方格纸上绘出轴承摩擦特性曲线图。

(4)改变载荷至另一规定值，重复上述过程，将 f-λ 曲线与第一次实验比较，两次实验结果应基本相同。说明 f 与 λ 有关。

(5)卸载，关机。

4. 注意事项

(1)使用的机油必须经过过滤才能使用，使用过程中严禁灰尘及金属屑混入油内。

(2)由于主轴和轴瓦加工精度高，配合间隙小，润滑油进入轴和轴瓦间隙后，不易流失，在做摩擦系数测定时，油压表的压力不易回零，为了使油压表迅速回零，可人为把轴瓦抬起，使油流出。

(3)所加负载不允许超过 120kg，以免损坏负载传感器元件。

(4)机油牌号的选择可根据具体环境温度，在 L-AN32 到 L-AN68 内选择。

(5)为防止主轴瓦在无油膜运转时烧坏，在面板上装有无油膜报警指示灯，正常工作时指示灯熄灭，严禁在指示灯亮时主轴高速运转。

5. 基于 ZHS 滑动轴承综合实验台的实验

ZHS20 系列滑动轴承综合实验台突破了传统的以验证性实验模式为主的滑动轴承实验模式，采用经典实验与综合设计型、研究创新型实验相结合的实验模式；实验台集机、电、液、控于一身，机械部分、液压部分、电控部分采用了国内外的新型结构，数据采集、测试及处理系统采用先进的、高精度的既可用于实验教学又可用于科学研究场合的系统，保证了实验台的先进性、实验数据的精确性及良好的可操作性。

6. ZHS 滑动轴承综合实验台结构及工作原理

ZHS20 系列滑动轴承综合实验台(图 7-47)主要由主轴驱动系统、静压加载系统、轴承润滑系统、油膜压力测试系统、油温测试系统、摩擦因素测试系统以及数据采集与处理系统等组成。

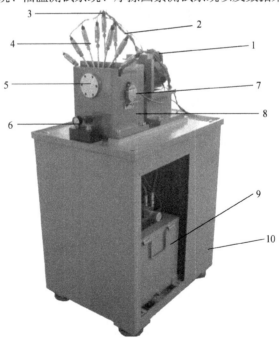

1-交流伺服电动机；2-轴向油压压力变送器；3-静压加载压力变送器；4-周向油压压力变送器(1～7 号)；
5-滚动轴承；6-调压阀；7-摩擦力传感器测力装置；8-实验主轴箱；9-液压油箱；10-机座

图 7-47 ZHS20 系列滑动轴承综合实验台外形图

1) 主轴驱动系统

实验台的轴支承在安装于实验台箱体上的一对滚动轴承上，滑动轴承套在主轴上。滑动轴承实验台驱动电机采用交流伺服电动机，其具有启动快、控制精度高、低频特性好、矩频特性好（图 7-48）、过载能力强、运行稳定、速度响应快等特点，满足无级调速、运行稳定、低速转矩大及实验过程中能快速启停等实验要求。

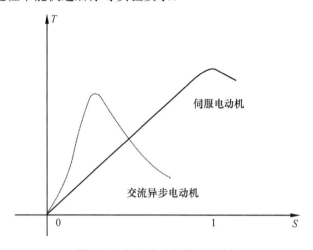

图 7-48　伺服电动机的转矩特性

2) 实验台液压系统

实验台液压系统的功能，一是为实验轴承提供循环润滑系统，二是为轴承静压加载系统提供压力供油。液压系统框图如图 7-49 所示。

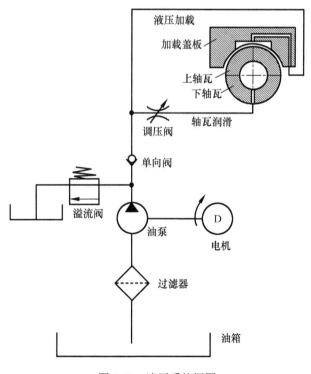

图 7-49　液压系统框图

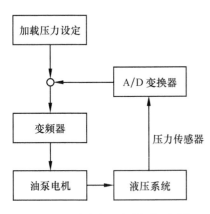

图 7-50 变频恒压控制原理框图

为了保证液压加载系统的稳定性，该系统采用变频恒压的控制方式。变频恒压供油系统主要由油泵、变频器、压力传感器组成，见图 7-50。通过压力传感器对加载系统的压力的监测，实时调节油泵电机的转速，使电机-油泵-液压系统组成一个闭环控制系统，使实际的加载和供油压力与设定值保持相同。由于在各种转速下形成的油膜压力和端泄情况有一定的差别，通过变频恒压系统能真正地实现在各种转速下加载压力保持不变。

若液压加载系统向固定于箱座上的加载盖板内油腔输送的供油压力为 p_0，则轴承的垂直外载荷为

$$F = 9.81(p_0 A + G_0) \tag{7-21}$$

式中，p_0 为油腔供油压力，kgf[①]/cm^2；A 为油腔在水平面上的投影面积，$A = 60\text{cm}^2$；G_0 为初始载荷(包括轴瓦自重、压力变送器重量等)，$G_0 = 7.5\text{kgf}$。

3)油膜压力变送系统

在轴瓦上半部承载区轴承宽度的中间剖面上，沿周向均布钻有 1~7 共 7 个小孔，分别在各小孔处安装压力变送器。当轴旋转达到一定转速后，在轴承内形成动压油膜，通过压力变送器测出油膜压力值，并在计算机上显示周向油膜压力分布曲线(图 7-51)。在轴瓦的有效宽度 B 的 1/4 处，装置轴向油膜压力变换器 8，测出位置 8 处的油膜压力，根据轴向油膜压力分布对称原理，可以测得轴向油膜压力分布曲线(图 7-51(c))。

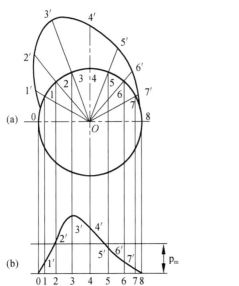

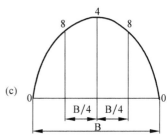

图 7-51 滑动轴承油膜压力分布曲线图

本实验台采用压阻式压力变送器，它由压力敏感部件及压力变送器部件组成。

(1)压力敏感部件。

扩散硅压阻式压力传感器用扩散硅材料制成的膜片作为弹性敏感元，其硅晶片上通过微机械加工工艺构成一个惠斯通电桥，见图 7-52，图中 I 表示恒流源。当有外部压力作用时，

---

① 1kgf(千克力)=9.80665N。

膜片发生弹性变形，膜片的一部分受压缩，另一部分受拉伸。两个电阻位于膜片的压缩区，另两个位于位伸区，并联成惠斯通全桥形式，以使输出信号最大。

(2)压力变送器工作部件。

因惠斯通电桥桥阻的变化与作用在其上的外部压力作用呈正比例关系，为了将电阻变化量转换为电压信号，给电桥提供最大 2mADC 的恒流源供电，用于激励压力传感器工作。信号放大和转换处理电路用于将惠斯通电桥产生的电压信号线性放大处理，并将其转换为 4～20mADC 工业标准信号变送输出构成压力变送器。

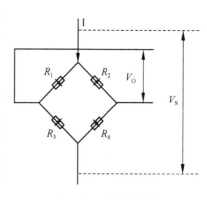

图 7-52　惠斯通电桥

4)摩擦系数的测量原理

在实验台滑动轴承的轴瓦外圆处装有一伸出机架的测力杆，该测力杆置于 S 型拉压传感器上。轴承间摩擦系数 f 可由测出的摩擦力矩求出，即

$$F_f g \frac{d}{2} = F_C g L$$

则 $F_f = \dfrac{F_C L}{d/2}$，由实验测出 F_C 后，可得摩擦系数

$$F = \frac{F_f}{F} \tag{7-22}$$

式中，F_f 为轴承的摩擦力，N；F 为轴承外载荷，N；F_C 为拉压传感器测出的力，N；L 为测力杆臂长，mm；d 为轴颈直径，mm。

5)油温测试系统

在轴承的入油口处和出油口处分别安装温度传感器各一只，分别采集轴承入口处润滑油油温 t_1，轴承出口处润滑油油温 t_2，则可得到润滑油的平均温度

$$t_m = \frac{t_1 + t_2}{2} \tag{7-23}$$

6)滑动轴承控制系统

实验台的八个油膜压力传感器、液压加载传感器、测摩擦系数用的拉压负荷传感器、油温传感器采集的测试数据通过 A/D 转换器以通过 RS485 接口的方式传送到计算机的实验数据采集及处理软件系统，直接在屏幕上显示，或由打印机输出实验结果。

主轴电机的转速大小通过计算机进行设置，设置值通过 RS485 总线送到伺服电机驱动器，由伺服电机驱动器控制电机的转速。

油压加载系统的电源，通过变频器及 RS485 通信接口，通过实验人员在计算机上设置的加载压力 p_0 的大小与加载压力传感器的反馈值进行比较，进行 PID 调节运算，将动态地改变变频器的输出频率，达到加载压力恒定。

本实验台的控制原理框图见图 7-53。

7. 实验前的准备及实验操作

1)准备工作

(1)进行实验前，应仔细阅读本实验台的使用说明书，熟悉各主要设备的性能、参数及使用方法，正确使用仪器、设备及实验测试软件。

(2)无论做何种实验，均应先启动液压系统电机，后启动主轴驱动电机(伺服电机)。

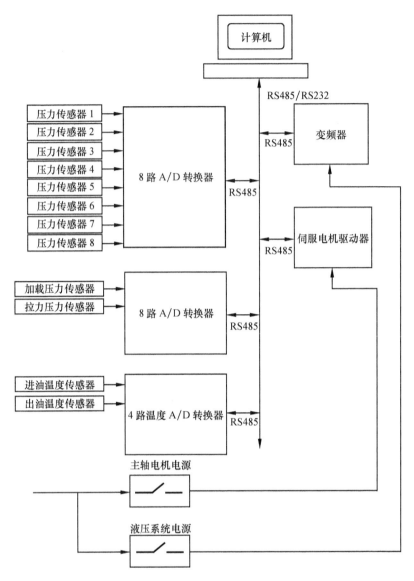

图 7-53 控制原理框图

(3)在实验过程中，如遇电机转速突然下降或者出现不正常的噪声和振动时，必须卸载或紧急停车，以防电机突然转速过高，烧坏电机、电器及其他意外事故的发生。

(4)结束实验时，一定要先关闭主轴驱动电机(按"轴停止"键)，等主轴驱动电机停止转动后再进行卸载轴承静压载荷(调"静压加载"键)，最后关闭液压系统电机，结束实验操作。

2)实验操作

(1)切换选择开关，接通实验台总电源。

(2)运行"开始菜单\程序\组态王 6.51\运行系统"进入滑动轴承实验软件。

(3)启动界面(图 7-54)。

(4)单击【实验管理】菜单中的【实验管理】，进入实验管理系统，如图 7-55 所示。

图 7-54　启动界面

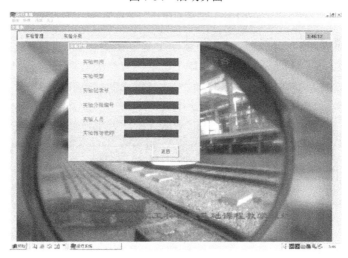

图 7-55　实验管理界面

实验人员自行输入【实验时间】、【实验记录号】、【实验分组号】、【实验人员】、【实验指导老师】等，单击【返回】。

(5)单击【实验分类】菜单，显示可供选择的【径向滑动轴承油膜压力分布曲线】、【f-λ曲线】及【p-f-n 曲线】三种类型实验。

① 径向滑动轴承油膜压力分布曲线。

选择【径向滑动轴承油膜压力分布曲线】菜单(图 7-56)，可进行"径向滑动轴承油膜压力分布曲线"实验测试。该界面显示有：主轴的转速、油压以及周向的 7 个油膜压力等。

a. 单击"静压加载"数字框，弹出键盘，可设置加载压力，通常设为 0.1MPa；

b. 单击【油泵控制】菜单，选择【启动】子菜单，启动油压系统；

c. 单击"当前转速"数字框，可设置主轴转速，通常设置为 600r/min；

d. 如果曲线出现模糊，请单击【稳定取值】使曲线清晰；

e. 待各测量点油压数值稳定后记录各油压传感器油压数值。

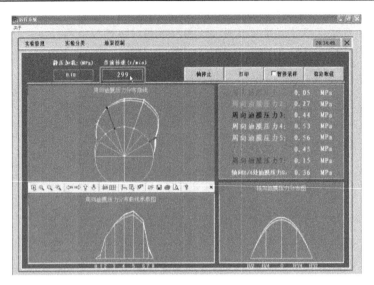

图 7-56　轴承油膜压力分布曲线

② 进行"轴承摩擦特性曲线"实验测试。

选择【f-λ曲线】菜单(图 7-57),步骤如下。

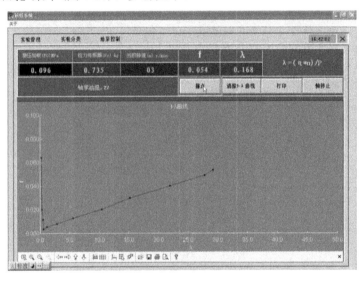

图 7-57　轴承摩擦特性曲线

a. 单击"静压加载"数字框,弹出键盘,可设置加载压力,通常设为 0.1MPa;

b. 单击【油泵控制】菜单,选择【启动】子菜单,启动油压系统;

c. 单击"当前转速"数字框,设置主轴转速,通常先设置为 600r/min;

d. 等 f 和 λ 数值稳定后,按描点按钮,在绘图窗口绘制该点,并请记录 f 和 λ 数值;

e. 单击"当前转速"数字框,设置主轴转速,设置为 500r/min,重复步骤 d;

f. 设置主轴转速为(r/min)400、300、200、100、50、20、10、8、6、4、2,重复步骤 d,在绘图窗口绘制该点,并记录当时的 f 和 λ 数值;

g. 观察并分析在不同的润滑状态、转速情况下 f 和 λ 数值的变化。

③ 进行"滑动轴承 p-f-n 曲线"实验测试。

选择【*p-f-n* 曲线】菜单(图 7-58)，步骤如下。

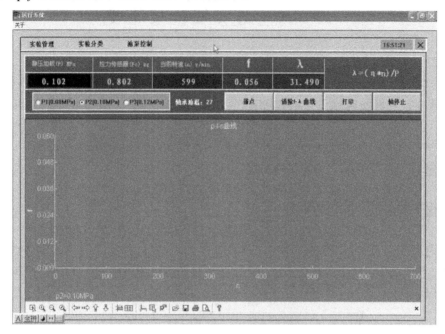

图 7-58　滑动轴承 *p-f-n* 曲线

a. 单击"静压加载"数字框，弹出键盘，可设置加载压力，可设置为 0.08、0.1 或者 0.12MPa，同时单击相应的 P1、P2、P3 按钮；

b. 单击【油泵控制】菜单，选择【启动】子菜单，启动油压系统；

c. 单击"当前转速"数字框，设置主轴转速，通常先设置为 600r/min；

d. 等 *f* 和 λ 数值稳定后，按描点按钮，在绘图窗口绘制该点，并请记录 *f* 和 λ 数值；

e. 单击"当前转速"数字框，设置主轴转速，设置为 500r/min，重复步骤 d；

f. 设置主轴转速为(r/min)400、300、200、100、50、20、10、8、6、4、2，重复步骤 d，在绘图窗口绘制该点，并记录当时的 *f* 和 λ 数值；

g. 观察并分析在不同的润滑状态、转速情况下 *f* 和 λ 数值的变化；

h. 数据测试完成后，单击【暂停采样】，再单击【打印】打印当前窗口；

i. 如果停止系统，务必先关闭主轴驱动电机(按"轴停止"键)，等主轴驱动电机停止转动后再卸载轴承静压载荷(调"静压加载"键)最后关闭液压系统电机，以减轻轴瓦磨损；

停止主轴，单击【轴停止】；

停止油压系统：选择【油泵控制】菜单下的【停止】子菜单即可；

j. 每做完一实验，利用抓图软件，将实验结果捕捉到文档，存盘。

8. 其他事项

(1)开动实验台之前，要先检查实验装置是否安装正确。

(2)实验前，应用手转动轴瓦，使其摆动灵活、无阻滞现象。

(3)实验测试时，应先启动轴承润滑系统并注意润滑油压表的压力值是否满足实验要求。

(4)实验时应观察实验台液压系统的工作情况，确保实验台液压系统运行良好。

(5)结束实验后，应注意关闭实验台电源。

7.7　螺栓连接实验指导书

1. 实验目的

螺栓连接是一种重要的连接方式，常常用来连接两个以上的机械零件。计算和测量螺栓的受力情况是机械设计过程中的重要环节。本实验通过对一螺栓组的受力分析，达到以下目的。

(1) 了解托架螺栓组受翻转力矩引起的载荷对各螺栓拉力的分布情况。

(2) 根据拉力分布情况确定托架底板旋转轴线的位置。

(3) 将实验结果与螺栓组受力分布的理论计算结果相比较。

2. 螺栓实验台结构及工作原理

螺栓组实验台的结构如图 7-59 所示。图中 1 为三角形托架，托架以一组螺栓 3 连接于支架 4 上。加力杠杆组 2 包含两组杠杆，各臂长比均为 1∶10，总杠杆比为 1∶100，可使加载砝码 5 产生的力放大到 100 倍后压在托架支承点上。各螺栓的应变通过粘贴在各螺栓中部的应变片，由实验仪转换为数字量，再通过计算转换后显示在实验程序界面中。砝码 5 的质量为 3.5kg。

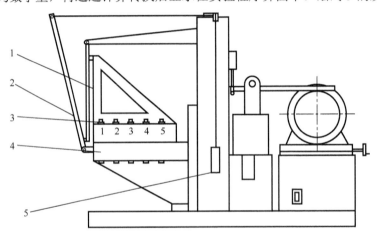

1-三角形托架；2-加力杠杆组；3-螺栓；4-支架；5-砝码

图 7-59　螺栓组实验台的结构

加载后，托架螺栓组受到一横向力及力矩，与接合面上的摩擦阻力相平衡。而力矩则使托架有翻转趋势，使得各个螺栓受到大小不等的外界作用力。根据螺栓变形协调条件，各螺栓所受拉力 F(或拉伸变形)与其中心线到托架底版翻转轴线的距离 L 成正比，即

$$\frac{F_1}{L_1} = \frac{F_2}{L_2} \tag{7-24}$$

式中，F_1、F_2 为安装螺栓处由于托架所受力矩而引起的力，N；L_1、L_2 是从托架翻转轴线到相应螺栓中心线间的距离，mm。

实验台中，第 2、4、7、9 号螺栓下标为 1；第 1、5、6、10 号螺栓下标为 2；第 3、8 号螺栓距托架翻转轴线距离为零($L=0$)。根据静力平衡条件得

$$M = Qh_0 = \sum_{i=1}^{i=2} F_i L_i \tag{7-25}$$

$$M = Qh_0 = 2 \times 2F_1L_1 + 2 \times 2F_0L_0 \tag{7-26}$$

式中，Q 为托架受力点所受的力，N；h_0 为托架受力点到接合面的距离，mm，如图 7-60 所示。

实验中取 $Q=3500$N，$h_0=210$mm，$L_1=30$mm，$L_2=60$mm。

则第 2、4、7、9 号螺栓的工作载荷为

$$F_1 = \frac{Qh_0L_1}{2 \times 2(L_1^2 + L_2^2)} \tag{7-27}$$

第 1、5、6、10 号螺栓的工作载荷为

$$F_2 = \frac{Qh_0L_2}{2 \times 2(L_1^2 + L_2^2)} \tag{7-28}$$

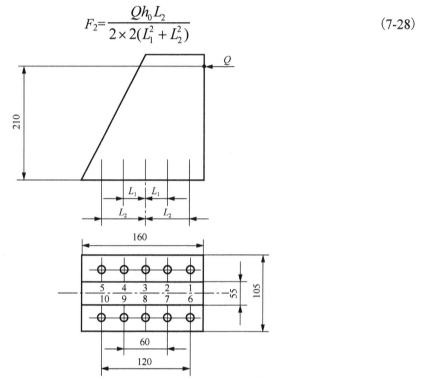

图 7-60　螺栓组的布置（单位是 mm）

3. 螺栓预紧力的确定

本实验是在加载后不允许连接接合面分开的情况下来预紧和加载的。连接在预紧力的作用下，其接合面产生挤压应力为

$$\sigma_p = \frac{Zq_0}{A} \tag{7-29}$$

悬臂梁在施加载荷的作用下，由于预紧力的作用使接合面仍紧密接触不出现间隙，则最小压应力为

$$\frac{Zq_0}{A} - \frac{Qh_0}{W} \geqslant 0 \tag{7-30}$$

式中，q_0 为单个螺栓预紧力，N；Z 为螺栓个数，$Z=10$；A 为接合面面积，$A=a(b-c)$，mm^2；W 为接合面抗弯截面模量，即

$$W = \frac{a^2(b-c)}{b} \tag{7-31}$$

式中，a=160mm；b=105mm；c=55mm。因此得

$$q_0 \geqslant \frac{6Qh_0}{Za} \tag{7-32}$$

为保证一定安全性，一般取螺栓预紧力为

$$q_0 = (1.25\sim1.5)\frac{6Qh_0}{Za} \tag{7-33}$$

实验过程中，当预紧使各螺栓应变为500με时，预紧力约为2910N。

4. 螺栓的总拉力

在翻转轴线以左的各螺栓(第4、5、9、10号螺栓)被放松，轴向拉力增大，其总拉力为

$$Q_i = q_0 + F_i\frac{C_L}{C_L+C_F} \tag{7-34}$$

在翻转轴线以右的各螺栓(第1、2、6、7号螺栓)被拉紧，轴向拉力减小，总拉力为

$$Q_i = q_0 - F_i\frac{C_L}{C_L+C_F} \tag{7-35}$$

式中，$\dfrac{C_L}{C_L+C_F}$ 为螺栓的相对刚度；C_L 为螺栓刚度；C_F 为被连接件刚度。

5. 实验操作方法及步骤

单击"螺栓组平台"进入螺栓组静载实验界面。

(1)松开螺栓组各螺栓，单击工具栏中初始设置——校零，单击确定，系统就会自动校零。校零完毕后单击退出，结束校零。

(2)给螺栓组加载预紧力：单击工具栏中初始设置——加载预紧力，可以用扳手给螺栓组加载预紧力。(注：在加载预紧力时应注意始终使实验台上托架处于正确位置，即使螺栓垂直托架与实验台底座平行。)系统则自动采集螺栓组的受力数据并显示在数据窗口，用户可以通过数据显示窗口逐个调整螺栓的受力到500微应变左右，加载预紧力完毕。将采集的预紧力数据填入实验报告中。

(3)给螺栓组加载砝码：加载前，先在程序界面加载砝码文本框中输入所加载的砝码的大小，并选择所要检测的通道，然后悬挂好所要加载的砝码，再单击采集，此时系统则会把加载砝码后的数据实时的采集上来。等到采集上来的数据稳定时单击停止按钮，这时系统停止采集，并将数据图像显示在应用程序界面上。将采集的各螺栓总拉力数据填入实验报告中。

(4)计算各螺栓总拉力，对比采集的数据，进行分析判断。

第8章　机械创新设计实验

8.1　概　　述

机械创新设计(mechanical creative design，MCD)是指充分发挥设计者的创造力，利用人类已有的相关科学技术成果(含理论、方法、技术原理等)进行创新构思，设计出具有新颖性、创造性及实用性的机构或机械产品(装置)的一种实践活动。它包含两个部分：一是改进完善生产或生活中现有机械产品的技术性能、可靠性、经济性、适用性等；二是创造设计出新机器、新产品，以满足新的生产或生活的需要。

机械创新设计的一般过程分为四个阶段，如图8-1所示。

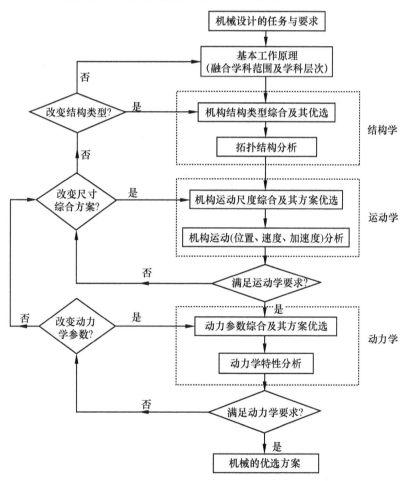

图 8-1　机械创新设计的一般过程

1)确定(选定或发明)机械的基本原理

它涉及机械学对设计对象的不同层次、不同类型的机构组合，或不同学科知识、技术的问题。

2)机构结构类型综合及优选

结构类型综合及其优选是机械设计中最富有创造性、最有活力的阶段，但又是十分复杂和困难的问题。它涉及设计者的知识、经验、灵感和想象力等众多方面。

3)机构运动尺寸综合及其运动参数优选

其难点在于求出非线性方程组的完全解，为优选方案提供较大的空间。随着优化法、消元法等数学方法引入机构学，使该问题有了突破性进展。

4)机构动力学参数综合及其动力参数优选

其难点在于动力参数量大、参数值变化域广的多维非线性动力学方程组的求解。

完成上述机械工作原理、结构学、运动学、动力学分析与综合的四个阶段，便形成了机械设计的优选方案。然后，即可进入机械结构创新设计阶段，该阶段主要解决基于可靠性、工艺性、安全性、摩擦学的机构设计问题。

综上所述，机械创新设计有如下特点。

(1)涉及多个学科，如机械、液压、电力、气动、热力、电子、光电、电磁及控制等多个学科的交叉、渗透与融合；

(2)设计过程中相当部分工作是非数据性、非计算性的，必须依靠在知识和经验积累基础上进行思考、推理、判断，以及创造性发散思维(灵感、形象的突发性思维)相结合的方法；

(3)尽可能在较多方案中进行方案优选。即在设计空间内，在基于知识、经验、灵感与想象力的系统中搜索并优化设计方案；

(4)机械创新设计是多次反复、多级筛选过程，每一设计阶段有其特定的内容与方法、但各阶段之间又密切相关，形成一个整体的系统设计。

机械创新设计技术和机械系统设计(SD)、计算机辅助设计(CAD)、优化设计(OD)、可靠性设计(RD)、摩擦学设计(FD)、有限元设计(FED)等一起构成现代机械设计方法学库，并吸收邻近学科有益的设计思想与方法。随着认识科学、思维科学、人工智能、专家系统及人脑研究的发展，认识科学、思维科学、人工智能、设计方法学、科学技术哲学等已为机械创新设计(MCD)提供了一定的理论基础及方法。

可以说，机械创新设计是建立在现有机械设计学理论基础上，吸收科技哲学、认识科学、思维科学、设计方法学、发明学、创造学等相关学科的有益成分，经过综合交叉而成的一种设计技术和方法。

8.2 基于机构组成原理的拼接实验

1. 实验目的

(1)加深学生对机构组成原理的认识，进一步了解并掌握机构的组成及其运动特性；

(2)熟悉 ZBS-C 机构运动创新设计实验台运动副的拼接方法；

(3)培养学生的工程实践动手能力；

(4)培养学生创新意识及综合设计能力。

2. 设备和工具

(1)ZBS-C 机构运动创新设计实验台一套，具体配备如表 8-1。

表 8-1　ZBS-C 实验台配备表

序号	名称	示意图	规格	数量	备注
1	齿轮		$m=2$；$\alpha=20°$；$Z=28, 35, 42, 56$	各 3 共 12	d-56mm，70mm，84mm，112mm
2	凸轮		基圆半径 $R=20$mm，升回型，行程＝30mm	3	
3	齿条		$m=2$，$\alpha=20°$	3	
4	槽轮		4 槽	1	
5	拨盘		双销，销回转半径 $R=49.5$mm	1	
6	主动轴		15mm 30mm $L=45$mm 60mm 75mm	4 4 3 2 2	
7	从动轴（形成回转副）		15mm 30mm $L=45$mm 60mm 75mm	8 6 6 4 4	
8	从动轴（形成移动副）		15mm 30mm $L=45$mm 60mm 75mm	8 6 6 4 4	
9	转动副轴（或滑块）		$L=5$mm	32	
10	复合铰链Ⅰ（或滑块）		$L=20$mm	8	
11	复合铰链Ⅱ（或滑块）		$L=30$mm	8	
12	主动滑块插件		$L=$ 40mm 55mm	1 1	

续表

序号	名称	示意图	规格	数量	备注
13	主动滑块座			1	
14	活动铰链座 I		螺孔 MB	16	可在杆件任意位置形成转动副或移动副
15	活动铰链座 II		螺孔 M5	16	可在杆件任意位置形成移动副或转动副
16	滑块导向杆（或连杆）		$L=330mm$	4	
17	连杆 I		$L=$ 100mm 110mm 150mm 160mm 240mm 300mm	12 12 8 8 8 8	
18	连杆 II		$L_1=22mm$ $L_2=138mm$	8	
19	压紧螺栓		M5	64	
20	带垫片螺栓		M5	48	
21	层面限位套		$L=$ 4mm 7mm 10mm 15mm 30mm 45mm 60mm	6 6 20 40 20 20 10	
22	紧固垫片（限制轴回转）		厚 2mm，孔$\phi16$，外径$\phi32$	20	
23	高副锁紧弹簧			3	
24	齿条护板			6	
25	T 型螺母			20	用于电机座与行程开关座的固定
26	行程开关碰块			1	
27	皮带轮			6	

续表

序号	名称	示意图	规格	数量	备注
28	张紧轮			3	
29	张紧轮支承杆			3	
30	张紧轮销轴	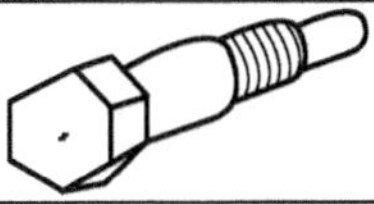		3	
31	螺栓 I	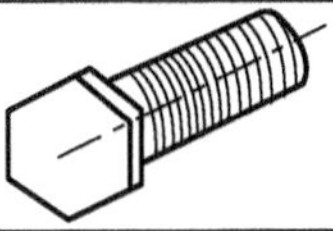	M10×15	6	
32	螺栓 II	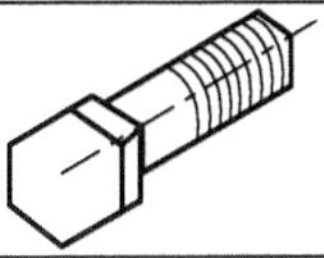	M10×20	6	
33	螺栓 III	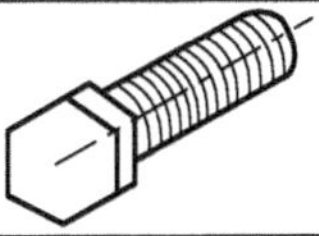	M8×15	16	
34	直线电机		10mm/s	1	
35	旋转电机		10r/min	3	
36	实验台机架			4	机架内可移动立柱 5 根，每根立柱上可移动滑块 3 块。用直线电机的机架配有行程开关、行程开关安装板及直线电机控制器
37	平头紧定螺钉		M6×6	21	标准件
38	六角螺母		M10 M12	6+6 30	标准件
39	六角薄螺母		M8	12	标准件
40	平键		A 型 3×20	15	标准件
41	皮带(O 型)	$L=710，900，1120$		3	标准件
42	螺栓		M4×16	12	标准件
43	螺母		M4	12	标准件

(2)组装、拆卸工具：一字起子、十字起子、扳手、内六角扳手、直钢尺、卷尺。

(3)自备三角板、圆规和草稿纸等文具。

3. ZBS-C 机构运动创新设计实验台运动副拼接方法

1)确定固定铰链的位置

实验台机架结构如图 8-2 所示。实验台机架中有 5 根铅垂立柱，均可沿 X 方向移动。移动前应旋松安装在上、下横梁上的立柱紧固螺钉，用双手移动立柱到需要的位置后，应将立柱与上(或下)横梁靠紧后再旋紧立柱紧固螺钉。

立柱上的滑块可在立柱上沿 Y 方向移动。要移动立柱上的滑块，只需将滑块上的内六角平头紧定螺钉旋松即可。

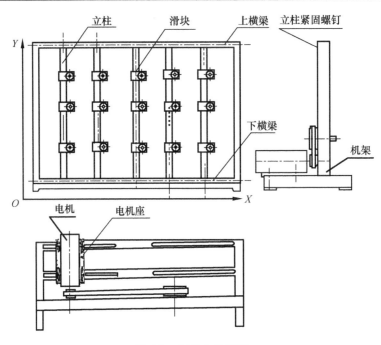

图 8-2 实验台机架图

按上述方法移动立柱和滑块，就可在机架 X、Y 平面内确定固定铰链的位置。

2)主、从动轴与机架的连接

按图 8-3 所示方法将轴连接好后，主(从)动轴相对机架不能转动，与机架成为刚性连接；如要主(从)动轴可以相对机架做旋转运动，则紧固垫片 22 不装配即可。

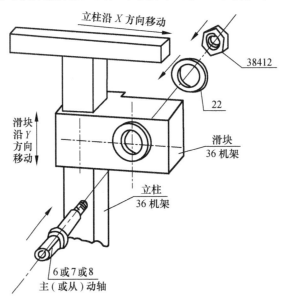

图 8-3 主、从动轴与机架的连接

3)转动副的连接

如图 8-4 所示，采用压紧螺栓 19 连接两连杆，则两连杆无相对运动；若采用带垫片螺栓 20 连接两连杆，则两连杆可相对旋转运动。

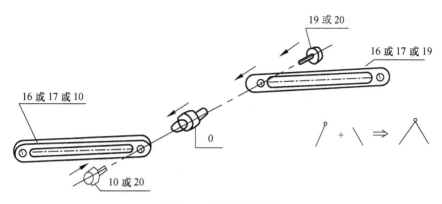

图 8-4　转动副连接图

4）移动副的连接

移动副的连接如图 8-5 所示。

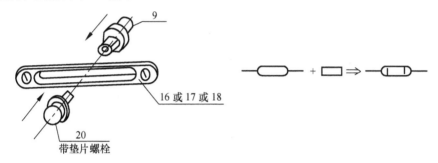

图 8-5　移动副连接图

5）活动铰链座 I 的安装

活动铰链座 I 可在杆件任意位置形成回转-移动副。如图 8-6 所示，可在连杆任意位置形成铰链，用转动副轴或滑块 9，就可在铰链座 I 14 上形成回转副或形成回转-移动副。

6）活动铰链座 II 的安装

如图 8-7 所示的连接，可在连杆任意位置形成铰链，从而形成回转副。

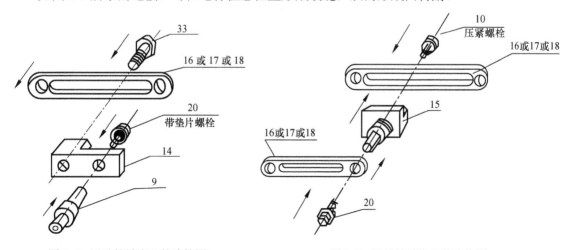

图 8-6　活动铰链座 I 的连接图　　　　　　图 8-7　活动铰链座 II 的连接图

7)复合铰链Ⅰ的安装

复合铰链Ⅰ的连接，可构成三构件组成的复合铰链，也可构成复合铰链＋移动副。如图 8-8 所示，连接螺栓均采用带垫片螺栓，将复合铰链Ⅰ的平端插入连杆长槽中时构成移动副。

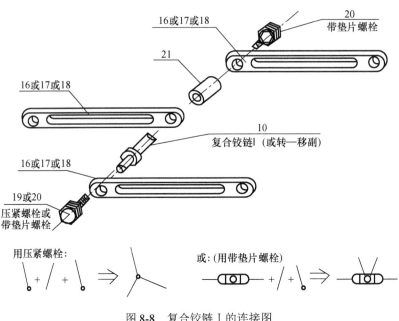

图 8-8 复合铰链Ⅰ的连接图

8)复合铰链Ⅱ的安装

图 8-9 所示为复合铰链Ⅱ的连接方法，复合铰链Ⅱ连接好后，可构成四构件组成的复合铰链。

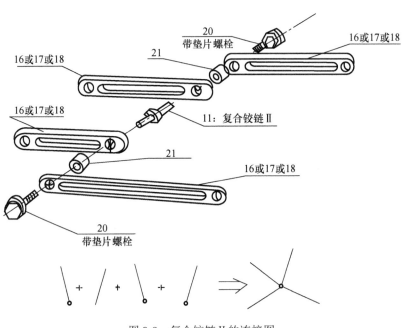

图 8-9 复合铰链Ⅱ的连接图

9) 齿轮与主(从)动轴的连接

图 8-10 所示为齿轮与主(从)动轴的连接方法。

10) 凸轮与主(从)动轴的连接

图 8-11 为凸轮与主(从)动轴的连接方法。

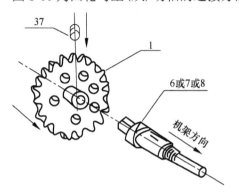

图 8-10　齿轮与主(从)动轴的连接图

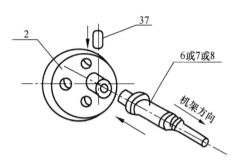

图 8-11　凸轮与主(从)动轴的连接图

11) 凸轮副连接

图 8-12 为凸轮副的连接方法，连接后，连杆与主(从)动轴间可相对移动，并用弹簧保持高副接触。

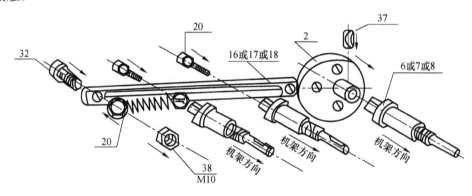

图 8-12　凸轮副连接图

12) 槽轮机构连接

图 8-13 为槽轮机构的连接方法，当拨盘装入主动轴后，应在拨盘上拧入紧定螺钉，使拨盘与主动轴无相对运动；同时，槽轮装入主(从)动轴后，也应拧入紧定螺钉，使槽轮与主(从)动轴无相对运动。

13) 齿条相对机架的连接

图 8-14 为齿条相对机架的连接方法，齿条可相对机架作直线移动。旋松滑块上的内六角螺钉，滑块可在立柱上沿 Y 方向相对移动。

14) 主动滑块与直线电机轴的连接

图 8-15 为主动滑块与直线电机轴的连接方

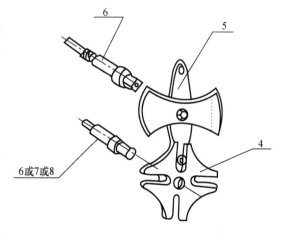

图 8-13　槽轮机构连接图

法。当由滑块作为主动件时，将主动滑块座与直线电机轴(齿条)固连即可。

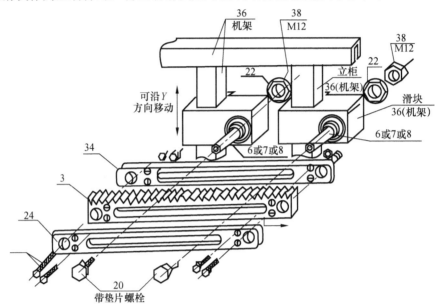

图 8-14　齿条相对机架的连接图

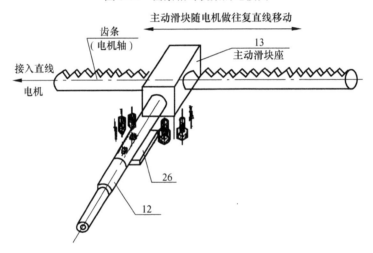

图 8-15　主动滑块与直线电机轴的连接图

4. 实验原理

1)杆组的概念

由于平面机构具有确定运动的条件是机构的原动件数与机构的自由度相等，因此机构由机架、原动件和自由度为零的从动件通过运动副连接而成。将从动件系统拆成若干个不可再分的自由度为零的运动链，称为基本杆组(简称杆组)。

根据杆组的定义，组成平面机构杆组的条件是

$$F = 3n - 2p_1 - p_h = 0$$

式中，n 为活动构件数；p_1 为低副数，p_h 为高副数，且都必须是整数。由此可以获得各种类型的杆组。当 $n=1$、$p_1=1$、$p_h=1$ 时可获得单构件高副杆组。

当 $p_h=0$ 时，称为低副杆组，即

$$F=3n-2p_1=0$$

因此根据上式，n 应是 2 的倍数，而 p_1 应是 3 的倍数，它们的组合有 $n=2$，$p_1=3$；$n=4$，$p_1=6$。可见最简单的杆组为 $n=2$，$p_1=3$，称为 II 级杆组，由于杆组中转动副和移动副的配置不同，II 级组共有图 8-16 的五种形式。

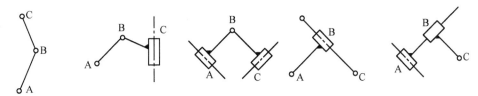

图 8-16　平面低副 II 级杆组

$n=4$，$p_1=6$ 的杆组形式很多，图 8-17 所示为常见的 III 级杆组。

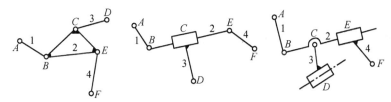

图 8-17　平面低副 III 级杆组

2)机构的组成原理

由上述，可将机构的组成原理概述为：任何平面机构均可以用零自由度的杆组依次连接到原动件和机架上的方法来组成。

3)正确拆分杆组

从机构中拆出杆组有以下三个步骤：

(1)先去掉机构中的局部自由度和虚约束；

(2)计算机构的自由度，确定原动件；

(3)从远离原动件的一端开始拆分杆组，每次拆分时，要求先试着拆分 II 级组，没有 II 级组时，再拆分 III 级组等高一级杆组，最后剩下原动件和机架。

拆分杆组是否正确的判定方法是：拆去一个杆组或一系列杆组后，剩余的必须为一个完整的机构或若干个与机架相连的原动件，而不能有不成组的零散构件或运动副存在，全部杆组拆完后，应当只剩下与机架相连的原动件。

如图 8-18 所示机构，可先除去 K 处的局部自由度，然后，按步骤(2)计算机构的自由度（$F=1$），并确定凸轮为原动件；最后根据步骤(3)，先拆分出构件 4 和 5 组成的 II 级组，再拆分出构件 6 和 7 及构件 3 和 2 组成的两个 II 级组以及由构件 8 组成的单构件高副杆组，最后剩下原动件 1 和机架 9。

5. 实验步骤

(1)选择机构运动方案，每组应完成不少于每人 1 种的不同机构运动方案的拼接实验。

(2)根据机构运动简图，利用机构运动创新设计方案实验台提供的零件，根据运动尺寸进行拼装。拼装时，通常先从原动件开始，按运动传递顺序依次进行拼装。拼装时，应保证各构件均在相互平行的平面内运动，这样可以避免各运动构件之间的干涉，同时保证各构件运动平面与轴线垂直。拼装以机架铅垂面为参考平面，由里向外拼装。

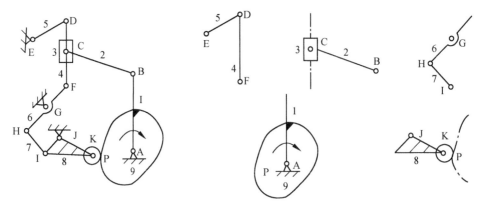

图 8-18　例图

（3）拼接完成后，用手动的方式驱动原动件，观察各部分的运动都畅通无阻后，再与电机相连，检查无误后方可接通电源。

（4）测绘机构的运动尺寸，并观察机构的运动状况和运动特点。

（5）逐一拆分杆组，直至最后只剩下原动件。每拆除一组杆组后，使机构运动，观察机构的运动情况。

6. 实验题目

在以下的设计题目任选二题，完成不同机构运动方案的拼接。

1）内燃机机构

内燃机机构运动方案如图 8-19 所示。

2）精压机构

精压机构运动方案如图 8-20 所示。

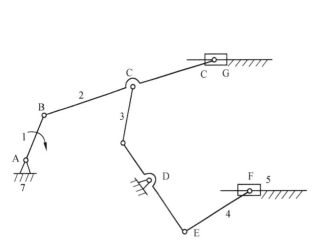

图 8-19　内燃机机构　　　　　　　　　　图 8-20　精压机构

3）牛头刨床机构

牛头刨床机构运动方案如图 8-21 所示。

4）两齿轮-曲柄摇杆机构

两齿轮-曲柄摇杆机构运动方案如图 8-22 所示。

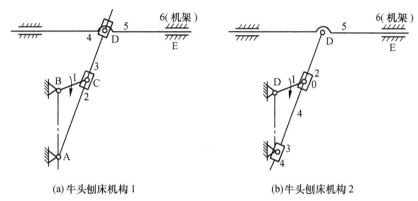

(a) 牛头刨床机构 1   (b) 牛头刨床机构 2

图 8-21 牛头刨床机构

5) 两齿轮-曲柄摆块机构

两齿轮-曲柄摆块机构运动方案如图 8-23 所示。

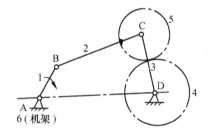

图 8-22 两齿轮-曲柄摇杆机构

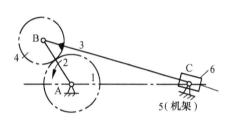

图 8-23 两齿轮-曲柄摆块机构

6) 喷气织机开口机构

喷气织机开口机构运动方案如图 8-24 所示。

7) 双滑块机构

双滑块机构运动方案如图 8-25 所示。

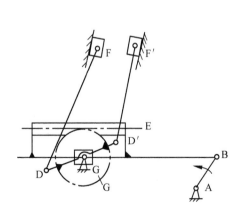

图 8-24 喷气织机开口机构

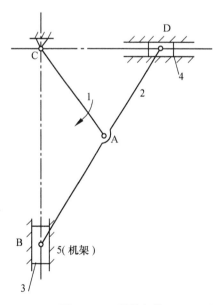

图 8-25 双滑块机构

8) 冲压机构

冲压机构运动方案如图 8-26 所示。

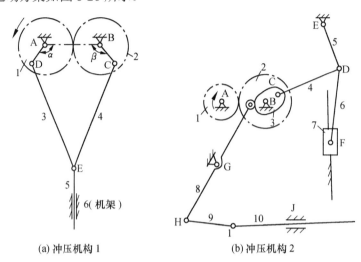

(a) 冲压机构 1　　　　　　　(b) 冲压机构 2

图 8-26　冲压机构

9) 插床机构

插床机构运动方案如图 8-27 所示。

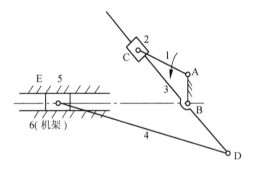

图 8-27　插床机构

10) 筛料机构

筛料机构运动方案如图 8-28 所示。

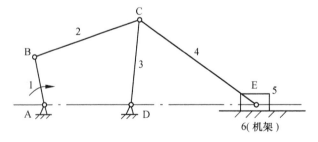

图 8-28　筛料机构

11) 凸轮-连杆组合机构

凸轮-连杆组合机构运动方案如图 8-29 所示。

12) 凸轮-五连杆机构

凸轮-五连杆机构运动方案如图 8-30 所示。

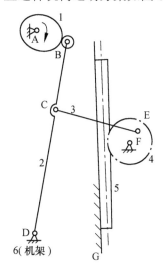

图 8-29　凸轮-连杆组合机构

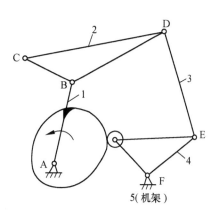

图 8-30　凸轮-五连杆机构

13) 行程放大机构

行程放大机构运动方案如图 8-31 所示。

14) 双摆杆摆角放大机构

双摆杆摆角放大机构运动方案如图 8-32 所示。

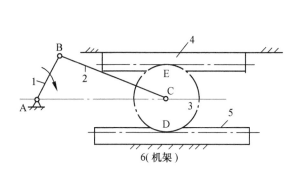

图 8-31　行程放大机构

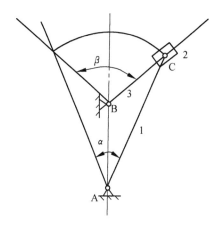

图 8-32　双摆杆摆角放大机构

8.3　基于机构创新原理的拼接设计

1. 实验目的

(1) 培养学生运用创造性思维方法，遵循创造性基本原理、法则，运用机构构型的创新设计方法，设计、拼接满足预定运动要求的机构或机构系统；

(2) 要求学生灵活应用机构构型的创新设计方法，创造性地设计、拼接机构及机构系统；

(3) 加深对执行构件的基本运动和机构的基本功能的了解与掌握;

(4) 培养学生的工程实践动手能力。

2. 设备与工具

(1) ZBS-C 机构运动创新设计实验台一套。

(2) 组装、拆卸工具:一字起子、十字起子、扳手、内六角扳手、直钢尺、卷尺。

(3) 自备三角板、圆规和草稿纸等文具。

3. 实验前的准备工作

(1) 预习本实验原理与方法,要求对执行构件的基本原理和机构基本功能有一全面的了解;并熟悉机构构型的创新设计方法;

(2) 了解 ZBS-C 机构运动创新设计实验台;

(3) 选择设计题目,拟定机构系统运动方案。

4. 实验原理与方法

1) 机构构型的主要创新设计方法

(1) 机构构型的变异创新设计。

为了满足一定的工艺动作要求,或为了使机构具有某些性能与特点,改变已知机构的结构,在原有机构的基础上,演变发展出新的机构,此种新机构称为变异机构。常用的变异方法有以下几类。

① 机构的倒置。

机构内运动构件与机架的转化,称为机构的倒置。按照运动的相对性原理,机构倒置后各构件间的相对运动关系不变,但可以得到不同的机构。

例如,要设计一双足步行机构,要求脚跟对于腰部的轨迹如图 8-33(a)所示,实现该轨迹的最简单机构是四杆机构,但从连杆曲线图谱中,难以找到合适的四杆机构,于是便改用六杆机构,并得到不同构件为机架的 3 种机构方案如图 8-33(b)、(c)、(d)所示。

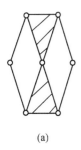 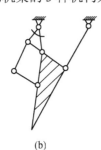 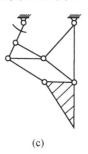 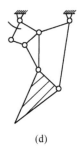

(a)　　　　　　　(b)　　　　　　　(c)　　　　　　　(d)

图 8-33　双足步行机构创新设计

② 机构的扩展。

以原有机构为基础,增加新的构件,构成一个扩大的新机构,称为机构的扩展。机构扩展后原有机构各构件间的相对运动关系不变,但所构成的新机构的某些性能与原机构差别很大。

如要设计一个具有大行程速比系数的机构,一般都先选有急回特性的四杆机构(如曲柄摇杆机构、曲柄滑块机构、导杆机构和导块机构),再附加杆组,就可获得如图 8-34 所示的多种六杆机构。

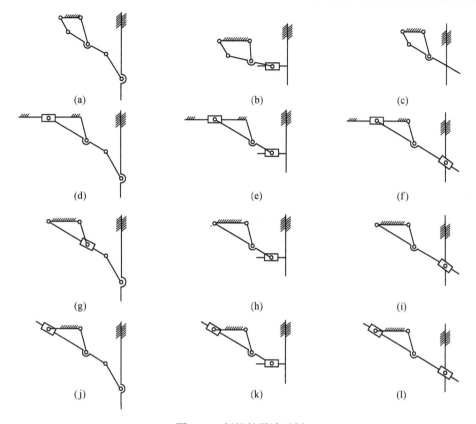

图 8-34 杆组扩展法示例

③ 机构局部结构的改变。

改变机构局部结构(包括构件运动机构和机构组成机构),可以获得有特殊运动性能的机构。

④ 机构结构的移植与模仿。

将一机构中的某些机构应用于另一种机构中的设计方法,称为机构的移植。利用某一结构特点设计新的机构,称为结构的模仿。

⑤ 机构运动副类型的转换。

改变机构中的某个或多个运动副的形式,可以设计创新出不同运动性能的机构。通常的变换方式有两种:转动副与移动副之间的变换;高副与低副之间的变换。

图 8-35(a)为某手套自动机的传动机构,将移动副和转动副对换后,即得图 8-35(b)所示的新型机构。这机构不仅克服了原机构移动副(位于上方)润滑的困难,也避免了易污染产品的弊病。图 8-34 所示六杆急回机构有一个重大缺点,就是输出速度不均匀,要求等速时不适应。这时,可用凸轮副代替低副来解决,图 8-36 所示机构即为其中一种方案。

(2)利用机构运动特点创新机构。

利用现有机构的工作原理,充分考虑机构运动特点、各构件相对运动关系及特殊的构件形状等,创新设计出新的机构。例如:

① 利用连架杆或连杆运动特点设计新机构;

② 利用两构件相对运动关系设计新机构;

③ 用成型固定构件实现复杂运动过程。

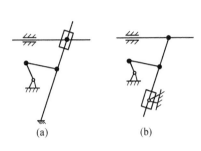

图 8-35　转、移运动副互换

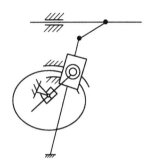

图 8-36　高副替代低副

图 8-37(a)所示 OAB 为一曲柄 OA 和连杆 AB 等长的对心曲柄滑块机构,图 8-37(b)、(c)所示的 2 个机构在运动特性上完全与图 8-37(a)相同,故这三个机构是 3 个同性异形机构。

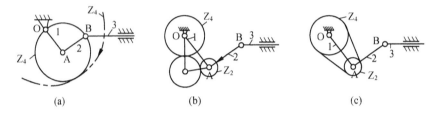

图 8-37　同性异形机构示例

(3)基于组成原理的机构创新设计。

根据机构组成原理,将零自由度的杆组依次连接到原动件和机架上或者在原有机构的基础上,搭接不同级别的杆组,均可设计出新机构。例如:

① 杆组依次连接到原动件和机架上设计新机构;

② 将杆组连接到机构上设计新机构;

③ 根据机构组成原理优选出合适的机构构型。

(4)基于组合原理的机构创新设计。

把一些基本机构按照某种方式组合起来,创新设计出一种与原机构特点不同的新的复合机构。常见的有串联组合、并联组合、混接式组合等。

① 机构的串联组合:将两个或两个以上的单一机构按顺序连接,每一个前置机构的输出运动是后续机构的输入运动,这样的组合方式称为机构的串联组合。三个机构 1、2 和 3 串联组合框图如图 8-38 所示。

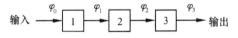

图 8-38　机构的串联组合

a. 构件固接式串联:若将前一个机构的输出构件和后一个机构的输入构件固接,串联组成一个新的复合机构。

不同类型机构的串联组合有各种不同的效果:

a)将匀速运动机构作为前置机构与另一个机构串联,可以改变机构输出运动的速度和周期;

b)将一个非匀速运动机构作为前置机构与工作机构串联,则可改变机构的速度特性;

c)由若干个子机构串联组合得到传力性能较好的机构系统。

b. 轨迹点串联：假若前一个基本机构的输出为平面运动构件上某一点的轨迹，通过该轨迹点与后一个机构串联，这种连接方式称轨迹点串联。

如图 8-39 所示，前置子机构的从动件与后续机构的主动件直接连接，可以用来改变运动形式，实现复合位移函数和运动特性。

② 机构的并联组合：以一个多自由度机构作为基础机构，将一个或几个自由度为 1 的机构(可称为附加机构)的输出构件接入基础机构，这种组合方式称为并联组合。图 8-40 所示为并联组合的几种常见的连接方式的框图。最常见的由

图 8-39　机构串联组合示例

并联组合而成的机构有共同的输入(图 8-40(b)、(c)、(d))；有的并联组合系统也有两个或多个不同输入(图 8-40(a))；还有一种并联组合系统的输入运动是通过本组合系统的输出构件回馈的(图 8-40(e))。

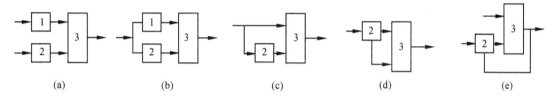

图 8-40　并联组合的几种常见方式

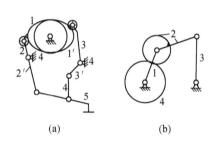

图 8-41　机构并联组合示例

并联组合可实行运动的合成和分解，其组合效应比串联组合更多种多样。图 8-41(a)、(b)所示机构是以一差动机构为基础子机构，再附接若干单自由度子机构来构造组合机构的方法。这种组合可实现运动的合成或分解，其组合比串联组合更为多种多样，即更便于机构创新设计。

③ 机构的混接式组合：综合运用串联-并联组合方式可组成更为复杂的机构，此种组合方式称为机构的混接式组合。

基于组合原理的机构设计可按下述步骤进行：

a. 确定执行构件所要完成的运动；

b. 将执行构件的运动分解为机构易于实现的基本运动或动作，分别拟定能完成这些基本运动或动作的机构构型方案；

c. 将上述各机构构型按某种组合构成一个新的复合机构。

图 8-42(a)是以"运载"的方式将附加子机构装置在基础子机构的运动构件上构造新机构，这样可以实现各种复杂或特定的运动。图 8-42(b)是以差动机构作为基础机构，该基础机构的输入运动是由整个机构的输出运动经附加子机构反馈运动得到的。

2)创新设计步骤

(1)机械总功能的分解。

将机械需完成的工艺动作过程进行分解，即将总功能分解成多个分功能或功能元，找出各分功能或功能元的运动规律和动作过程。

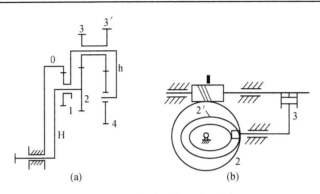

图 8-42   机构混接组合示例

(2)功能原理方案的分解。

将总功能分解成多个功能元之后，对功能元进行求解，即将所需的执行动作，用合适的执行机构来实现。将功能元的解进行组合、评价、优选，从而确定其功能原理方案。

为了得到能实现功能元的机构，在设计中，需要对执行构件的基本运动和机构的基本功能有一全面的了解。

① 执行机构基本运动。常用机构执行构件的运动形式有回转运动、直线运动和曲线运动三种，回转和直线运动是最简单的机械运动形式。按运动有无往复性和间歇性，基本运动的形式如表 8-2 所示。

表 8-2   执行构件的基本运动形式

序号	运动形式	执行机构
1	单向转动	(1)曲柄摇杆机构中的曲柄 (2)转动导杆机构中的转动导杆 (3)齿轮机构中的齿轮
2	往复摆动	(1)曲柄摇杆机构中的摇杆 (2)摆动导杆机构中的摆动导杆 (3)摇块机构中的摇块
3	单向移动	(1)带传动机构中的输送带移动 (2)链传动机构中的输送链移动
4	往复移动	(1)曲柄滑块机构中的滑块 (2)牛头刨机构中的刨头
5	间歇运动	(1)槽轮机构中的槽轮 (2)棘轮机构中的棘轮 (3)凸轮机构 (4)连杆机构
6	实现轨迹	(1)平面连杆机构中的连杆曲线 (2)行星轮系中行星轮上任意点的轨迹

② 机构的基本运动。机构的功能是指机构实现运动变换和完成某种功用的能力。利用机构的基本功能可以组成能实现各种功能的新机械。表 8-3 表示常用机构的一些基本功能。

表 8-3 机构的基本功能

序号	基本功能		可执行机构
1	换运动形式	转动↔转动	(1)双曲柄机构;(2)齿轮机构;(3)带传动;(4)链传动
		转动↔摆动	(1)曲柄摇杆机构;(2)曲柄滑块机构;(3)摆动导杆机构;(4)摆动从动杆凸轮机构
		转动↔移动	(1)曲柄滑块机构;(2)齿轮齿条机构;(3)挠性输送机构;(4)螺旋机构;(5)正弦机构;(6)移动推杆凸轮机构
		转动↔单向间歇传动	(1)槽轮机构;(2)不完全齿轮机构;(3)空间凸轮间歇运动机构
		摆动↔摆动	双摇杆机构
		摆动↔移动	正切机构
		移动↔移动	(1)双滑块机构;(2)移动推杆移动凸轮机构
		摆动↔单向间歇转动	(1)齿式棘轮机构;(2)摩擦式棘轮机构
2	变换运动速度		(1)齿轮机构(用于增速或减速);(2)双曲柄机构
3	变换运动方向		(1)齿轮机构;(2)蜗杆机构;(3)锥齿轮机构
4	进行运动合成(或分解)		(1)差动轮系;(2)各种 2 自由度机构
5	对运动进行操作或控制		(1)离合器;(2)凸轮机构;(3)连杆机构;(4)杠杆机构
6	实现给定的运动位置或轨迹		(1)平面连杆机构;(2)连杆-齿轮机构;(3)凸轮-连杆机构;(4)联动凸轮机构
7	实现某些特殊功能		(1)增力机构;(2)增程机构;(3)微动机构;(4)急回特性机构;(5)夹紧机构;(6)定位机构

③ 机构的分类。为了使所选用的机构能实现某种动作或有关功能,还可以将各种机构按运动转换的种类和实现的功能进行分类。表 8-4 介绍了按功能进行机构分类的情况。

表 8-4 机构的分类

序号	执行构件实现的运动或功能	机构形式
1	匀速转动机构(包括定、变传动比机构)	(1)摩擦轮机构;
		(2)齿轮机构、轮系;
		(3)平行四边形机构;
		(4)转动导杆机构;
		(5)各种有级或无级变速机构
2	非匀速转动机构	(1)非圆齿轮机构;
		(2)双曲柄四杆机构;
		(3)转动导杆机构;
		(4)组合机构;
		(5)挠性机构
3	往复运动机构(包括往复移动和摆动)	(1)曲柄-摇杆往复运动机构;
		(2)双摇杆往复运动机构;
		(3)滑块往复运动机构;
		(4)凸轮式往复运动机构;
		(5)齿轮式往复运动机构;
		(6)组合机构
4	间歇运动机构(包括间歇转动、摆动和移动)	(1)间歇转动机构(棘轮、槽轮、凸轮、不完全齿轮机构);
		(2)间歇摆动机构(利用连杆曲线上近似圆弧或直线段实现);
		(3)间歇移动机构(由连杆机构、凸轮机构、齿轮机构、组合机构等来实现单侧停歇、双单侧停歇、步进移动)

续表

序号	执行构件实现的运动或功能	机构形式
5	差动机构	(1)差动螺旋机构;
		(2)差动棘轮机构;
		(3)差动齿轮机构;
		(4)差动连杆机构;
		(5)差动滑轮机构
6	实现预期轨迹机构	(1)直线机构(连杆机构、行星齿轮机构等);
		(2)特殊曲线（椭圆、 抛物线、 双曲线等） 绘制机构;
		(3)工艺轨迹机构(连杆机构、凸轮机构、凸轮连杆机构)
7	增力及夹持机构	(1)斜面杠杆机构;
		(2)铰链杠杆机构;
		(3)肘杆式机构
8	行程可调机构	(1)棘轮调节机构;
		(2)偏心调节机构;
		(3)螺旋调节机构;
		(4)摇杆调节结构;
		(5)可调式导杆机构

(3)按各功能元的运动规律、动作过程、运动性能等要求进行机构运动简图的尺度综合。

根据机械运动方案中各执行机构工艺动作的运动规律和机械运动循环图的要求，通过分析、计算、确定机构运动简图中各机构的运动学尺寸。在进行尺度综合时，应同时考虑其运动条件和动力条件，否则不利于设计性能良好的新机械。

选择执行机构并不仅仅是简单的挑选，而是包含着创新。因为要得到好的运动方案，必须构思出新颖、灵巧的机构系统。这个系统的各执行机构不一定是现有的机构，为此，应根据创造性基本原理和法则，积极进行创造性思维，灵活运用创造技法来进行机构构型的创新设计。

3) 抓斗的原理方案创新设计示例

抓斗是重型机械的一种工作装置，主要用于河口、港口、车站、矿山、林场等处装卸散粒物料。抓斗的设计任务如表 8-5 所示。

表 8-5　抓斗的设计任务书

要求	内容
功能方面	(1)抓取性能好，有较大的抓取能力;
	(2)装卸效率高;
	(3)装卸性能好，在空中任一位置颚板可闭合、打开;
	(4)闭合性能好，能防散漏;
	(5)适用范围广，既可抓小颗粒，也可抓大颗粒物料
结构方面	(1)机构新颖;
	(2)机构简单、紧凑
材料方面	(1)材料耐磨性好;
	(2)价格便宜
人机工程方面	操作方便，造型美观
经济、使用安全等方面	(1)尽量能与各种起重机、挖掘机配套使用;
	(2)维护、安装方便，工作可靠，使用安全;
	(3)总成本低廉

从设计方法学和创造学的角度出发，通过对抓斗的功能分析，确定可变元素，列出形态矩阵表，组合出多种抓斗原理方案，再评价择优，从而得到符合设计要求的原理方案。

(1)抓斗的功能分析。

抓斗的主要特点是颚板运动，结合设计任务书，抓斗的功能树如图 8-43 所示。

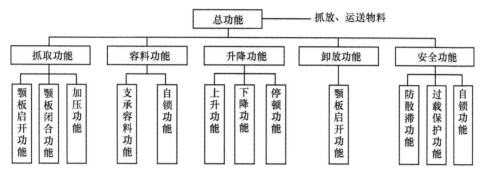

图 8-43　抓斗的功能树

建立抓斗的功能结构图。功能结构反映分功能或功能元之间的逻辑结合关系。反映各分功能(功能元)之间的关系、顺序和走向。抓斗的功能结构图如图 8-44 所示。

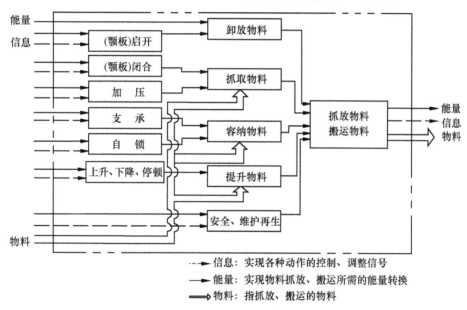

图 8-44　抓斗功能结构图

确定了功能结构图，也就明确了为实现其总功能所具有的分功能和功能元，以及它们之间的相互关系，有利于寻找实现分功能和功能元的物理原理。

(2)搜索求解。

按设计方法学理论，如果一种物理原理能实现两个或两个以上的分功能或功能元，则机构将大大简化。确定抓斗可变元素为：

① 能实现支承、容料和启闭运动的原理机构；

② 能完成启闭动作、加压、自锁的动力装置(即动力源形式)，对可变元素进行变换，建立形态矩阵表(表 8-6)。

表 8-6　抓斗原理方案形态矩阵表

可变元素	变体					
	单(多)铰链杆	连杆机构	杠杆机构	螺杆机构	齿轮齿条机构	其他
颚板启闭机构 A（平面图）	A1	A2	A3	A4	A5	……
动力源形式（启闭、加压、自锁）	绳索-滑轮 B₁	电力机械 B₂		液压 B₃	气压 B₄	……
		螺杆传动 B₂₁	齿轮传动 B₂₂			

理论上，表中任意两个元素的组合就形成了某一种抓斗的工作原理方案，虽然可变元素只有 A、B 两个，但理论上可以组合出 5×5＝25 种原理方案。其中包括明显不能组合在一起的方案，经分析得出明显不能组合在一起的方案有 A_2B_{22}、A_4B_1、A_4B_{22}、A_4B_3、A_4B_4、A_5B_1、A_5B_{21}、A_5B_3、A_5B_4，把这些方案排除，剩 16 种方案。

(3)方案优选。

评价过程是一优化的过程。方案设计阶段的评价尤为重要，希望方案能最好地体现设计任务书要求，并将缺点消除在萌芽状态。为此，从矩阵表中抽象出抓斗的评价准则为：

① 抓取力大，适应难抓物料；

② 可在空中任一位置启闭；

③ 装卸效率较高；

④ 技术先进；

⑤ 结构易实现；

⑥ 经济性好，安全可靠。

根据这六项评价准则，对抓斗可行原理方案进行初步评价，如表 8-7 所示。

表 8-7　抓斗可行原理方案初步评价表

抓斗方案	评价准则						评判意见
	A	B	C	D	E	F	
A_1B_1 耙集式抓斗	×	√	×	√	√	√	
A_1B_4	√	√	√	√	√	√	√
A_2B_1 长撑杆抓斗	×	√	×	√	√	×	
A_2B_{21}	√	√	×	√	√	√	
A_1B_3	√	√	√	√	√	√	√
A_2B_5	√	√	√	√	√	√	√
A_2B_4	√	√	√	√	√	√	√
A_3B_1	√	√	×	√	√	√	
A_3B_{21}	√	√	×	√	√	×	
A_3B_{22}	√	√	?	√	√	×	
A_3B_3	√	√	√	√	√	√	√
A_3B_6	√	√	√	√	√	√	√
A_4B_{21}	√	√	×	√	√	×	
A_5B_{22}	√	√	√	√	√	×	
A_1B_{21}	√	√	×	√	√	√	
A_1B_{22}	√	√	?	?	√	√	

注：表中"√"表示能实现或能满足准则要求；"×"表示不满足或不能实现准则要求；"?"表示信息量不足，待查。

从表中可知，能满足六项准则的有六种方案，即 A_1B_3、A_1B_4、A_2B_3、A_2B_4、A_3B_3、A_3B_4，为进一步缩小搜索区域，在确定最佳原理方案之前，应进行较全面的技术经济评价和决策。

研究这 6 种初步评价获得的可行方案，发现为了实现较高装卸效率，动力源的形式选择液压或气压。为进一步筛选、取优，对液压和气压作了比较，见表 8-8。

表 8-8　动力源液压和气压的抓斗性能比较表

比较内容	气动	液动	比较内容	气动	液动
输出力	中	大	同功率下结构	较庞大	紧凑
动作速度	快	中	对环境温度适应性	较强	较强
响应性	小	大	对温度适应性	强	强
控制装置构成	简单	较复杂	抗粉尘性	强	强
速度调节	较难	较易	能否进行复杂控制	普通	较优
维修再生	容易	较难			

设计的抓斗要求抓取能力强、重量轻、机构紧凑、经济性好、维护方便，通过分析比较，选择液压传动作为控制动力源较优。

经过筛选，剩下三种方案，即 A_1B_3、A_2B_3、A_3B_3，将这三种方案大概构思，画出其简图如图 8-45 所示。

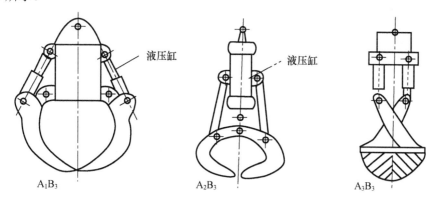

图 8-45　A_1B_3、A_2B_3、A_3B_3 方案简图

A_1B_3 构思为液压双颚板或多颚板抓斗，需两个或两个以上液压缸。A_2B_3 构思为液压长撑杆双颚板或多颚板抓斗，只需一个液压缸。A_3B_3 构思为液压剪式抓斗，需两个液压缸。

通过以上的分析、评价、筛选，确定了这三种抓斗原理方案，对可以对照设计任务书作进一步定性分析（表 8-9）。

表 8-9　A_1B_3、A_2B_3、A_3B_3 性能比较表

方案	抓取性能	闭合性能	适用范围	液压缸行程	结构复杂程度
A_1B_3	好	好	广	较小	较复杂（两个以上液压缸）
A_3B_3	好	差	一般	较小	简单（一个液压缸）
A_3B_3	好	好	一般	大	一般（两个液压缸）

从表 8-9 可知，A_1B_3 能较好地满足设计要求，其不足是结构稍复杂；A_2B_3 无法满足防止散漏这至关重要的性能要求；A_3B_3 液压缸行程大，这在技术上很难实现。故最后确定 A_1B_3 为最佳原理设计方案。

5. 实验题目

在下面的题目中任选一题，综合运用机构的创新设计方法，进行一个机构系统的方案设计。

1)设计玻璃窗的开闭机构

(1)原始数据及设计要求。

① 窗框开闭的相对角度为90°；

② 操作构件必须是单一构件，要求操作省力；

③ 在开启位置时，人在室内能擦洗玻璃的正反两面；

④ 在关闭位置时，机构在室内的构件必须尽量靠近窗槛；

⑤ 机构应支撑起整个窗户的重量。

(2)设计任务。

① 用图解法或解析法完成机构的运动方案设计，并用 ZBS-C 机构运动创新设计实验台来实现；

② 绘制出机构系统的运动简图，并对所设计的机构系统进行简要的说明。

2)坐躺两用摇动椅

(1)原始数据及设计要求。

① 坐躺角度为90°～150°；

② 摇动角度为25°；

③ 操作动力源为手动和重力；

④ 安全舒适。

(2)设计任务。

① 用图解法或解析法完成机构系统的运动方案设计，并用 ZBS-C 机构运动创新设计实验台来实现；

② 绘制出机构系统的运动简图，并对所设计的机构系统进行简要的说明。

3)钢板翻转机

(1)工作原理及工艺动作过程。

如图 8-46 所示，该机构具有将钢板翻转180°的功能。钢板由辊道送至左翻板，并顺时针

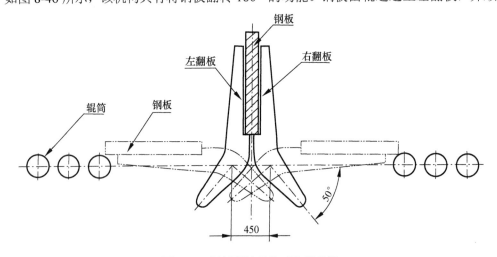

图 8-46   钢板翻转机构工作原理图

方向转动，当转至铅垂位置偏左 10°左右时，与逆时针方向转动的右翻板会合，接着左翻板
与右翻板一同转至铅垂位置偏右 10°左右，左翻板折回到水平位置，与此同时，右翻板顺时
针方向转到水平位置，从而完成钢板翻转任务。

(2)原始数据及设计要求。

① 原动件由电动机驱动；

② 每分钟翻钢板 10 次。

(3)设计任务。

① 用图解法或解析法进行机构运动方案的设计，并用 ZBS-C 机构运动创新设计实验台
加以实现；

② 绘制出机构系统的运动简图，并对所设计的机构系统进行简要的说明。

4)设计平台印刷机的主传动机构

(1)工作原理及工艺动作过程。

平台印刷机的工作原理是复印原理，即将铅版上凸出的痕迹借助油墨印到纸张上。平台
印刷机一般由输纸、着墨(即将油墨均匀涂抹在嵌于版台的铅版上)、压印、收纸等四部分组
成。如图 8-47 所示，平台印刷机的压印动作是在卷有纸张的滚筒与嵌有铅版的版台之间进行
的。整部机器中各机构的运动均由同一电机驱动，运动由电机经过减速装置后分成两路：一
路经传动机构Ⅰ带动滚筒做回转运动，另一路经传动机构Ⅱ带动版台做往复直线运动，当版
台与滚筒接触时，就可在纸上压印出字迹或图形。

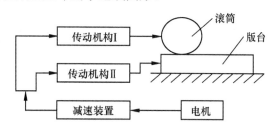

图 8-47 平台印刷机工作原理图

版台工作行程分三个区段：在第一区段，送纸和着墨机构相继完成输纸、着墨作业；第
二区段，滚筒和版台完成压印动作；在第三区段收纸机构进行收纸作业。

本题目所要设计的主传动机构就是指滚筒的传动机构Ⅰ和版台的传动机构Ⅱ。

(2)原始数据及设计要求。

① 印刷速度为 180 张/小时；

② 版台行程为 500mm；

③ 压印区段长度 300mm；

④ 滚筒直径为 116mm；

⑤ 电机转速 6r/min。

(3)设计任务。

① 设计能实现平台印刷机的主运动：版台做往复直线运动，滚筒做连续或间歇转动的机
构运动方案。要求在压印过程中，滚筒与版台之间无相对滑动，即在压印区段，滚筒表面点的
线速度与版台移动速度相等。为保证整个印刷幅面上的印痕浓淡一致，要求版台在压印区内的
速度变化限制在一定的范围内(应尽可能小)，并用 ZBS-C 机构运动创新设计实验台来实现。

② 绘制机构系统的运动简图，并对所设计的机构系统进行简要的说明。

5)冲压机构及送料机构设计

(1)工作原理及工艺动作过程。

设计冲制薄壁零件的冲压机构及与其相配合的送
料机构。如图 8-48 所示,上模先以较小的速度接近坯
料,然后以近似匀速进行拉延成形工作,以后,上模
继续下行将成品推出型腔,最后快速返回。上模退出
下模以后,送料机构从侧面将坯料送至待加工位置,
完成一个工作循环。

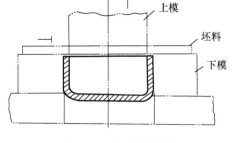

图 8-48　加工工件图

(2)原始数据及设计要求。

① 动力源是做转动或做直线往复运动的电机;

② 许用传动角$[\gamma]=40°$;

③ 生产率约每分钟 10 件;

④ 上模的工作段长度 $L=30\sim100\text{mm}$,对应曲柄转角 $\theta=\left(\dfrac{1}{3}\sim\dfrac{1}{2}\right)\pi$;

⑤ 上模行程长度必须大于工作段长度两倍以上;

⑥ 行程速度变化系数 $K\geqslant1.5$;

⑦ 送料距离 $H=60\sim250\text{mm}$。

(3)设计任务。

① 设计能使上模按上述运动要求加工零件的冲压机构,从侧面将坯料送至下模上方的送
料机构的运动方案,并用 ZBS-C 机构运动创新设计实验台来实现;

② 绘制机构系统的运动简图,并对所设计的机构系统进行简要的说明。

6)糕点切片机

(1)工作原理及工艺动作过程。

糕点先成型(如长方形、圆柱形等)经切片后再烘干。糕点切片机要求实现两个执行动作:
糕点的直线间歇移动和切刀的往复运动。通过两者的动作配合进行切片。改变直线间歇移动
的速度和输送距离,以满足糕点不同切片厚度的需要。

(2)原始数据及设计要求。

① 糕点厚度:$10\sim20\text{mm}$。

② 糕点切片长度(亦即切片的高)范围:$5\sim80\text{mm}$。

③ 切刀切片时最大作用距离(亦即切片的宽度方向)30mm。

④ 切片工作节拍:10 次/min。

⑤ 生产阻力很小,要求选用的机构简单、轻便、运动灵活可靠。

⑥ 电动机 90W,10r/min。

(3)设计任务。

① 设计能够实现这一运动要求的机构运动方案,并用 ZBS-C 机构运动创新设计实验台
来实现;

② 绘制机构系统的运动简图,并对设计的系统进行简要的说明。

(4)设计方案提示。

① 切削速度较大时,切片刀口会整齐平滑,因此切刀运动方案的选择很关键,切口机构
应力求简单适用,运动灵活、运动空间尺寸紧凑等;

② 直线间歇运动机构如何满足切片长度尺寸的变化要求,需认真考虑,调整机构必须简

单可靠，操作方便，是采用调速方案还是采用调距方案，或者采用其他调整方案，均应对方案进行定性的分析比较；

③ 间歇运动机构必须与切刀运动机构工作协调，即全部送进运动应在切刀返回过程中完成。需要注意的是，切口有一定长度（即高度），输送运动必须在切刀完全脱离切口后方能开始进行，但输送机构的返回运动则可与切刀的工作行程运动在时间上有一段重叠，以利提高生产率，在设计机器工作循环图时，就应按上述要求来选取间歇运动机构的设计参数。

7)洗瓶机

(1)工作原理及工艺动作过程。

为了清洗圆瓶子外面，需将瓶子推入同向转动的导辊上，导辊带动瓶子旋转，推动瓶子沿导轨前进，转动的刷子就将瓶子洗净。

主要的动作：将到位的瓶子沿着导轨推动，瓶子推动过程利用导辊转动，将瓶子旋转以及刷子转动。

(2)原始数据及设计要求。

① 瓶子尺寸为大端直径 $d=80mm$，瓶子高 $h=200mm$；

② 推进距离 $L=600mm$，推瓶机构应使推头以接近匀速的速度推瓶，平稳地接触和脱离瓶子，然后推头快速返回原位，准备进入第二个工作循环；

③ 按生产率的要求，返回时的平均速度为工作行程速度的 3 倍；

④ 提供的旋转式电机转速为 10r/min；

⑤ 机构传动性能良好，结构紧凑，制造方便。

(3)设计任务。

① 设计推瓶机构和洗瓶机构的运动方案，并用 ZBS-C 机构运动创新设计实验台来实现；

② 绘制机构系统的运动简图，并对所设计的机构系统进行简要的说明。

(4)设计方案提示。

① 推瓶机构一般要求近似直线轨迹，回程时轨迹形状不限，但不能反向拨动瓶子，由于上述运动要求，一般采用组合机构来实现；

② 洗瓶机构由一对同向转动的导辊和带三只刷子转动的转子所组成。可以通过机械传动系统来完成。

8)设计一机构

(1)已知条件：

① 若主动件作等速转动，其转速 $n=1r/min$；

② 从动件做往复移动，行程长度为 100mm；

③ 从动件工作行程为近似等速运动，回程为急回运动，行程速比系数 $k=1.4$。

(2)设计任务：

① 设计能够实现这一运动要求的机构运动方案，并用 ZBS-C 机构运动创新设计实验台来实现；

② 绘制机构系统的运动简图，并对所设计的系统进行简要的说明。

9)设计一机构

(1)已知条件：

① 从动件作单向间歇转动；

② 每转动 180°停歇一次；

③ 停歇时间为 1/3.6 周期。

(2)设计任务：

① 设计能够实现这一运动要求的机构运动方案，并用 ZBS-C 机构运动创新设计实验台来实现；

② 绘制机构系统的运动简图，并对设计系统进行简要的说明。

8.4　机械方案创意设计模拟实验

1. 机械方案创意设计模拟实施实验仪拼装方法

1)机架组件

机架组件设计方案如图 8-49 所示。

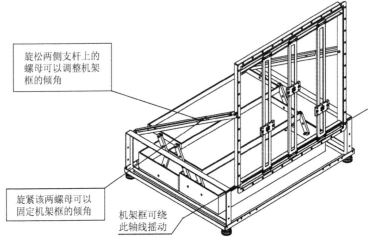

旋松两侧支杆上的螺母可以调整机架框的倾角

旋紧该两螺母可以固定机架框的倾角

机架框可绕此轴线摇动

图 8-49　机架组件

2)二自由度调整定位基板

二自由度调整定位基板设计方案如图 8-50 所示。

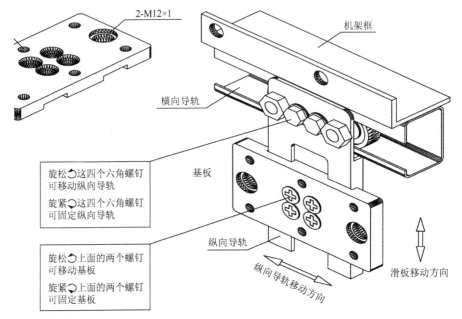

2-M12×1

机架框

横向导轨

旋松↻这四个六角螺钉可移动纵向导轨

旋紧↺这四个六角螺钉可固定纵向导轨

旋松↻上面的两个螺钉可移动基板

旋紧↺上面的两个螺钉可固定基板

基板

纵向导轨

纵向导轨移动方向

滑板移动方向

图 8-50　定位基板

3) 各种拼接和安装方法

各种拼接和安装方法示意图如图 8-51～图 8-63 所示。

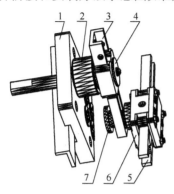

1-基板；2-单层主动定铰链；3-曲柄杆；4-挡片和 M4×8 螺钉；
5-构件杆；6-带铰滑块；7-铰链螺母

图 8-51　曲柄杆与带铰滑块铰链连接

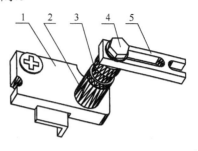

1-基板；2-零个至五个 4#支承；3-一个 1#或 2#支承；
4-M5×12 螺栓和 ϕ5 垫圈各一个；5-用作导路杆的构件杆

图 8-52　导路杆的一端与基板固结

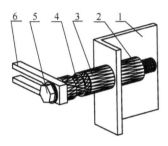

1-机架框；2-一个 4#支承作螺母；
3-零个至五个 4#支承；4-一个 1#或 2#支承；
5-M5×10 螺栓和 ϕ5 垫圈各一个；6-用作导路杆的构件杆

图 8-53　导路杆的一端与机架框固结

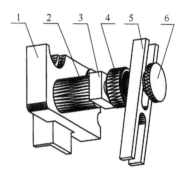

1-基板；2-4 号或 3 号支承；3-垫块；
4-活动铰链；5-构件杆；6-铰链螺母

图 8-54　构件杆与基板铰链连接

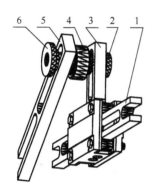

1-构件杆；2-铰链螺钉或小帽铰链螺钉；
3-偏心滑块；4-活动铰链；
5-构件杆；6-铰链螺母

图 8-55　偏心滑块与构件杆铰链连接

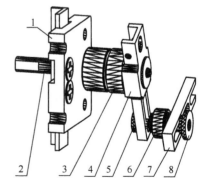

1-基板；2-双层主动定铰链；3-齿凸垫套；
4-曲柄杆；5-铰链螺钉或小帽铰链螺钉；
6-活动铰链；7-构件杆；8-铰链螺母

图 8-56　曲柄杆与构件杆铰链连接

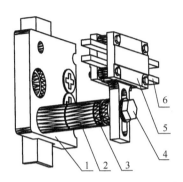

1-基板；2-零个至五个 4#支承；3-3#支承；4-M5×10 螺栓和φ5 垫圈各一件；5-偏心滑块；6-构件杆

图 8-57　固定导路孔的组装

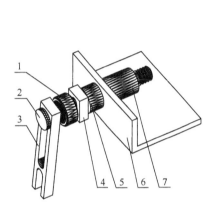

1-活动铰链；2-小帽铰螺；3-构件杆；4-垫块；
5-3 号支承；6-机架框；7-4 号支承

(a)

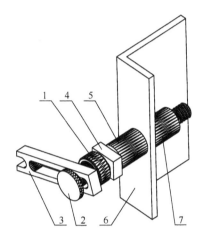

1-活动铰链；2-铰链螺钉；3-构件杆；4-垫块；
5-4 号支承；6-机架框；7-4 号支承

(b)

图 8-58　机架框上的固定铰链和从动件

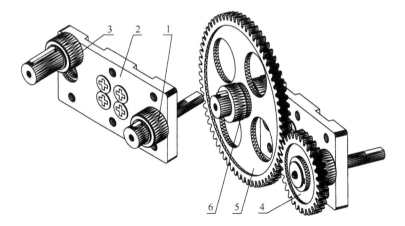

1-单层主动定铰链；2-基板；3-三层从动定铰链；4-30 齿齿轮；5-65 齿齿轮；6-齿轮凸垫套

图 8-59　机架框上的固定铰链和从动件

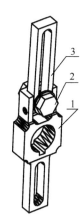

1-曲柄杆；2-M5×12 螺栓一件，M5 螺母和 φ5 垫圈各二件；
3-构件杆

图 8-60　主动转杆加长的一种方法

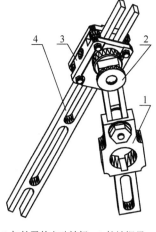

1-加长了的主动转杆；2-铰链螺母；
3-带铰滑块；4-构件杆

图 8-61　加长的主动转杆与带铰滑块铰链连接 A

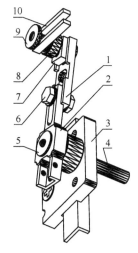

1-杆接头Ⅲ；2-曲柄杆；3-基板；
4-单层主动定铰链；5-挡片和 M4×8 螺钉；
6-M5×12 螺栓一件，M5 螺母和 φ5 垫圈各二件；
7-垫块；8-活动铰链；9-铰链螺母；10-构件杆

图 8-62　加长的主动转杆与构件杆铰链连接 B

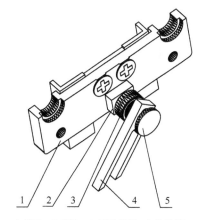

1-基板；2-垫块；3-活动铰链；4-构件杆；
5-铰链螺钉或小帽铰链螺钉

图 8-63　活动铰链直接与基板相连

2. 实验步骤

(1)选择机构运动方案，每组应完成不少于每人 1 种的不同机构运动方案的拼接实验。

(2)根据机构运动简图，利用机构运动创新设计方案实验台提供的零件，根据运动尺寸进行拼装。

拼装时，通常先从原动件开始，按运动传递顺序依次进行拼装。应保证各构件均在相互平行的平面内运动，这样可以避免各运动构件之间的干涉，同时保证各构件运动平面与轴线垂直。拼装以机架铅垂面为参考平面，由里向外拼装。

(3)拼接完成后，用手动的方式驱动原动件，观察各部分的运动都畅通无阻后，再与电机相连,检查无误后方可接通电源。

(4)测绘机构的运动尺寸,并观察机构的运动状况和运动特点。

(5)逐一拆分杆组,直至最后只剩下原动件。每拆除一组杆组后,使机构运动,观察机构的运动情况。

3. 实验注意事项

(1)认真阅读实验内容,熟悉实验中所用的设备和零件功能,熟悉各传动装置、各固定支座、移动副、转动副的拼装和安装方法;

(2)组装完成后,首先进行自查,确认拼接是否有误、连接是否牢固可靠;

(3)提交指导老师检查确认无误后,可通电运行;

(4)实验结束后,将实验用的设备、零件、工具等整齐归位。

8.5 创新思维与机械制作实验

1. 实验目的

(1)培养学生的创新思维及创新设计能力;

(2)培养学生的机构及结构设计能力、实际动手能力;

(3)培养学生的工艺设计及加工能力;

(4)培养学生的集体合作设计能力。

2. 实验内容与要求

1) 选择创新设计题目

学生可以根据自己的特长和爱好自由组合,以三至四人为一组,按组选择创新思维实验题目。选题时要注意创新,选题要考虑新颖性,选题对产品的质量影响很大。选择的题目不一定选得很大、很复杂,在日常生活、生产、学习、工作中很多题目都可做,只要有创意、能实现功能要求的设计都可确定为设计题目。设计可根据社会和人们的需要选题,或根据调查选题,亦可由直觉选题。设计本身就是创造性思维活动,只有大胆创新才能有所发明、有所创造。由于当今的科学技术已经高度发展,创新往往是在已有技术基础上进行综合,或在已有产品的基础上进行改革、移植。因此选题可选择适合自己设计和加工的题目,该题目能实现某一功能的要求。

2) 确定设计题目的设计要求

各设计小组根据选定的设计题目,确定所设计对象的各项功能、性能要求及各种设计参数。

3) 做出实物模型并进行实测调试

学生也可以在以下的题目中任选一个作为创新思维实验。

题目1 马路中间栏栅清扫机

设计用途:马路中间栏栅为焊接铁管件,现由人工清扫,效率低,且在马路上来往车辆太多,工人操作时有一定的危险。现要求设计马路中间栏栅清扫机实现机械清扫。

(1)设计要求:

① 清扫机要求能沿栏栅自动清扫;

② 封闭式结构;

③ 用能充电的电池做能源；

④ 体积小。

(2)设计参数：

① 清扫机行走速度为 1.2m/min，且速度可调；

② 机体重量小于 10kg。

题目 2　田螺壳去尖尾机

(1)设计用途：炒田螺前要先去掉尾部尖壳，现用钳子人工钳掉尾尖壳，效率太低、费时，现要求设计田螺壳去尖尾机。

(2)设计要求：

① 用机械除去田螺壳尖尾；

② 能源不限；

③ 体积小，成本低；

④ 噪声小。

(3)设计参数：

① 切除田螺尖尾壳 200 个/分钟；

② 机体重量小于 2kg。

题目 3　马铃薯削皮机

(1)设计用途：能代替人工削马铃薯皮。

(2)设计要求：

① 用机械削马铃薯皮；

② 能源不限；

③ 削皮厚度不大于 1mm；

④ 能削干净形状不规则的马铃薯皮；

⑤ 体积小，成本低。

(3)设计参数：

① 每分钟削马铃薯皮 $0.8m^2$，速度可调；

② 机体重量小于 2kg。

题目 4　更换马路路灯灯泡的设备

(1)设计用途：能快速更换马路路灯的灯泡。

(2)设计要求：

① 用机械帮助人更换马路路灯的灯泡；

② 能源不限；

③ 不影响马路上车辆行驶；

④ 安全。

(3)设计参数：

① 按路灯一般高度设计设备的高度，且工作的高度可调；

② 体积小，重量轻。

3. 实验设备、仪器、仪表及工具

(1)各种小型的交、直流电动机；

(2)各种小型、微型减速器，带、链等传动件；

(3)各种支承、联轴器等;

(4)各种磁粉离合器、砝码、杠杆等加载装置;

(5)转矩转速测量仪、转矩转速传感器、各种示波器、万用表等测试仪器、仪表;

(6)各种车床、刨床、快速成型机、线切割机、锯床、铣床、小型冲床、台钻床、手电钻等机床;

(7)各种工具、量具、台虎钳等;

(8)各种金属、非金属材料(角钢、槽钢、铝合金型材、塑料板、乙烯板、乙烯棒、石膏、橡皮泥等)。

4. 实验方法及步骤

1)理论设计

(1)原理方案设计,是在对设计对象进行功能分析的基础上,利用各种物理原理,通过创新构思、搜索探求、优化得出设计方案。设计方案(原理解)直接影响产品功能、性能指标、成本、质量,设计时应尽量运用所学的知识、经验、创新能力,并对收集的资料信息进行分析、整理,构想出满足功能要求的合理方案。

(2)结构方案设计,结构设计是将原理设计方案结构化,确定出零部件的形状、材料和尺寸,并进行必要的强度、刚度、可靠性设计。

(3)进行商品化设计(产品造型、价值分析、模块化、标准化)。

(4)对设计结构进行分析评价。

2)产品(作品)加工(或模型制作)

(1)选用实验仪器及设备;

(2)自行加工零件、个别特殊的、较难加工的零件经教师同意后可外协加工或外购;

(3)整机装配或手动调试;

(4)实验设计、实测、调试、分析研究,实现预定功能。

5. 撰写实验报告

(1)创新思维与机械制作实验的名称;

(2)总体方案简图;

(3)主要参数的设计计算过程和结果;

(4)整机的装配草图;

(5)实验设计;

(6)对测试结果进行分析讨论,对制作的实物模型进行分析评价,提出进一步完善模型(作品)的建议和措施。

8.6　智能移动机器人设计实验

1. 实验目的

(1)培养学生的工程实践能力和动手能力;

(2)培养学生的创新能力;

(3)培养学生的综合知识运用能力,加深学生对机械、电子、控制、测试技术等学科知识的掌握。

2. 实验要求

在玩具童车的基础上，设计并制作 1 个能自动运行的智能移动机器人，具体要求如下。

(1)机器人的行走地面为平整的水泥地面，地面贴有黑线，地面黑线布置主要是直线(行驶距离根据实验室具体条件确定)，根据各个学校的具体情况决定是否设置圆弧(圆弧需要机器人进行转弯控制，因此控制难度也相应增加)，由实验教师根据具体情况自行设定。

(2)终点放置 1 个尺寸为 50mm×50mm×50mm 的立方体，材料可以为 ABS。

(3)行走路线中设置有高速行驶区域、限速行驶区域，在高速行驶区域，机器人可以最快的速度行驶，在限速行驶区域，要求机器人在较长的时间内通过一段固定的距离。

(4)要求在高速行驶区以最短的时间通过，在限速行驶区以最慢的速度通过，并将终点的立方体搬运到出发点。

3. 设备和工具

(1)机械组合工具箱 1 套，包括十字改锥、扳手、钢锯、直尺、锉刀、锤子、钻头等；

(2)电子组合工具箱 1 套，包括电烙铁、镊子、剪刀、万用表、吸锡器、斜口钳、焊丝等；

(3)示波器 1 台(可共用)；

(4)信号发生器 1 台(可共用)；

(5)51 系列单片机仿真器 1 套；

(6)写片机 1 套(可共用)；

(7)可编程序控制器 1 套(24 点)；

(8)台式钻床 1 台，虎钳 1 个。

4. 实验材料

(1)玩具童车 1 辆，尺寸大约为 300mm(长)×200mm(宽)×150mm(高)；

(2)2~3mm 厚铝板；2×20 角铝；

(3)常用螺丝及螺母等；

(4)常用电子元件，如电阻、电容、二极管、三极管、功率管、MOS 管、接插件等；

(5)万能板；

(6)蓄电池 1 组；

(7)红外发光接收对管若干(或红外光电传感器)；

(8)槽形红外光电发射接收传感器若干。

5. 实验时间及要求

由于本实验牵涉的学科较多，工作量较大，因此实验时间较长，要求 4 人 1 组，在 1 周内完成机器人的设计和制作，并提交 1 份设计报告。

6. 实验设备简介

1)伟福系列仿真器简介

伟福仿真器有仿真器和仿真头 2 部分，仿真器支持很多种不同的仿真头，包括 51 系列、196 系列、PIC 系列，飞利浦公司的 552、LPC764、DALLAS320 等 51 型 CPU，其仿真环境为 Windows 系统，其调试软件提供了一个全集成环境，界面统一，包括项目管理器、编辑器等。

(1)仿真头。

伟福系列仿真器的仿真头有很多，下面以 POD8X5X 仿真头为例进行介绍。

POD8X5X 仿真头如图 8-64 所示,可配 E2000 系列,E51 系列仿真器,用于仿真 Intel8031/51 系列及兼容单片机,可仿真 CPU 种类为 8031/32,8051/52,8751/52/54/55/58,89C51/52/55/58,89C1051/2051/4051,华邦的 78E51/52/54/58,LG 的 97C51/52/1051/2051。 配有 40 脚 DIP 封装的转接座,可选配 44 脚 PLCC 封装的转接座。选配 2051 转接可仿真 20 脚 DIP 封装的 XXC1051/2051/4051CPU。它与仿真器的连接如图 8-65 所示。

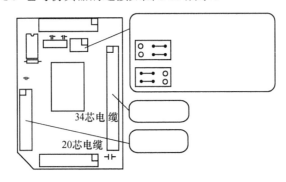

图 8-64　POD8X5X 仿真头外形图

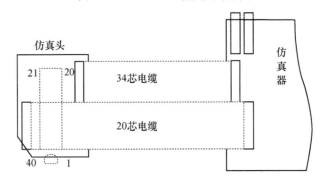

图 8-65　E2000/E51 仿真器与 POD8X5X 连接图

(2)仿真器。

伟福仿真器的 2000 系列有 E2000L/E2000T/E2000S 几种,其功能如表 8-10 所示,其外形如图 8-66 所示。

表 8-10　伟福仿真器 2000 系列功能

仿真器型号	功能
E2000/S	通用仿真器(1~16 位, 15M 总线速度) 硬件测试仪 运行时间统计 逻辑笔(选配件) Windows 版本、DOS 版本双平台
E2000/T	含 E2000/S 所有功能 事件断点、断点记数 跟踪器 影子存储器 全空间程序/数据时效分析器
E2000/L	含 E2000/T 所有功能 逻辑分析仪(测试钩为选配件) 可编程波形发生器

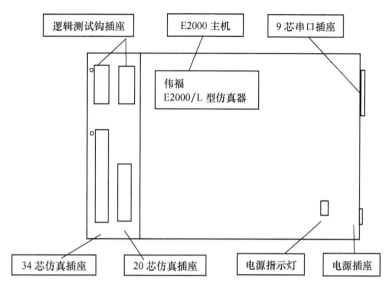

图 8-66 仿真器外形示意图

仿真软件的使用本书不作讨论，请参看有关参考资料。

2)可编程序控制器

PLC 是微机技术和继电器常规控制概念相结合的产物，是在程序控制器、16 位微处理机控制器和微机控制器的基础上发展起来的新型控制器。从广义上讲，PLC 是一种计算机系统，只不过它比一般计算机具有更强的与工业过程相连接的输入输出接口，具有更适用于控制要求的编程语言，具有更适应于工业环境的抗干扰性能。

PLC 的硬件系统由主机系统、输入输出扩展部件及外部设备组成。主机系统由 CPU、存储单元、输入单元、输出单元、输入输出扩展口，外围设备接口和电源等组成。

（1）可编程序控制器硬件结构。

PLC 的生产厂家很多，有 OMRON（欧姆龙）公司、三菱电机公司、西门子公司、GE 公司等。本章以 OMRON 公司生产的微型 PLC 系列 CS1 为例进行说明。

CS1 系列 PLC 结构上采用了 LSI 来执行指令和高速的精简指令系统计算机处理器，使 CSI 系列 PLC 的工作速度比较快；CS1 系列可以存储 250KB 程序、448KB 数据存储区（含扩展存储区）、4096 个计时器和 4096 个计数器。系统可以通过调制解调器对远程 PLC 进行编程和监控；通过 Host Link 对网络 PLC 编程或监控。

CS1 的基本应用系统由 CPU 单元、底版、电源、基本 I/O、CPU 总线单元组成，如图 8-67所示。

（2）可编程序控制器的编程工具。

CSI 系列 PLC 有两种编程设备可供使用：手持式编程器和 CX-P 编程软件。CX-P 编程软件是基于 Windows 平台的编程软件。

CSI 系列 PLC 可用的手持式编程器分为 C200H-PR027-E 和 CQM1-PR001-E 两种。

CX-P编程软件是基于 Windows 环境下的编程软

CPU 底板（2、3、5、8 或 10 槽）

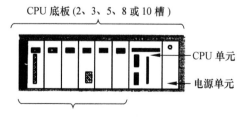

图 8-67 CS1 系列 PLC 基本应用系统

件，系统支持符号化编程，使编程标准化，符号编程功能在编程时使用 I/O 名称而不必考虑

其位和地址的分配,从而带 I/O 名称的程序只需在 CX-P 编程软件上移动,即可嵌入其他系统。它具有以下基本功能:

① 为适用的 PLC 建立和编辑梯形图程序与助记符程序。

② 建立和检索 I/O 表。

③ 改变 CPU 单元的操作模式。

④ 在计算机和 CPU 单元之间传送程序、I/O 内存数据、I/O 表、PLC 设置值和 I/O 注释。

⑤ 在梯形图显示上监控 I/O 状态和当前值,在助记符显示上监控 I/O 状态和当前值,以及在 I/O 内存显示上监控当前值。

(3)指令系统概述。

日本 OMRON 公司生产的 CSI 系列 PLC 具有丰富的指令系统,能够实现复杂的控制操作。通常可以将 CSI 指令分为两大类:基本指令和功能指令。其中,基本指令是指直接对 I/O 点进行简单操作的指令,如输入、输出。逻辑"与""或""非"等。由于 OMRON 公司 PLC 及其指令系统在编程器上有与基本指令的助记符相同的键,所以输入基本指令时,只需按下编程器上相同的指令键即可。另一类是功能指令,它是进行数据处理、运算和顺序控制等操作的指令。这类指令在表示方法上与基本指令不同。CSI 系列 PLC 为每条功能指令在助记符后面附一个特定函数代码(功能代码),用三位数字表示。书写时,在助记符后面用圆括弧将代码括起来。

CSI 系列 PLC 指令的基本格式为

助记符(函数代码)　　　操作数　　　注释

助记符:表示 CPU 执行此指令所要完成的功能,如 MOVB 表示完成位传送功能。

函数代码:用三位数字表示特定的函数代码(功能代码),如 MOVB (082),可用于完成程序的录入。

操作数:指令中预置的参数(梯形图方框中的数),被用来指定 I/O 内存区的内容或变量,确定了 CPU 要完成此指令的操作对象。操作数类型可分为源操作数、目的或结果操作数和数字常量操作数等。

表 8-11 为 CSI 系列 PLC 指令及其功能,详细情况请参考 CSI 编程手册。

表 8-11　CSI 系列 PLC 指令及其功能

指令变化	助记符	功能	I/O 刷新
常规	LD、AND、OR、LD NOT、AND NOT、OR NOT	指定位的 ON/OFF 状态由 CPU 循环刷新,并且反映到下一次的指令执行	循环刷新
	OUT、OUT、NOT	指令执行后,指定位的 ON/OFF 状态在下一次循环刷新时输出	
上升沿微分	@LD、@AND、@OR	当指定位从 OFF 变为 ON 时执行一次指令,并且 ON 状态维持一个循环	
下降沿微分	%LD、%AND、%OR	当指定位从 ON 变为 OFF 时执行一次指令,并且 ON 状态维持一个循环	
立即刷新	! LD,! AND,! OR,! LD NOT,! AND NOT,! OR NOT	指定位的输入数据由 CPU 读出,并且执行指令	指令执行前
	! OUT、! OUT NOT	指令执行后,输出指定位的数据	指令执行后
上升沿微分/立即刷新	! @LD,! @AND,! @OR	由 CPU 刷新指定位置输入数据,并且当位从 OFF 变为 ON 时,指令执行一次,ON 状态维持一个循环	指令执行前
下降沿微分/立即刷新	! %LD,! %AND,! %OR	由 CPU 刷新指定位置输入数据,并且当位从 OFF 变为 ON 时,指令执行一次,ON 状态维持一个循环	

7. 设计方案举例

移动机器人的设计方案很多，本书只举出几个设计方案，指导教师可以鼓励学生提出大胆的创新方案。

系统可以分为以下几个模块进行设计。

1) 电动机驱动调速模块

(1) 如果只要求机器人直线行走，机器人的驱动可以只采用 1 个电机驱动，只要保证机器人能够进行速度调节即可，可以采用以下方案。

方案一：采用可编程序控制器，输出模拟电压，通过 SG3524 进行 PWM 调试，再采用 H 桥式电路进行驱动。

方案二：采用可编程序控制器或者单片机输出模拟信号，利用 L290/L291/L292 三芯片组合实现驱动和调速，同时可以实现有限的速度闭环控制。

方案三：采用达林顿管组成 H 桥。用单片机控制达林顿管工作，单片机进行 PWM 调制。

(2) 如果要求机器人进行转弯，机器人的驱动要使用 2 个电机驱动，因此机器人的电机驱动需要采用伺服控制的形式，同样有 2 个方案，针对 2 个方案有不同的构成形式。

方案一：采用双电机作为主驱动，在运动中采用伺服的形式保证机器人进行直线运动和转弯运动。电动机的驱动调速有以下两种方式。

① 采用达林顿管或者 MOS 管组成 H 桥，或者直接使用 L292 驱动桥，速度调节利用单片机实现 PWM 调速。

② 使用 PLC 或者单片机输出模拟信号，利用 SG3924 进行 PWM 调制。

方案二：采用 1 个主运动驱动电机和 1 个方向控制电机，机器人的速度控制同样可以用方案一所述的方法。

2) 路面黑线寻线模块

路面黑线的检测需要将光线照射到路面，路面将光信号反射，由于黑线和浅色的背景反射的系数不同，可以根据接收到的反射光线强弱判断黑线位置。

方案一：采用 CCD 进行路面图像的识别和分析，从而获得路面的情况。

方案二：反射式红外发射-接收器，当接收到信号的变化以后，利用单片机进行数字滤波后，可以得到比较可靠的寻线信号。

方案三：采用脉冲调制的反射式红外发射-接收器。由于环境光干扰主要是直流分量，如果采用带交流分量的调制信号，则可大幅度地减少外界干扰。

方案四：直接使用光电检测传感器 E3F-DS10C4，该传感器检测到白色路面时输出的是高电平，黑色路面为低电平，将此信号直接送入单片机或者 PLC 的输入口进行处理。

3) 车轮速度检测模块

车轮速度检测可以在一固定的时间内检测出车轮转过的角度以检测车轮的速度。因此车轮的速度检测的关键是如何知道车轮转过的角度，时间可以利用单片机或者可编程控制器的定时器进行计时。车轮转过的角度可以采用以下几种方案。

方案一：采用霍尔集成片。该器件内由三片霍尔金属板组成，当磁铁正对金属板时，由于霍尔效应，金属板产生横向电势。因此可以在车轮上安装磁片，而将霍尔集成片安装在固定轴上，通过计数脉冲数即可知道车轮的角度。

方案二：采用光电编码器。光电编码器是一种能够检测轴转过相对角度的传感器。将光电编码器安装在车轮的轴上，将光电编码器的外壳安装在车身上，即可检测出相对转动的角度。

方案三：利用槽形光电开关。在车轮上安装若干个金属薄片，将槽形光电开关安装在车身上。当车轮转动时，金属薄片将通过槽形开关而产生开关信号，通过计算脉冲数即可知道车轮转动的角度。此方案类似于光电鼠标的工作原理。

方案四：利用发光二极管和光敏二极管对以及一张废旧的 3 英寸①磁盘检测车轮转动的角度。将废旧磁片安装在车轮上，废旧的磁片上均匀地开若干个孔，在磁片两侧分别安装 1 个发光二极管和光敏二极管，将检测到的光敏二极管的开关信号进行滤波后便可以检测到车轮的转动角度。

4)驱动电源

由于普通玩具车的直流电动机启动瞬间的电流较大，可以根据电动机的特性选用 24V(或 12V)电源，电池可以采用铅酸电池或镍氢电池。

8. 实验报告内容

智能移动机器人的设计是一个综合性的实验，在完成设计并调试通过以后要求提交 1 份完整的实验报告，报告的具体内容如下：

(1)移动机器人的机械结构方案设计报告；

(2)移动机器人搬运立方体的结构方案设计报告；

(3)控制总体方案的设计报告；

(4)检测黑线的控制电路设计报告，包括电路原理图及主要工作原理的说明；

(5)电机调速的控制电路设计报告，包括电路原理图及主要工作原理的说明；

(6)车轮速度检测的控制电路设计报告，包括电路原理图及主要工作原理的说明；

(7)控制程序的设计报告，包括程序框图及简单说明，主要程序的说明。

8.7　轴系结构分析和拼装实验

1. 实验目的

(1)掌握轴系结构测绘的方法；

(2)了解轴系各零部件的结构形状、功能、工艺性要求和尺寸装配关系；

(3)掌握轴系各零部件的安装、固定和调整方法；

(4)掌握轴系结构设计的方法和要求；

(5)培养学生的工程实践能力、动手能力和设计能力。

2. 实验内容

任选一个轴系，进行结构分析和测绘。轴系可以选用实物或模型，但必须包括轴、轴承、轴上零件、键、套筒、轴承端盖、密封件及机座等零部件。

3. 实验原理

进行轴的结构设计时，通常首先按扭转强度初步计算出最小端直径，然后在此

---

① 1in(英寸)=2.54cm。

基础上全面考虑轴上零件的布置、定位、固定、装拆、调整等要求，以及减少轴的应力集中，保证轴的结构工艺等因素，以便经济合理地确定轴的结构。

1) 轴上零件的布置

预定出轴上零件的装配方向、顺序和相互关系，它决定了轴的结构形状。

轴上零件应布置合理，使轴受力均匀，提高轴的强度。

2) 轴上零件的定位和固定

零件安装在轴上，要有确定的位置，零件的定位包括轴向定位和周向定位。

轴上零件常用的轴向定位方法是通过轴肩、套筒、圆螺母、圆锥面、轴端挡圈、弹性挡圈、锁紧挡圈、紧定螺钉等定位。选择定位方式时应考虑零件所受轴向力的大小、轴的制造工艺、轴上零件装拆的难易程度、对轴刚度的影响、工作可靠性等因素。

轴上零件常用的周向定位方法是通过键、花键、销、紧定螺钉以及过盈配合等定位。定位方式选择时应考虑传递转矩的大小和性质、零件对中精度的高低、加工工艺难易等因素。

3) 轴上零件的装拆和调整

为了使轴上零件的装拆方便，并能进行位置及间隙的调整，常把轴做成阶梯轴。设置的轴肩高度一般可取为 1～3mm，安装滚动轴承处的轴肩高度应低于轴承内圈的厚度，以便于拆卸轴承。轴承游隙的调整，常通过调整垫片的厚度来实现。

4) 轴应具有良好的制造工艺性

轴的形状和尺寸应满足加工、装拆方便的要求。轴的结构越简单，工艺性越好。

为了保证轴的制造工艺性，应在轴的结构设计时注意如下几点。

(1) 为减少加工时换刀时间及装夹工件时间，同一根轴上所有圆角半径、倒角尺寸、退刀槽宽度应尽可能统一；当轴上有两个以上键槽时，应置于轴的同一条母线上，以便一次装夹后就能加工。

(2) 轴上的某轴段需磨削时，应留有砂轮的越程槽；需切制螺纹时，应留有退刀槽。

(3) 为了去掉毛刺，便于装配，轴端应制出 45° 倒角。

(4) 当采用过盈配合连接时，配合轴段的零件装入端，常加工成导向锥面。若还附加键连接，则键槽的长度应延长到锥面处，便于轮毂上键槽与键对中。

(5) 如果需从轴的一端装入两个过盈配合的零件，则轴上两配合轴段的直径不应相等。否则第一个零件压入后，会把第二个零件配合的表面拉毛，影响配合。

5) 轴上零件的润滑

滚动轴承的润滑可根据速度因数 dn 值选择油润滑或脂润滑。其中，d 代表轴承内径，mm；n 代表轴承转速，r/min。dn 值间接地反映了轴颈的圆周速度，当 $dn < (1.5～2) \times 10^5$ mm·r/min 时，一般滚动轴承可采用润滑脂润滑，超过这一范围宜采用润滑油润滑。不同的润滑方式采用的密封方式也不同。

半开式及开式齿轮传动，或者速度较低的闭式齿轮传动，可采用人工定期添加润滑油或润滑脂进行润滑。

闭式齿轮传动通常采用油润滑，其润滑方式根据齿轮的圆周速度 v 来确定。当 $v \leq 12$m/s 时，可采用油浴式；当 $v \geq 12$m/s 时，应采用喷油润滑。

6) 轴承的密封

(1) 接触式密封：在轴承盖内放置软材料(毛毡、橡胶圈或皮碗等)与转动轴直接接触而起密封作用，多用于低速场合。

(2) 非接触式密封：包括间隙密封和迷宫式密封，适用于中速场合，密封效果好。

(3) 组合密封：如毛毡加迷宫密封，多用于密封要求较高的场合。

4. 实验要求

1) 对所测轴系进行结构分析

对所选轴系实物(或模型)进行具体的结构分析。首先，对轴系的总体结构进行分析，明确轴系的工作要求，了解轴各部分结构的作用、轴上各零件的用途。在此基础上分析轴上零件的受力和传力路线。了解轴承类型和布置方式、轴上零件以及轴系的定位和固定方法。最后，还应熟悉轴上零件的装拆和调整、公差和配合、润滑和密封等内容。

2) 绘制一张轴系结构装配图

首先，按正确的拆装顺序和拆卸方法把轴上零件拆卸下来。然后，对轴系进行测绘，将测量各零件所得的尺寸，对照实物(或模型)按适当比例画出其轴系结构装配图。对于因拆卸困难或需专用量具等原因而难以测量的有关尺寸，允许按照实物(或模型)的相对大小和结构关系进行估算，标准件应参考有关标准确定尺寸。对支承轴承的箱体部分只要求画出与轴承和端盖相配的局部结构。

所绘制的轴系结构装配图要求结构合理、装配关系清楚、绘图正确(按制图要求并符合有关规定)、标注必要的尺寸(如齿轮直径和宽度、轴承间距和主要零件的配合尺寸等)，应编写明细表和标题栏。

5. 实验设备及工具

(1) 轴系实物或模型。

(2) 测量用具：游标卡尺，内、外卡钳、钢尺等及装拆工具一套。

(3) 学生自带用具：圆规、三角板、铅笔、橡皮和方格纸等。

6. 实验步骤

(1) 根据指定的题号查询实验题表格，选择对应的试题进行实验。

(2) 进行轴的结构设计与滚动轴承组合设计。根据实验题号的要求，进行轴系结构设计，考虑轴承类型选择，轴上零件定位固定，轴承安装与调节、润滑及密封等问题。

(3) 组装轴系部件。根据轴系结构方案，从实验箱中选取合适零件并组装成轴系部件，检查所设计组装的轴系结构是否正确。

(4) 测量零件结构尺寸(支座不用测量)，并作好记录。

(5) 绘制轴系结构草图。

(6) 将所有零件放入实验箱内的规定位置，交还所借工具。

(7) 绘制轴系结构装配图。

(8) 写出实验报告。

7. 实验操作要点

本实验在课堂上主要完成实验步骤(1)～(6)。操作要点如下。

1) 根据已知条件选择滚动轴承型号

轴承所受载荷的大小、方向和性质是选择轴承类型的主要依据。

（1）载荷大小：当承受较大载荷时，应选用线接触的滚子轴承。球轴承是点接触，故适用于轻载荷和中载荷。

（2）载荷方向：当承受纯轴向载荷时，通常选用推力轴承；当承受纯径向载荷时，通常选用向心球轴承、圆柱滚子轴承或滚针轴承；当同时承受径向及轴向载荷时，应区别不同情况选取轴承类型，参考如下：

① 以径向载荷为主的，可选用向心球轴承；

② 轴向载荷和径向载荷都较大的，可选用角接触球轴承和圆锥滚子轴承；

③ 轴向载荷比径向载荷大很多或要求轴向变形较小的，可选用推力轴承和向心轴承的组合结构，以便分别承受径向和轴向载荷。

（3）载荷性质：当有径向冲击载荷时，应选用滚子轴承或螺旋滚子轴承。

2) 确定滚动轴承的配置

为了使轴及轴上零件在机器中有确定的位置，或能承受轴向载荷，防止轴向窜动以及轴受热膨胀后不致将轴承卡死等，必须考虑轴承的合理配置。常用轴承配置方法有三种：两支点单向固定、单支点双向固定和两端游动支承。

8.8　机械传动系统方案的设计

1. 实验目的

（1）掌握传动系统中电动机的选择；

（2）掌握选择各类型的传动件及其布置；

（3）了解 CAI 实验仿真的程序。

2. 实验设备及工具

（1）机械传动装置设计 CAI 软件；

（2）纸、笔、计算器。

3. 实验原理

传动方案的设计是整个机械系统设计中至关重要的第一环，方案设计的好坏，在很大程度上决定了所设计的机械产品是否先进合理、高质价廉及具有市场竞争力。

机械传动装置设计主要内容包括：传动方案的拟订，电动机的选择、传动比的合理分配等。

1) 传动方案的拟订

机械传动装置位于原动机和工作机之间，用以传递运动和动力或改变运动的形式。传动装置的选用、布局及其设计质量对整个设备的工作性能、质量和成本等影响很大，因此合理地拟定传动方案具有重要的意义。

为了满足同一工作机的性能要求，往往可采用不同的传动机构、不同的组合和布局，在总传动比保持不变的情况下，还可按不同的方法分配各级传动的传动比，从而得到多种传动方案以供分析、比较。合理的方案应该是：在满足工作机性能要求的前提下，工作可靠、传动效率高、结构简单、尺寸紧凑、成本低、工艺性好而且使用维护方便。

拟订传动方案时，应在充分了解各种传动机构的性能及适用条件的基础上，结合工作机所需传递载荷的性质与大小、运动形式、速度以及工作条件与其他具体要求，进行合理的选择与组合。常用类型如图 8-68 所示。

| 直齿圆柱齿轮 | 蜗轮蜗杆 | 斜齿圆柱齿轮 |
| 带传动 | 圆锥齿轮 | 链传动 |

图 8-68　常见机械传动机构

设计时根据各种机械传动的特点及应用范围进行选用。对于多级传动装置的设计，在拟定传动方案时还应注意以下几点。

(1)带传动具有传动平稳、吸振等特点，且能起过载保护作用，应将其布置在高速级。

(2)链传动因具有瞬时传动比呈周期性变化的运动特性，为了减少导致产生冲击的加速度，应将其布置在低速级。

(3)斜齿圆柱齿轮因其承载能力和平稳性比直齿圆柱齿轮好，加工也不困难，故在没有变速要求的传动装置中，大多采用斜齿圆柱齿轮。如传动方案中同时采用了斜齿和直齿圆柱齿轮传动，则应将斜齿圆柱齿轮传动置于高速级。

(4)圆锥齿轮传动因尺寸太大加工较困难，因此应将其布置在高速级，并限制其传动比，以控制其结构尺寸。

(5)蜗杆传动具有结构紧凑、工作平稳、传动比大等特点，在蜗杆传动和齿轮传动串联工作的减速器中，从减小结构尺寸和使啮合面之间易于形成润滑膜的角度考虑，通常将蜗杆传动置于高速级。

2)电动机的选择

电动机的选择应在传动方案确定之后进行，其目的是在合理地选择其类型、功率和转速的基础上，确定具体型号。

(1)电动机类型的选择。

工业上广泛使用三相异步电动机。目前我国推广采用新设计的 Y 系列产品，它具有节能、启动性能好等优点。在需要经常启动、制动和反转的情况下，可选用转动惯量大，过载能力强的 YR，YZ 和 YZR 等系列的三相异步电动机。

(2)电动机功率的选择。

若设计的任务书中给定的原始数据为运输带的工作速度 V 和带的有效拉力 F，则工作机所需的功率为

$$P = Fv/1000$$

当工作机所需的功率算出来后，可确定电动机的功率，选用时使电动机功率大于工作机所需的功率。

(3)电动机转速的选择。

对于额定功率相同的电动机，由于极的对数不同，故转速也有所不同。转速越高，电动

机的重量越轻，尺寸越小，价格越低，且效率也越高。但若工作机的转速很低，则必然使传动装置的总传动比过大，从而使传动装置的尺寸、重量加大和价格上升。因此在选择电动机的转速时，应同时兼顾各种因素，使整个传动方案既协调合理，又经济实用。通常采用同步转速为 1000r/min 和 1500r/min 的电动机。

3) 传动比的确定

(1) 传动比的确定计算。

根据电动机的满载转速 n_m 和工作机从动轴转速 n_w，可按下式计算传动装置的总传动比：

$$i = n_m / n_w$$

总传动比为各级传动比的连乘积，即

$$i = i_1 i_2 \cdots i_m$$

(2) 各级传动比应按下面的范围进行合理分配。

带传动：$i = 2 \sim 4$。

滚子链传动：$i = 2 \sim 6$。

单级开式齿轮传动：$i = 3 \sim 7$。

单级圆柱齿轮减速器：$i = 3 \sim 6$，直齿 ≤4，斜齿 ≤6。

双级圆柱齿轮减速器：$i = 8 \sim 40$。

单级圆柱齿轮减速器：$i = 2 \sim 5$，直齿 ≤3，斜齿 ≤5。

蜗杆蜗轮减速器：$i = 10 \sim 40$。

4. 实验步骤

(1) 开机并启动机械传动装置设计 CAI 软件。

(2) 选择实验题目。

(3) 按"选择"按钮，分别选出需要的传动件到指定位置。

(4) 对所设计出的传动系统进行计算机模拟运行。

(5) 退出实验，关机。

5. 设计题目

(1) 设计皮带运输机的传动装置，已知运输带的牵引力 $F = 3200N$，运输带速度 $V = 1.7m/s$，滚筒直径 $D = 450mm$，传动装置的总效率为 0.90。

(2) 设计皮带运输机的传动装置，已知运输带的牵引力 $F = 2300N$，运输带速度 $V = 1.5m/s$，滚筒直径 $D = 400mm$，传动装置的总效率为 0.91。

(3) 设计皮带运输机的传动装置，已知运输带的牵引力 $F = 7000N$，运输带速度 $V = 6.5m/s$，滚筒直径 $D = 350mm$，传动装置的总效率为 0.92。

(4) 设计某机器的传动装置，已知减速机输出轴转速 $n = 150r/min$，减速机输出轴扭矩 $T = 152\,300N \cdot mm$，传动装置的总效率为 0.90，工作机轴线和电动机轴线垂直相交。

(5) 设计某机器的传动装置，已知减速机输出轴转速 $n = 96r/min$，减速机输出轴扭矩 $T = 249\,000N \cdot mm$，传动装置的总效率为 0.91，工作机轴线和电动机轴线垂直相交。

(6) 设计皮带运输机的传动装置，已知运输带的牵引力 $F = 2000N$，运输带速度 $V = 1.5m/s$，滚筒直径 $D = 400mm$，传动装置的总效率为 0.91。

(7) 设计皮带运输机的传动装置，已知运输带的牵引力 $F = 7000N$，运输带速度 $V = 6.5m/s$，

滚筒直径 $D=350\text{mm}$，传动装置的总效率为 0.90。

(8)设计皮带运输机的传动装置，已知运输带的牵引力 $F=3200\text{N}$，运输带速度 $V=1.7\text{m/s}$，滚筒直径 $D=450\text{mm}$，传动装置的总效率为 0.91。

8.9　慧鱼技术创新设计实验

1. 实验目的

培养学生设计、修改方案并利用模型检验方案是否正确。

2. 实验原理

在进行机构或产品的创新设计时，往往很难判断方案的可行性，如果把全部方案的实物都直接加工出来，不仅费时费力，并且很多情况下设计的方案还需模型来进行实践检验，所以不能直接加工生产出实物。现代的机械设计很多情况下是机电系统的设计，设计系统不仅包含了机械结构，还有动力、传动和控制部分，每个工作部分的设计都会影响整个系统的正常工作。全面考虑这些问题来为每个设计方案制作相应的模型，无疑成本是高昂的，甚至由于研究目的、经费或时间的因素而变为不可能。

慧鱼创意组合模型由各种可相互拼接的零件组成，由于模型充分考虑了各种结构、动力、控制的组成因素，并设计了相应的模块，因此可以拼装成各种各样的模型，可以用于检验学生的机械结构设计和机械创新设计的能力。

3. 实验设备和工具

慧鱼创意组合模型、电源、计算机、控制软件等。

4. 实验准备工作

领取模型，熟悉慧鱼创意组合模型的拼装方法。

5. 实验方法与步骤

(1)根据教师给出的创新设计题目或范围，经过小组讨论后，拟定初步设计方案。

(2)将初步设计方案交给指导教师审核。

(3)审核通过后，按比例缩小结构尺寸，使该设计方案可由慧鱼创意组合模型进行拼装。

(4)选择相应的模型组合包。

(5)根据设计方案进行结构拼装。

(6)安装控制部分和驱动部分。

(7)确认连接无误后，上电运行。

(8)必要时连接计算机接口板，编制程序，调试程序。步骤为：先断开接口板、计算机的电源，连接计算机及接口板，接口板通电，计算机通电运行。根据运行结果修改程序，直至模型运行达到设计要求。

(9)运行正常后，先关计算机，再关接口板电源。然后拆除模型，将模型各部件放回原存放位置。

6. 慧鱼创意组合模型的说明

1)构件的分类

慧鱼创意组合模型的构件可分成机械构件、电器构件、气动构件等几大部分。

(1) 机械构件主要包括：齿轮、连杆、链条、齿轮(圆柱直齿轮、锥齿轮、斜齿轮、内啮合齿轮、外啮合齿轮)、齿轮轴、齿条、蜗轮、蜗杆、凸轮、弹簧、曲轴、万向节、差速器、齿轮箱、铰链等。

图 8-69 和图 8-70 是慧鱼传感器模型组合包的零件示意图。

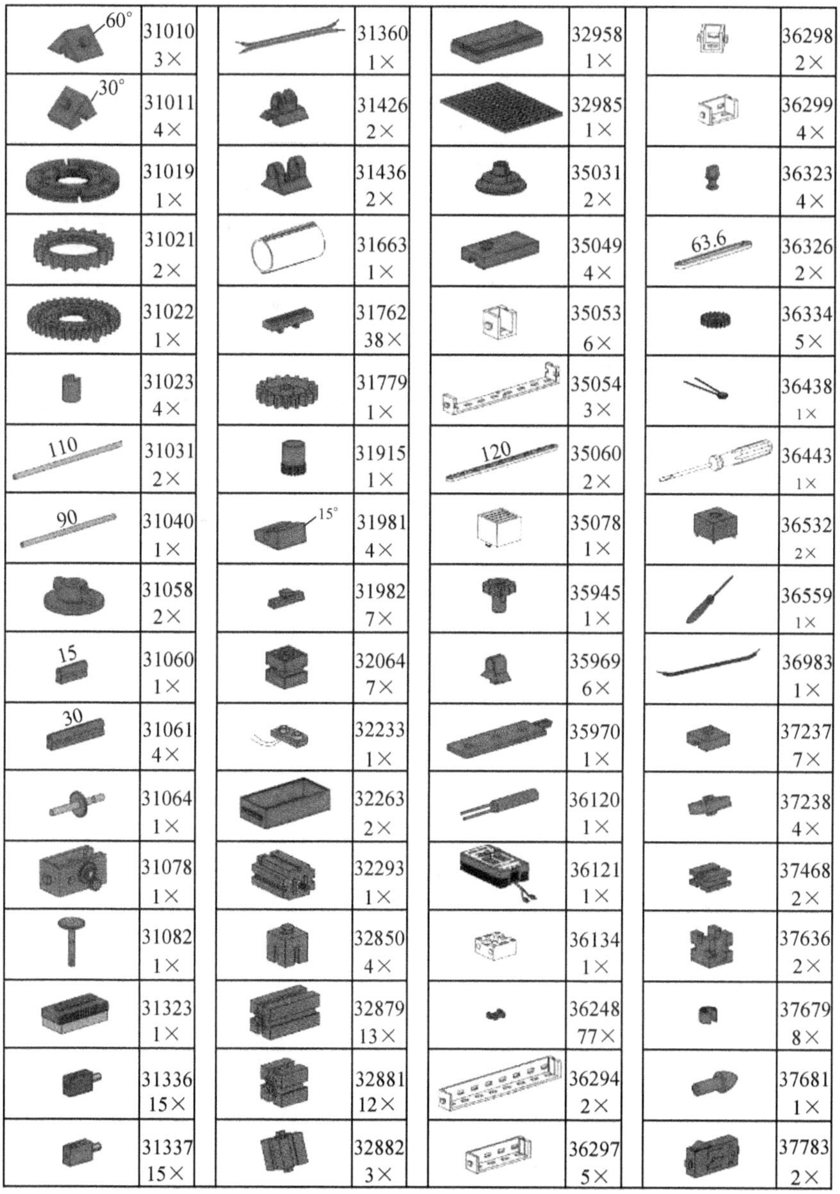

60°	31010 3×		31360 1×		32958 1×		36298 2×
30°	31011 4×		31426 2×		32985 1×		36299 4×
	31019 1×		31436 2×		35031 2×		36323 4×
	31021 2×		31663 1×		35049 4×	63.6	36326 2×
	31022 1×		31762 38×		35053 6×		36334 5×
	31023 4×		31779 1×		35054 3×		36438 1×
110	31031 2×		31915 1×	120	35060 2×		36443 1×
90	31040 1×	15°	31981 4×		35078 1×		36532 2×
	31058 2×		31982 7×		35945 1×		36559 1×
15	31060 1×		32064 7×		35969 6×		36983 1×
30	31061 4×		32233 1×		35970 1×		37237 7×
	31064 1×		32263 2×		36120 1×		37238 4×
	31078 1×		32293 1×		36121 1×		37468 2×
	31082 1×		32850 4×		36134 1×		37636 2×
	31323 1×		32879 13×		36248 77×		37679 8×
	31336 15×		32881 12×		36294 2×		37681 1×
	31337 15×		32882 3×		36297 5×		37783 2×

图 8-69　慧鱼传感器组合实验构件(1)

(2) 电器构件主要包括：直流电机(9V 双向)、红外线发射接收装置、传感器(光敏、热敏、磁敏、触敏)(图 8-71)，发光器件，电磁气阀，接口电路板，可调直流变压器(9V、1A、带短路保护功能)。

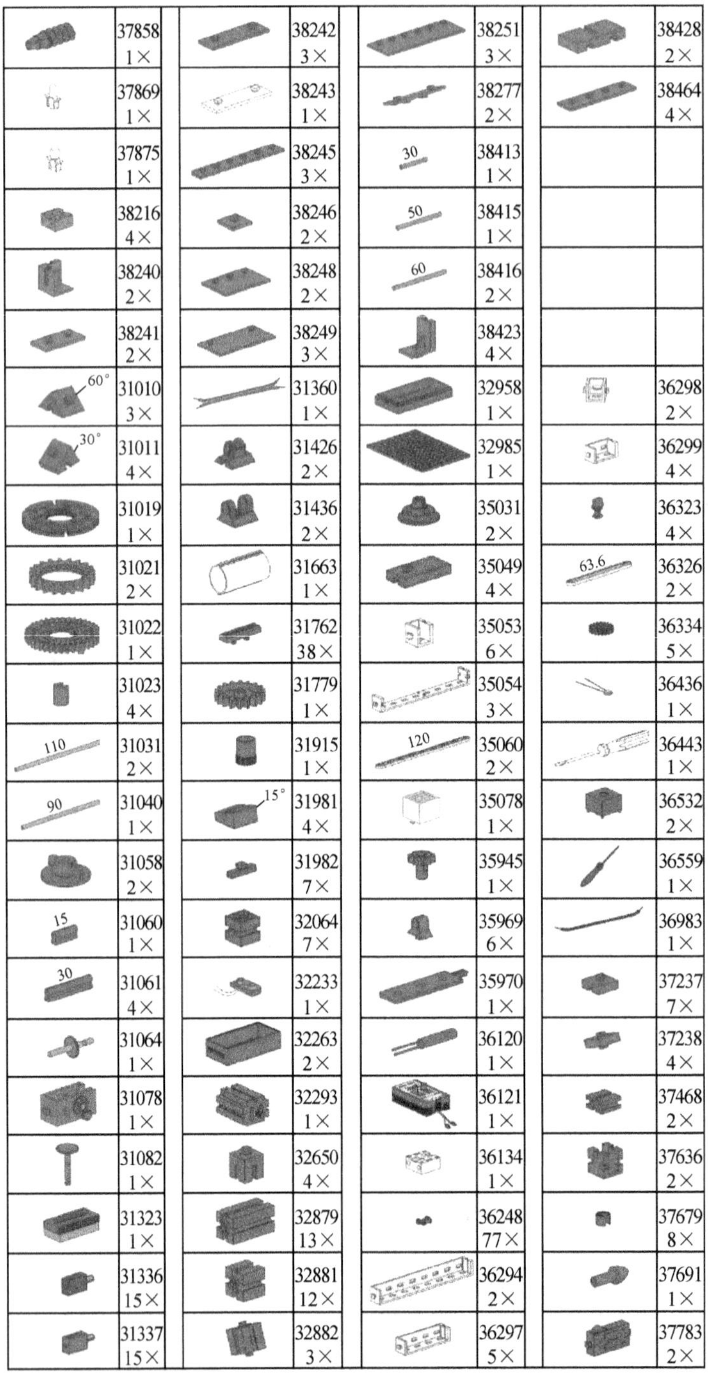

	37858 1×		38242 3×		38251 3×		38428 2×
	37869 1×		38243 1×		38277 2×		38464 4×
	37875 1×		38245 3×	30	38413 1×		
	38216 4×		38246 2×	50	38415 1×		
	38240 2×		38248 2×	60	38416 2×		
	38241 2×		38249 3×		38423 4×		
60°	31010 3×		31360 1×		32958 1×		36298 2×
30°	31011 4×		31426 2×		32985 1×		36299 4×
	31019 1×		31436 2×		35031 2×		36323 4×
	31021 2×		31663 1×		35049 4×	63.6	36326 2×
	31022 1×		31762 38×		35053 6×		36334 5×
	31023 4×		31779 1×		35054 3×		36436 1×
110	31031 2×		31915 1×	120	35060 2×		36443 1×
90	31040 1×	15°	31981 4×		35078 1×		36532 2×
	31058 2×		31982 7×		35945 1×		36559 1×
15	31060 1×		32064 7×		35969 6×		36983 1×
30	31061 4×		32233 1×		35970 2×		37237 7×
	31064 1×		32263 2×		36120 1×		37238 4×
	31078 1×		32293 1×		36121 1×		37468 2×
	31082 1×		32650 4×		36134 1×		37636 2×
	31323 1×		32879 13×		36248 77×		37679 8×
	31336 15×		32881 12×		36294 2×		37691 1×
	31337 15×		32882 3×		36297 5×		37783 2×

图 8-70　慧鱼传感器组合实验构件(2)

接口电路板含计算机接口板、PLC 接口板，其中，计算机接口板包含：

① 自带微处理器；

② 程序可在线和下载操作；

③ 用 LLWin3.0 或高级语言编程；

④ 通过 RS232 串口与计算机连接；

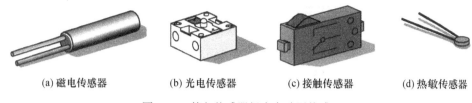

（a）磁电传感器　　（b）光电传感器　　（c）接触传感器　　（d）热敏传感器

图 8-71　慧鱼传感器组合实验用传感器

⑤ 四路马达输出；

⑥ 八路数字信号输入；

⑦ 二路模拟信号输入；

⑧ 具有断电保护功能（新版接口）；

⑨ 两接口板级联实现输入输出信号加倍；

⑩ PLC 接口板：实现电平转换，直接与 PLC 相连。

（3）红外线发射接收遥控装置由一个红外线发射器和一个微处理器控制的接收器组成，可控制所有模型的电动马达。红外线遥控装置有效控制范围是 10m，分别可控制三个马达。

（4）气动构件主要包括储气罐、气缸、活塞、气弯头、手动气阀、电磁气阀、气管等。

2）构件的材料

所有构件主料均采用优质的尼龙塑胶，辅料采用不锈钢芯、铝合金架等。

3）构件连接方式

基本构件采用燕尾槽插接方式连接，可实现六面拼接，满足构件多自由度定位的要求，可多次拆装，组合成各种教学、工业模型。

4）控制方式

通过计算机接口板或 PLC 接口板实现计算机或 PLC 控制器对工业模型进行控制。当要求模型的动作较单一时，也可以只用简单的开关来控制模型的动、停。

5）软件

用计算机控制模型时，采用 LLWin 软件或高级语言如 C、C++、VB 等编程。LLWin 软件是一种图形编程软件，简单易用，实时控制。用 PLC 控制器控制模型时，采用梯形图编程。

7. 慧鱼创意组合模型实验例

1）干手器

干手器的作用原理是利用常温的风或热风吹干手上的水分，因此干手器的基本机构组成里应有风扇或鼓风装置，为了节省能源还要有电源开关，通常是光电开关或感应开关，由于在干手前手是潮湿的，因此不适宜采用机械开关。利用慧鱼创意组合模型中的传感器组合包，可将此干手器模型组建起来，采用的是光电开关，用常温风吹干手。模型的组合步骤如图 8-72、图 8-73 所示。

2）自动打标机

自动打标机是用来在产品上打印标签的机器。打标机的动力源是电动机，采用飞轮带动曲柄旋转从而使打印头做往复打印运动，工作平台上装有光电感应开关，当工件到达打印工作平台，将光电开关的光线遮住，触动光电开关，使电机转动，打印头做一次往复运动，则打印工作完成。该模型的组合步骤如图 8-74 和图 8-75 所示。

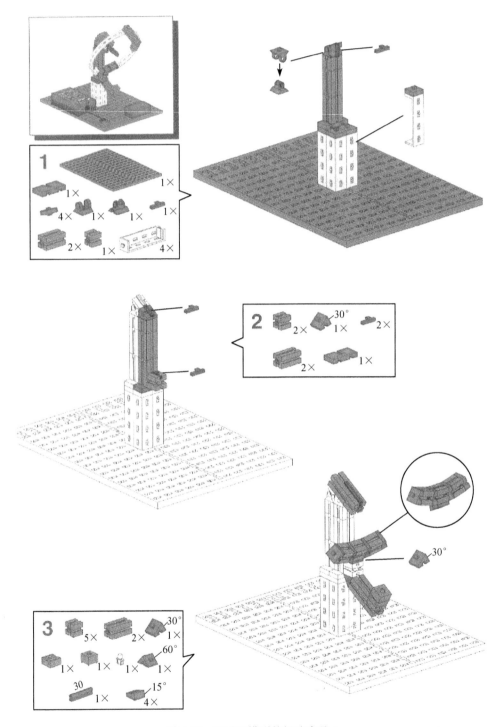

图 8-72　干手器模型的组建步骤 1

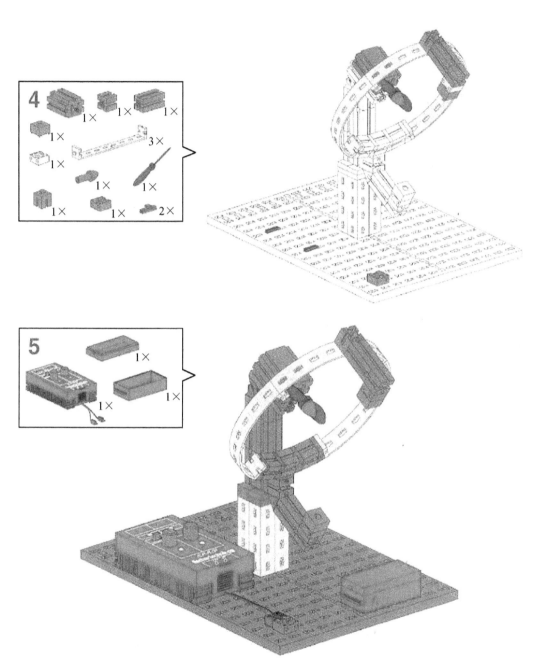

图 8-73 干手器模型的组建步骤 2

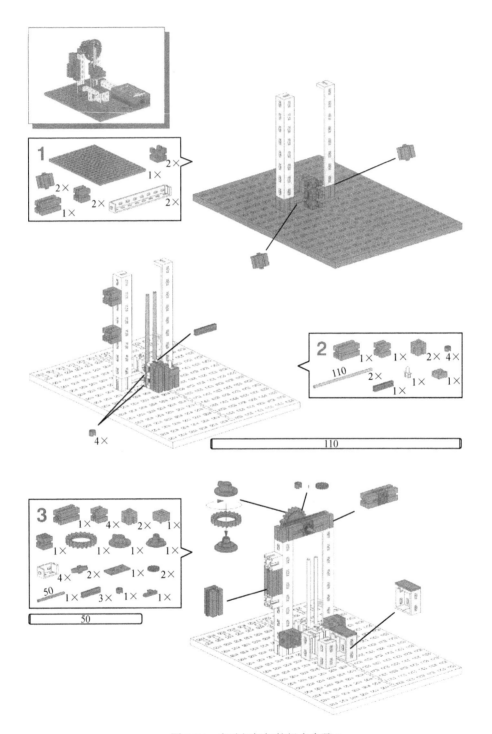

图 8-74　自动打标机的组合步骤 1

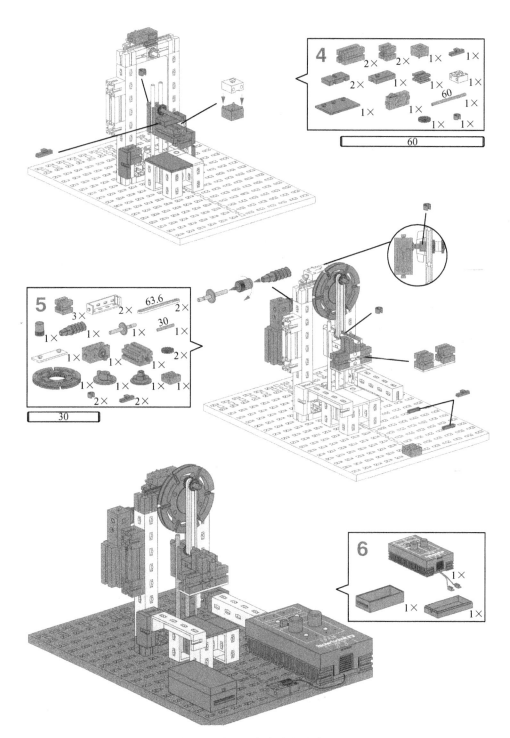

图 8-75 自动打标机的组合步骤 2

参 考 文 献

陈国储. 1994. 小型柴油机结构使用维修图解. 北京：机械工业出版社

陈秀宁. 2002. 现代机械工程基础实验教程. 北京：高等教育出版社

陈在平，赵相宾. 2003. 可编程序控制器技术与应用系统设计. 北京：机械工业出版社

城井田胜仁. 2002. 机器人组装大全. 金晶立，译. 北京：科学出版社

费业泰. 2002. 误差理论与数据处理. 北京：机械工业出版社

国家教育委员会高等教育司. 1997. 高等教育面向 21 世纪教学内容和课程体系改革经验汇编（Ⅱ）. 北京：高
等教育出版社

何少平，等. 2003. 机械结构工艺性. 长沙：中南大学出版社

何秀如. 1992. 机械零件实验指导书. 南京：东南大学出版社

贺小涛. 2003. 机械制造工程训练. 长沙：中南大学出版社

姜恒甲. 1988. 机械设计实验. 大连：大连理工学院出版社

李柱国. 2003. 机械设计与理论. 北京：科学出版社

刘友和. 1991. 金工工艺设计. 广州：华南理工大学出版社

吕恬生. 1988. 机械原理实验技术. 上海：上海科技文献出版社

马江彬. 1993. 人机工程学及其应用. 北京：机械工业出版社

南京伟福实业有限公司. 伟福系列仿真系统使用说明书

清宏智昭，铃木升. 2002. 机器人制作宝典. 刘本伟，译. 北京：科学出版社

全国大学生电子设计竞赛组委会. 2003. 第五届全国大学生电子设计竞赛获奖作品选编（2001）. 北京：北京理
工大学出版社

石博强，赵德永，等. 2002. LabVIEW6.1 编程技术实用教程. 北京：中国铁道出版社

谭建成. 2003. 电机控制专用集成电路. 北京：机械工业出版社

唐益民. 基于直流 PWM 伺服系统驱动器实验平台的研制. 电气电子教学学报，2003，25（4）：55-63

王文民，树杰. 2001. 新编小型柴油机使用维修. 北京：机械工业出版社

谢家瀛. 2001. 机械制造技术概论. 北京：机械工业出版社

西山一郎，兆十. 2000. 自律型机器人制作. 耿连发，潘维林，译. 北京：科学出版社

杨瑶华，吴敏，黄斌. 手臂机器人网络教学实验系统设计与开发. 计算技术与自动化，2003，22（3）：82-84

张木青，宋小春. 2002. 制造技术基础实践. 北京：机械工业出版社

张迎新，雷道振，等. 2002. 非电量测量技术基础. 北京：北京航空航天大学出版社

郑文伟. 1989. 机械原理实验指导书. 北京：高等教育出版社

郑正泉，姚贵喜，等. 2001. 热能与动力工程测试技术. 武汉：华中科技大学出版社

周增文. 2003. 机械加工工艺基础. 长沙：中南大学出版社

周生国. 1991. 机械工程测试技术. 北京：北京理工大学出版社

周书颖，沈其英，白玥. 可编程控制器在实验教学中的分层次应用. 实验室研究与探索，2003，22（1）：63-64

朱文坚. 2004. 机械设计课程设计. 广州：华南理工大学出版社